U0124357

海量数据存储

方粮 编著

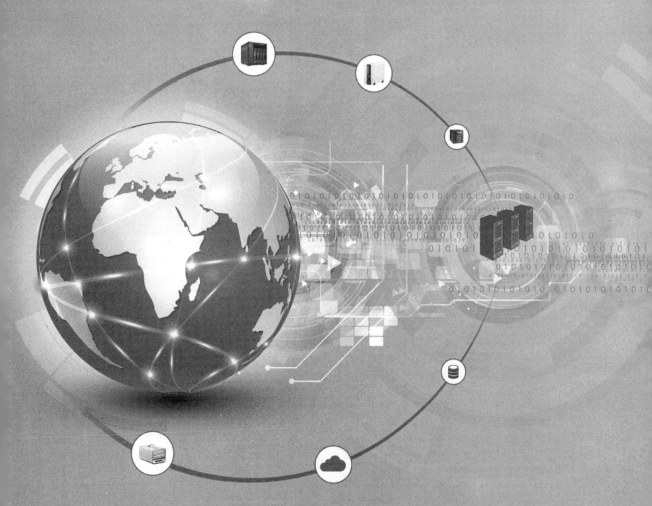

机械工业出版社
China Machine Press

图书在版编目（CIP）数据

海量数据存储 / 方粮编著 . —北京：机械工业出版社，2016.8

ISBN 978-7-111-54816-4

I. 海… II. 方… III. 数据存贮 IV. TP333

中国版本图书馆 CIP 数据核字（2016）第 216300 号

本书在介绍大数据背景以及物联网环境中数据基本特征的基础上，详细介绍了海量数据存储的相关知识，内容包括：数据存储基本原理、容错磁盘阵列（RAID）技术、网络存储技术、分布式文件系统、海量存储系统、存储优化技术、存储技术在物联网中的应用，以及新型存储芯片技术和未来存储技术的发展方向。本书内容清晰、简洁，每章后都有本章小结和扩展阅读，以加深所学知识。

本书可作为从事信息存储系统开发管理、云存储系统构建、物联网应用研发等工作的技术人员的培训用书或参考书，也可作为高等院校计算机、物联网、信息系统等专业本科生或研究生教材。

出版发行：机械工业出版社（北京市西城区百万庄大街 22 号　邮政编码：100037）

责任编辑：佘　洁	责任校对：董纪丽
印　　刷：三河市宏图印务有限公司	版　次：2016 年 9 月第 1 版第 1 次印刷
开　　本：185mm×260mm　1/16	印　张：16.75
书　　号：ISBN 978-7-111-54816-4	定　价：49.00 元

凡购本书，如有缺页、倒页、脱页，由本社发行部调换

客服热线：（010）88378991　88361066　　　　　投稿热线：（010）88379604

购书热线：（010）68326294　88379649　68995259　　读者信箱：hzjsj@hzbook.com

版权所有·侵权必究

封底无防伪标均为盗版

本书法律顾问：北京大成律师事务所　韩光 / 邹晓东

前　言

　　在物联网技术不断发展、应用迅速推广的时代，以无线传感网为代表的数据源不断生产海量数据，像滚滚洪流涌向数据中心，数据存储正面临严峻挑战。大数据时代，各行各业的数据量急剧增加，在分析处理过程中需要进行暂时或长久的数据存储，传统的数据存储技术在容量、速度、功耗、可靠性等方面均难以胜任。为应对挑战，亟待普及与数据存储相关的基础知识，提高数据存储应用和管理的水平，也需要深入研究数据存储的体系结构、管理与优化等提高存储效率的相关技术，同时需要探索基于全新原理的、性能更加优越的存储新技术。本书旨在普及数据存储知识，开阔视野，以应对当前和未来面临的存储挑战。

　　技术发展的推动和应用需求的牵引使得数据存储技术日新月异。本书内容力求覆盖存储技术的各个方面，从数据存储基本原理到存储系统的维护和管理，从数据存储发展历史到最新技术进展。通过学习本书，你可以掌握或了解：

- 数据是什么？数据和信息有什么区别？
- 数据如何存储？存储器是怎样工作的？存储设备是如何发展的？
- RAID 的基本概念、级别和发展。
- 网络存储的发展，DAS、NAS、SAN、iSCSI、云存储的工作原理。
- 海量存储的体系结构和管理方法，体系结构如何适应存储器的变化？
- 存储管理如何走向自动化？虚拟存储和软件定义存储有何区别？
- 数据的备份与恢复，以及重复数据的删除。
- 物联网中的数据有何特征？如何有效管理？如何可靠存储？
- 古老的磁盘还充满生机吗？新型的非易失存储芯片进展如何？FRAM、RRAM、PRAM、STT-MRAM 的原理、现状、前景如何？

　　感谢上海交通大学傅育熙教授、西安交通大学桂小林教授、武汉大学黄传河教授、上海交通大学蒋建伟教授、华中科技大学秦磊华教授、上海交通大学王东教授、南开大学吴功宜教授、四川大学朱敏教授，在与他们的交流中，我学到了很多知识，开阔了视野，受益匪浅。特别感谢机械工业出版社华章公司温莉芳副总经理的指导和关心，本书是在温老师的鼓励下完成的。特别感谢机械工业出版社华章公司教材部朱劼编辑，感谢她不断的鼓励和极大的耐心及宽容。特别感谢负责本书的佘洁编辑和曲熠编辑，她们极其认真、细致的审阅和极具专业水平的修改建议使本书增色许多。

海量数据存储技术的研究与应用需要多学科综合考虑，涉及材料、物理、计算机科学与技术、可靠性工程、系统科学、管理科学等，因此，存储器件与部件的研究、存储系统的方案设计、软硬件安装调试、日常应用和维护管理等工程都极具挑战性。海量数据存储的堡垒，有待我们探索和攻克！

方　粮

教 学 章 节	教 学 要 求	课 时
第1章 海量数据存储的基本概念	掌握数据与数据存储的基本概念 掌握数据与信息的异同	2
	了解物联网与大数据时代面临的机遇与挑战 掌握海量数据与海量数据存储的基本概念	2
第2章 数据存储的基本原理	掌握数据存储的实现原理 掌握数据的写入与读出技术 掌握数据存储设备的发展历史与分类	2
	掌握磁盘存储器的结构、原理、性能指标、发展趋势 掌握光盘存储技术的原理与发展趋势 掌握数据存储系统的概念	2
第3章 容错磁盘阵列（RAID）的技术和应用	掌握RAID的基本概念、特性、专用术语 掌握RAID的分级与结构	2
	掌握RAID的软件实现技术 掌握RAID的硬件实现技术 了解RAID的性能指标与选购要点	2
第4章 网络存储技术	掌握网络存储的概念、分类、发展趋势 掌握DAS的概念 掌握NAS的概念、结构、原理、应用	2
	掌握SAN的概念、结构、原理、应用 掌握NAS和SAN的比较及其融合发展	2
	掌握iSCSI的协议与实现、安全性、可用性 掌握基于iSCSI的存储系统、应用、趋势	2
	掌握云存储的原理与模型 掌握基于云的备份与恢复技术	2
第5章 海量存储系统的体系结构与管理	掌握海量存储的体系结构概念 掌握分布式文件系统的基本概念与关键技术	2
	掌握Hadoop的基本概念、实现与应用 了解海量传感数据管理系统的总体结构及设计技术 了解适应新型存储介质的存储体系结构	2
第6章 存储管理自动化与优化技术	掌握存储管理自动化和优化的概念与实现技术 了解SMI-S的主要技术特性及应用	2

（续）

教学章节	教学要求	课　时
第6章 存储管理自动化与优化技术	掌握虚拟存储的概念、关键技术、实现模式 掌握软件定义存储的概念、结构、设计考虑 掌握软件定义存储的理念对存储系统设计的影响 了解软件定义存储实施过程需要考虑的问题 了解软件定义存储的发展趋势	2
	掌握数据备份与恢复的概念、连续数据保护技术 了解个人备份工具 CrashPlan 掌握重复数据删除的概念、方法、关键技术 了解重复数据删除解决方案实例	2
第7章 存储技术在物联网中的应用	掌握物联网数据的特征与存储需求 掌握物联网数据存储模式及技术 掌握物联网数据存储的高效解决方案	2
	掌握物联网数据中心设计的关键技术 了解 TinyOS 中的数据存储 了解无线传感器网络中的容错数据存储技术	2
第8章 新型存储技术及发展趋势	了解存储介质的新发展、固态硬盘技术 了解新型存储芯片技术	2
合计		36

目 录

第 1 章 海量数据存储的基本概念

本章介绍海量数据存储的基本概念，内容包括数据与数据存储的基本概念、数据存储面临的机遇与挑战、海量数据存储的相关知识等。

1.1 数据与数据存储

1.1.1 数据的基本概念

1. 什么是数据

根据中国百科大辞典定义，数据是"可由人工或自动化手段加以处理的那些事实、概念和指示的表现形式，还包括字符、符号、表格、图形等"。

一般而言，数据是对一组物理符号组合的统称。物理符号可以是数字、文字、图像，也可以是计算机代码。如果要通过数据承载特定含义的信息，这样的数据将按一定的规则进行排列组合。

数据是关于事件的一组离散且客观的事实描述，分为模拟数据和数字数据两大类。数据是计算机加工的"原料"，如图形、声音、文字、数字、字符和符号等。

信息的接收始于数据的接收，信息的获取只能通过对数据背景进行解读来完成。数据背景是接收者针对特定数据的信息准备，即当接收者了解物理符号序列的规律，并知道每个符号和符号组合的指向性目标或含义时，便可以获得一组数据所承载的信息。亦即数据转化为信息，可以用公式"数据 + 背景 = 信息"表示。

数据库指的是以一定方式存储在一起，能为多个用户共享，具有尽可能小的冗余度，与应用程序彼此独立的数据集合。

2. 什么是信息

到目前为止，我们已经知道信息不等同于数据。但是，什么是信息以及我们如何定义信息呢？信息的最早定义是由香农和韦弗提出的，他们把信息定义为超越随机概率所预测的部分。在这个意义上，信息必须使接收者感到意外，它必须使接收者减少关于这个世界状态的不确定性。随机的偶然事件表示完全不确定的

状态。在某种程度上，如果接收者可以减少不确定性，他就获得了信息。如果一个报告的结论是已知的，那么它没有令人意外的价值，因此，根据这个定义它就不是信息。

香农和韦弗的定义对于今天的商业运作可能是过于刻板和狭义的，因为当今信息系统扮演着多重角色。一些信息系统在运行中收集管理员已经知道的数据，不具有令人感到意外的作用，而只是众多文档中的一个而已。

信息的另一个定义与决策制定有关。根据这个定义，信息是可供管理员减少选择的数据。未获信息的管理员可能会做任意的选择，而已获得信息的管理员很可能只有更少的理性选择。这个定义建立于信息在改变管理者决策的作用之上。

信息还有一个定义是经过处理的或有意义的数据。在这个意义上说，任何观察到的结果可认为是数据，一旦经过处理并使接收者感到有意义，它就被定义为信息。

在我国，信息一词最早出现于唐代。唐代诗人李中在《暮春怀故人》中写道："梦断美人沉信息，目穿长路倚楼台。"其中的"信息"就是消息的意思，与当今含义相似。中国《辞海》对信息的释义："音讯、消息；通信系统传输和处理的对象，泛指消息和信号的具体内容和意义。"这与香农的"信息是用来消除随机不确定性的东西"类似。香农的这一定义被人们看作经典并加以引用。控制论创始人维纳（Norbert Wiener）认为"信息是人们在适应外部世界，并使这种适应反作用于外部世界的过程中同外部世界进行互相交换的内容和名称"，它也被作为经典定义加以引用。

信息是事物及其属性标识的集合。信息是事物运动状态和存在方式的表现形式。信息是确定性的增加，即肯定性的确认。

3. 数据与信息的关联

在不严格的应用场合，数据和信息时有混用。在日常用语中，数据和信息可以互换使用。例如，牛津字典把数据定义为："被用作讨论或决定事情的基础的事实或信息。"同时，信息被定义为"被告知的或被发现的事实，或被输入到计算机的事实"。在这两种定义中，数据和信息被假定为同一事物，具有相同的概念。

但数据和信息这两个术语在信息处理和管理文献中的含义完全不同。数据是观测结果的一个集合，其可能为真，也可能不为真。因此，数据可能不是事实。数据被处理后变成信息。为处理数据，人们需要：①清理数据，消除误差，并减少不可靠的来源；②分析数据，以使它与要做的决策相关；③组织数据，使其有助于理解。数据与信息之间的关系可用图1-1表示。

因此，我们可以把信息理解为"有意义的数据"。数据是建筑材料（砖头和灰浆），而信息是建成的房子。一堆原材料是无用的，但是一旦组织成一个结构，它们就可以成为某个人的家。同样，数据本身对管理人员是无用的，除非把它组织成信息。

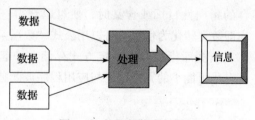

图1-1　数据与信息的关系

数据与信息的关联体现在：数据是指描述事物的符号记录，可定义为有意义的实体，它涉及事物的存在形式；而信息是处理过的某种形式的数据，对于接收信息者具有意义，在当前或未来的行动和决策中具有实际或可察觉的价值。

数据在变成信息之前，要经过许多不同的操作步骤，包括：

1）数据的采集。

2）数据的分类。

3）数据的存储。

4）数据的取出。

5）数据的编辑。

6）数据产生过程的验证和质量控制。

7）数据的汇总。

8）假设的生成。

9）数据的描述。

10）分析假设的检验。

11）分析。

12）结果蕴含的外推。

13）数据表示形式的选择。

14）报告的发布。

15）报告有效性的评估。

数据在变成有意义的信息之前，必须经过大量的操作。

1.1.2 数据存储的基本概念

从理论上讲，任何一个装置，只要满足三个条件就可以用于存储数据：①具有两个或两个以上的稳定状态；②状态可以识别；③状态可以改变。比如磁盘，不同的磁化方向是稳定的状态，磁化方向可以用读磁头感应出来，磁化方向可以用写磁头改变。又比如闪存，浮栅中电荷量的多少可以确定闪存单元的多个状态（0态或1态，或者00、01、10、11态等），通过检测源漏电流可以确定浮栅中的电荷量（读出），浮栅中的电荷量可以通过电场的作用增加或减少（擦除、写入）。再如光盘，光盘存储介质面上光斑的"有""无"可表示不同状态，光斑可以通过激光或压印的方法形成并可用光头感应。

数据存储历史悠久，可追溯到古代的结绳记事。上古无文字，结绳以记事。《易·系辞》："上古结绳而治，后世圣人易之以书契。"孔颖达疏："结绳者，郑康成注云，事大大结其绳，事小小结其绳，义或然也。"古人为了要记住一件事，就在绳子上打一个结。要记住两件事，他就打两个结。记三件事，他就打三个结，如此等等。

随着人类文明的发展、科学技术的进步，用于存储数据的技术或装置越来越多。就目前常见的存储装置来看，按存储介质划分主要有基于磁、电、光或混合的方法。未来有可能采用基于分子或原子、自旋、DNA的等新方法。

基于磁性原理的存储技术可追溯到磁带、磁心、磁鼓、软磁盘、硬磁盘，到近期的磁性随机存储器（MRAM）。

基于电荷的存储技术主要有半导体存储器件，如DRAM、SRAM、FLASH（闪存）、FRAM（铁电存储器）、PRAM（相变存储器）等。

基于激光的存储技术主要有光盘存储器，如CD、DVD、Blu-ray Disc（蓝光光盘，简称BD）等。

至于磁光混合技术，虽然磁存储和光存储是当今信息外部存储的主要方式，二者的存储密度近年也都有很大的提高，但目前都遇到了制约密度进一步提高的因素。如何将磁和光两种存储方式的最先进技术（如近场光学、GMR 磁头、光学跟踪和伺服、非晶态磁性物质、飞行磁头等）结合起来，开发一种全新的存储技术，以期突破瓶颈，极大地提高存储密度及相关性能，是当前的研究热点。其中，开发光磁混合记录驱动器、探索新型存储介质、研究数据读出技术是目前的研究重点。

1.2 物联网与大数据时代面临的机遇和挑战

随着社会的进步，特别是随着计算机技术及互联网技术的发展，人类进入了信息时代。在信息时代，数据量急剧增长，特别是近期物联网概念的出现，数据增长的势头更为猛烈。

物联网的概念最早出现于 20 世纪 90 年代。早期，把物联网定义为以射频识别、电子代码、互联通信为技术基础，实现在任何时间、任何地点、对任何物品的智能化信息管理。到目前为止，普遍接受的物联网的概念有所扩展，即物联网是建立在互联网基础之上的一种延伸的网络，底层连接端扩展到了任何物品与物品之间。用技术术语表示，物联网是通过射频识别、红外感应器、全球定位系统、激光扫描仪等数据采集（传感）部件，遵照一定的通信协议，把物与物、人与物进行智能化连接，进行数据的交换和通信，以实现智能化识别、定位、跟踪、监控和管理的一种网络。

物联网的出现使真实的物理空间与虚拟的网络空间建立了广泛的连接，具有革命性的意义。国际电信联盟在 2005 年 11 月发布的《ITU 互联网报告 2005：物联网》中指出："无所不在的'物联网'通信时代即将到来，世界上所有的物体，从轮胎到牙刷、从房屋到纸巾都可以通过互联网主动进行数据交换。"

物联网技术的迅速发展使数据像滚滚洪流，源源不断地涌向各个领域，海量的数据给数据存储提出了前所未有的挑战。

云计算与云存储概念的出现、大数据概念的诞生，使海量数据的增长加速，使全球的数据总量急剧膨胀。据统计，到 2020 年全球的数据总量将达到 35ZB（$1ZB = 10^{12}GB$），每年的复合增长率将达到 26%。

机遇。巨量数据需要存储，这是存储行业的机遇。我们首先面临的是存储行业的发展机遇。据 Gartner 对大数据的定义："大数据是需要新处理模式才能具有更强的决策力、洞察力和流程优化能力的海量、高增长率和多样化的信息资产。"从这里可以看到大数据的三个特征，即海量、高增长率和多样化。

大数据产业的主要市场机会集中在各实体企业对海量数据的处理、挖掘等应用上。国内各个行业的信息化发展必将拉动大量的数据处理，而数据处理的爆发必然带动存储硬件设备、存储软件系统、数据中心的大规模建设，从而带给数据存储设备厂商和解决方案提供商巨大的商机和发展机遇。

机遇带来商机，也带来挑战。

挑战。数据量如此巨大，如何存储、管理、应用？难度很大，这是我们面临的严峻挑战。首要的是数据存储容量的挑战！主要表现为海量数据的高速增长给存储理论、技术和产品带来的严峻挑战。随着各类应用的快速拓展和科学技术的进步，越来越多的传感器采集数据，移动设备产生宽带流量数据，社交多媒体网络传输文字、图片、视频数据等等，数据还将加速增长。

大数据需要高性能、高可靠、用户界面友好的大容量存储设备及相关软件。大挑战带来众多亟待研究的课题。

有机遇，也有挑战，"如何抓住机遇，应对挑战"是我们需要认真研究的问题。

1.3　海量数据与海量数据存储

1.3.1　海量数据的基本概念

1. 海量数据的概念

海量数据从字面上可理解为数据量巨大，通常是指 TB（Terabyte，即 10^{12} 字节）或 PB（Petabyte，即 10^{15} 字节）级以上的大量数据集合。对于海量数据，首先要求存储系统容量巨大，也需要对海量数据的存储结构、存取策略及应用方案做全面设计。

2. 海量数据的存储

海量数据给存储系统的管理人员带来了严峻的挑战，而不同应用领域中的海量数据具有的特性也不同，选择适当的存储体系结构对整个海量数据存储系统的性能有重大影响。

基于存储设备的连接方式，存储体系结构可分为直连模式和网络连接模式。直连设备的局限性决定了它难以胜任海量存储的重任，网络存储成为必然选择。网络连接的典型代表是 NAS（Network Attached Storage）和 SAN（Storage Area Network）。NAS 强调存储设备是以网络方式连接的，重点在存储设备上；而 SAN 则侧重将存储设备连接在一起构成的网络，重点是网络。

云存储是更广泛意义上的网络存储。在云存储的前提下，如何对海量数据进行有效存储、高速存取、可靠保存是研究的热点问题，也是难点问题。海量数据的跨越不同平台的高性能、高安全性存储是当前亟待解决的重中之重。

3. 大数据与海量数据

大数据是近几年兴起的概念，几乎家喻户晓。那么大数据与海量数据有什么联系与区别？

大数据与海量数据都有数据量巨大的特性，这是共同点，但是大数据的概念还有更广泛的内涵。通常，大数据是指具有数据量大、查询分析复杂等特点的数据采集、传输、分析、应用等的综合性概念。《架构大数据：挑战、现状与展望》一文列举了大数据的 4 个 "V" 特征：① Volume（大量），数据总量巨大，从 TB 级别跃升到 PB 级别以上；② Variety（多样），数据类型繁多，有音频、网络日志、视频、图片、地理位置信息等；③ Veracity（真实性），数据来源是完整并且真实的，最终的分析结果以及决定将更加准确；④ Velocity（高速），处理速度快，1 秒定律，最后这一点更是表明了它与传统的数据挖掘技术有着本质的不同。

可见，大数据比海量数据具有更广泛的含义。从某种意义上来说，大数据是对海量数据的综合分析、广泛应用的前沿技术。可以认为，从类型各异、来源不同的海量数据中分析、获得有价值信息的全程技术就是大数据技术。因此，大数据技术是基于海量数据的完整的采集、传输、存储、加工过程。而高效存取、可靠保存大量数据的关键技术是大数据应用不可或缺的重要环节，也是极具挑战性的难点之一。

4. 大数据的存储

为应对大数据应用所带来的数据量的爆炸性增长，相关存储技术的研究也在积极展开，从而直接推动了存储、网络以及计算技术的发展。大数据分析应用需求正在影响着数据存储体系结构的发展。

1.3.2 海量数据的存储

随着结构化数据和非结构化数据量的持续增长，以及数据来源的多样化，传统存储系统的设计已经无法满足海量数据存储的需要。物联网、大数据等应用对存储提出了新的要求，存储技术研发人员应积极研究、设计新的存储体系结构，以满足这些新需求。这些需求主要表现在以下几个方面。

1. 存储容量

这里所说的大容量通常是指可达到 PB 级的数据规模，因此，数据存储系统也一定要有相应等级的扩展能力。与此同时，存储系统的扩展一定要简便，可以通过增加模块或磁盘柜来增加容量，甚至不需要停机。基于这样的需求，客户现在越来越青睐 Scale-out 架构的存储。Scale-out 集群结构的特点是每个节点除了具有一定的存储容量之外，内部还具备数据处理能力以及互联设备，与传统存储系统的烟囱式架构完全不同，可以实现无缝平滑的扩展，避免"存储孤岛"。

大数据应用除了数据规模巨大之外，还意味着拥有庞大的文件数量。因此，如何管理文件系统层累积的元数据是一个难题，处理不当会影响到系统的扩展能力和性能，而传统的 NAS 系统就存在这一瓶颈。然而，基于对象的存储架构有效地克服了这个问题，它可以在一个系统中管理 10 亿级别的文件数量，而且不会像传统存储一样遭遇元数据管理的困扰。基于对象的存储系统还具有广域扩展能力，可以在多个不同的地点部署并组成一个跨区域的大型存储基础架构。

2. 访问延迟

实时性是大数据应用存在的另一个问题，涉及网上交易或者金融类相关的应用时，情况更是如此。例如，网络销售行业的在线广告推广服务需要实时地对客户的浏览记录进行分析，并进行准确的广告投放，以取得最佳的效果。这要求存储系统能够保持很高的响应速度。在这种情况下，Scale-out 架构的存储系统就可以发挥出优势，因为它的每一个节点都具有处理部件和互联组件，在增加容量的同时处理能力也可以同步增长。而基于对象的存储系统则能够支持并发的数据流，从而进一步提高数据吞吐量。

3. 数据安全

金融、医疗、政府等特殊行业和部门的应用，都有自己的安全标准和保密需求。但是，大数据分析往往需要多类数据相互参考，存在数据混合访问的情况，因此，此类应用也催生出了一些新的、需要重新考虑的安全性问题。

4. 存储成本

很多大数据存储系统都包含磁带库等归档存储设备，尤其对那些需要分析历史数据或需要长期保存数据的机构来说，归档设备必不可少。从单位容量存储成本的角度看，磁带仍然是性价比最高的存储介质，光盘库也是很好的选择。事实上，现在许多机构仍然采用TB级大容量磁带归档系统。

为了控制成本，就要让每一台设备都实现更高的存储效率。重复数据删除等技术已经开始广泛应用。此外，自动精简配置的使用也可以提升存储的效率。

目前数据存储技术涉及的研究对象已经不局限于类似硬盘、磁带这样的孤立存储部件，而是包括存储硬件、软件和服务在内的全面存储解决方案。伴随存储向智能化、网络化、虚拟化方向的发展，更好地研究存储、认知存储、管理存储、应用存储，成为研究人员、存储厂商和最终用户的必修课。本书以普及存储知识、促进存储应用、启发存储研究为目标，尽可能地满足学习、应用、研究的需求，促进存储技术在我国的发展，提高存储应用的水平。

1.4　本章小结与扩展阅读

1. 本章小结

本章介绍了数据存储的基本概念，内容包括数据与信息的概念、物联网与大数据时代数据存储面临的机遇与挑战、海量数据与海量数据存储的相关知识。

2. 扩展阅读

McKinsey Global Institute, Big Data: The Next Frontier for Innovation, Competition, and Productivity（麦肯锡咨询公司，大数据：创新、竞争和生产力的下一个前沿），2011。

思考题

1.　什么是数据？什么是信息？两者之间有何关联？
2.　用于存储数据的装置需要满足哪三个基本条件？
3.　在物联网与大数据时代，数据存储面临什么样的机遇与挑战？
4.　大数据有什么特征？大数据与海量数据有什么异同？
5.　物联网、大数据等应用对存储提出了哪些新的需求？

参考文献

［1］　国际电信联盟 . ITU 互联网报告 2005：物联网［C］. 信息社会世界峰会，2005.
［2］　王珊，王会举，等 . 架构大数据：挑战、现状与展望［J］. 计算机学报，2011，34 (10).

第 2 章 数据存储的基本原理

理论上，某种介质只要满足如下三个条件，就可以实现数据存储：

- 介质有两种或两种以上稳定的状态。
- 介质的状态可被感知。
- 介质的不同状态之间可以转换。

因此，可用作存储数据的介质有多种，形式、性质各异，种类千差万别。当然，对于实用性和材料、物理、光学等技术发展因素，各种存储技术的实现性价比将对存储介质的选择起决定性作用。

本章从数据存储的基本原理入手，介绍数据存储的实现、数据的写入与读出、数据存储设备与系统以及多级存储技术等。

2.1 数据存储的实现

一种介质要实现数据的存储，离不开上述三个基本条件。本章就从这三个条件入手，讨论数据存储的实现过程。

2.1.1 存储介质的不同状态

一种介质要实现数据的存储，首先要具有两种或两种以上稳定的状态，这是实现数据存储的第一个条件。磁化方向、电平高低、阻值大小、盘片表面凹坑的有无等，都可以用作存储数据的状态。

根据磁性薄膜上剩余磁化方向的不同，可实现磁表面记录技术，磁盘、磁带、磁卡、磁鼓等均基于磁化方向的不同而实现数据的存储。如图 2-1 所示，磁化方向的不同可表示为电平的跳变，经解码可识别数据"0""1"，从而实现数据的存储。

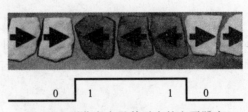

图 2-1　磁化方向及其对应的电平跳变

磁盘是目前实现大容量存储的主流存储器。磁带是大容量后备存储的主要存储设备。磁卡广泛用于银行卡、储值卡、会员卡等。

根据电平的高低，可实现用于记忆的电路，如半导体静态随机存取存储器（SRAM）。通常，SRAM 由 6 个晶体管组成，根据电平的高低状态，可实现数据"0"、"1"的存储。图 2-2 中，虚线框内是一个完整的 SRAM 单元，框的下面是读写放大电路，行地址选择和列地址选择用于决定读写单元的位置。由 SRAM 单元阵列及读写控制电路和接口电路，可构成完整的 SRAM 存储芯片。

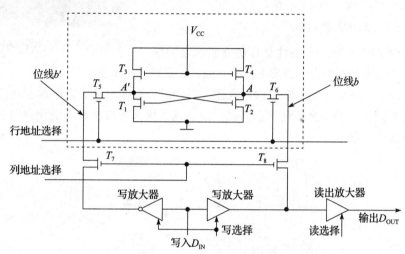

图 2-2　一个完整的 SRAM 单元

基于电阻值的大小存储数据方式已开发多种存储装置，如正处在研究阶段的阻变存储器（RRAM），已部分商用的相变存储器（PCM）和磁性存储器（MRAM）等。尽管电阻值的改变机理不同，但电阻的大小在某一时间段内可以保持不变这一特性可用于数据的存储。图 2-3 是阻变存储器基本单元示意图，上下是交叉杆结构的电极，中间是功能薄膜，阻值可随两端电压而变，电压撤销后阻值可保持不变。定义高阻值为"0"（memory in "0"state），低阻值就是"1"（memory in "1"state）。目前发现，金属氧化物基本上都具有记忆电阻值的特性。

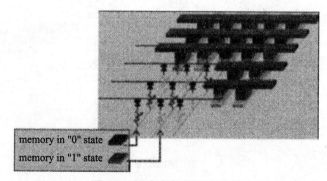

图 2-3　阻变存储器基本单元

光盘表面凹坑的有无可用于存储数据，这是 CD、DVD、蓝光光盘（Blu-ray Disc）的存储机理，区别在于采用不同波长的激光所产生的凹坑大小不同，从而光盘的记录容量不同，分别从 CD 的 700MB、DVD 的 4.7GB 到 Blu-ray Disc 的 25GB。图 2-4 是 CD 的光斑（凹坑）图。光道间距为 1.6 μm，最小凹坑长度为 0.83 μm。

存储介质的稳定状态是相对的。SRAM 的状态在电压撤销后不再保持。而动态随机存储器（DRAM）依靠电容维持状态，状态的维持时间在毫秒级，必须定时刷新才能保持固定的状态，而光盘的凹坑状态可保持十年以上。

2.1.2 存储介质的状态感知

图 2-4 CD 盘面的凹坑用于记录数据

实现数据存储的第二个条件是存储介质状态的感知，现代光电技术的发展为高分辨率感知存储状态提供了技术支持。

图 2-5 是写入磁头和读出磁头的示意图。写入时，写入电流方向的改变在磁记录介质表面留下了不同方向的剩余磁化状态。读出时，读出磁头感应出剩余磁化方向的改变，经解码后转换为读出数据。

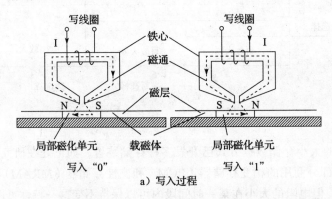

a）写入过程

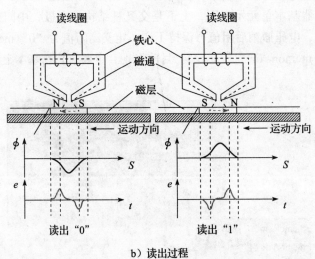

b）读出过程

图 2-5 磁头写入过程和读出过程示意图

巨磁阻磁头的应用和高性能解码技术使磁盘容量提高了上万倍。

垂直磁化技术的使用进一步缩小了磁化翻转所需的最小面积，从而提高了磁记录密度。

SRAM 存储单元中的状态经过读出放大器放大后，直接输出数据的电平信号。敏感放大器的使用提高了微弱的读出信号的解码准确性。

对某一阻变存储单元施加一个小的读出电压，检测电流值，可判断该单元是处于高阻态还是低阻态，从而确定该单元存储的是"0"还是"1"。

对光盘表面照射激光束，检测返回激光束可识别有无凹坑。光道上没有凹坑的地方，读出光束被反射；有凹坑的地方反射的光束与从凹坑周围平面地方反射的光束，因光路相差 1/2 波长（坑深为光束波长的 1/4）而互相干涉，返回的反射光与入射光抵消，从该变化的光信号中可解码出所记录的数据。

2.1.3 存储介质的状态转换

在存储介质上存储不同的数据，介质的状态必须可被改变，尽管改变的次数可以是一次，也可以是无限多次。

对磁盘而言，通过改变流经写入磁头的电流方向，可改变磁盘表面磁化方向，从而能改变状态。

对 SRAM 而言，高低电平的状态可通过改变位线上的电平而改变。写入时，通过驱动电路，在相应单元的位线上加上一定的电平可以改变单元的状态。

对于阻变存储单元，通过对某一单元施加高电平可以置为低阻态，而加上反向偏置电压可复位到高阻态。

光盘大多为一次写入、多次读出型。一次写光盘能使写入的数据永久保留在光盘上，这种不可更改性对保持档案的原始凭证性是十分有益的，特别适合于对档案文件的保存。另外一次写光盘结合了软盘与硬盘的一些特点，既有硬盘的高存储密度特性，又能像软盘那样方便地从驱动器上取下，便于所写数据资料的携带、保存和传递。此外，一次写光盘可以存储文字、图像、音视频等多媒体数据，抗环境污染能力强，不受环境杂散磁场影响。可擦除重写光盘是光盘的第三代产品，已开发的可擦除重写光盘主要有磁光盘、相变光盘、染料聚合物光盘等。其中以磁光盘的地位较重要，它作为计算机新一代外存储设备，具有记录密度高、存储容量大、可靠性强、使用寿命长、信息位价格低的特点，加之具有可擦除重写的优点，反复擦写次数可达 100 万次以上，专家们预测磁光盘系统将成为重要的大容量数据存储设备。

除了上述几种存储介质，还有多种材料可用作存储介质。铁电材料的不同自发极化方向、电子的不同自旋方向、处于基态和激发态的不同量子态、相变材料的晶态和非晶态等，均可用于存储数据。可用于存储的新材料被不断发现，探求状态转换速度更快、维持和读写操作功耗更低、保持时间更长的存储介质是研究人员长期的追求目标。

2.2 数据的写入与读出技术

数据的写入和读出技术就是实现对存储介质所保持的状态的改变与检测的手段。实现读写操作的关键技术是如何提高读写过程的速度和正确性。

数据的写入技术就是实现对存储介质所保持的状态的改变手段。下面以 SRAM 的写入为例，介绍存储器件的写入技术。

为便于叙述，我们把六管 SRAM 基本单元的各个晶体管做了编号，如图 2-6 所示。交叉耦合的两个非门（输出分别为 Q 和 −Q）保存了稳定的状态，构成了基本存储单元；字线 WL 用于控制读写操作的开启；位线 BL 和位线非端 −BL 用于写入和读出数据。Q 端输出为高时，表示存储的状态是 "1"，Q端输出为低时，表示存储的状态是 "0"。V_{DD} 为电源端。

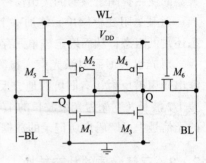

图 2-6　六管 SRAM 单元图

SRAM 的基本单元有 3 种状态：①待机，电路处于空闲，无读写操作；②读操作，读出数据，感知状态；③写操作，写入数据，修改状态。SRAM 的读或写模式必须分别具有 "readability"（可读出性）与 "write stability"（写稳定性）。可读出性指状态可区分，可识别出 Q 是高电平还是低电平；写稳定性是指能正确写入高或低状态，而且操作可重复。

待机。如果字线 WL 没有被选为高电平，那么作为控制用的 M_5 与 M_6 两个晶体管处于断路，把基本单元与位线隔离。由 $M_1 \sim M_4$ 组成的两个反相器继续保持其状态，直至被改写或电源关断。电源关断后，状态不能够再保持，SRAM 属于易失性存储器。

读操作。假定存储的内容为 1，即在 Q 处的电平为高。读周期之初，两根位线预充值为逻辑 1，随后字线 WL 充高电平，使得两个访问控制晶体管 M_5 与 M_6 导通。第二步是保存在 Q 与 −Q 的值传递给位线 BL 和 −BL。由于存储的内容为 1，BL 保持为预充的高电位，而泻掉 −BL 预充的值，这时通过 M_1 与 M_5 的通路直接连到低电平使其值为逻辑 0（即 Q 的高电平使得晶体管 M_1 导通）。在位线 BL 一侧，晶体管 M_4 与 M_6 导通，把位线连接到 V_{DD} 所代表的逻辑 1（M_4 作为 P 沟道场效应管，由于栅极加了 −Q 的低电平而 M_4 导通）。如果存储的内容为 0，相反的电路状态将会使 −BL 为 1 而 BL 为 0。只需要 BL 与 −BL 有一个很小的电位差，读取的放大电路将会辨识出哪根位线是 1 哪根是 0。敏感度越高，读取速度越快。

写操作。写周期之初，把要写入的状态加载到位线。如果要写入 0，则设置 −BL 为 1 且 BL 为 0。随后字线 WL 加载为高电平，位线的状态被载入 SRAM 的基本单元。位线输入驱动被设计为较基本单元的晶体管的驱动能力更强，因此使得位线状态可以改写交叉耦合的基本单元中反相器的以前状态。

2.3　数据存储设备的发展历史与分类

2.3.1　数据存储设备的发展历史

数据存储设备的发展历史始终贯穿着 "应用的需求" 和 "技术发展的推动" 两条主线。存储设备随计算机技术的演变而迅速发展，并独立于计算机系统而不断扩大应用领域。

1. 穿孔卡片

穿孔卡片是始于 20 世纪的主要存储方法，进入 20 世纪 60 年代后，逐渐被其他存储手段取代。目前穿孔卡片已经极少使用，除非用于读出当年存储的历史数据。图 2-7a 是一个穿孔卡片的示意图，卡片中某些位置有穿透的孔，通过光电转换设备可读出穿孔卡片中所存的数据。穿孔纸带类似于穿孔卡片，但更易于保存。穿孔纸带的存储方式跟穿孔卡片类似，每一排可以存储一个字符。图 2-7b 中是一个每一行 8 个孔的纸带。

a）穿孔卡片　　　　　　　　　　　b）穿孔纸带

图 2-7　穿孔卡片和穿孔纸带

2. 磁鼓存储器

20 世纪 50 年代，磁鼓作为内存储器应用于 IBM 650。在后续的 IBM 360/91 和 DEC PDP-11 中，磁鼓也用作交换区存储和页面存储。磁鼓的代表性产品是 IBM 2301 固定头磁鼓存储器。磁鼓是利用铝鼓筒表面涂覆的磁性材料来存储数据的。鼓筒旋转速度很高，因此存取速度快。它采用饱和磁记录，从固定式磁头发展到浮动式磁头，从采用磁胶发展到采用电镀的连续磁介质。这些都为后来的磁盘存储器打下了基础。

磁鼓最大的缺点是存储容量太小。一个大圆柱体只有表面一层用于存储，而磁盘的两面都可用来存储，显然利用率要高得多。因此，当磁盘出现后，磁鼓就被淘汰了。

图 2-8 是一个磁鼓的图片。IBM 650 计算机上使用的磁鼓长度为 16 英寸，有 40 个磁道，每分钟可旋转 12500 转，可存储 10KB 数据。

3. 磁带存储器

磁带是所有存储媒体中单位存储成本最低、容量最大、标准化程度最高的常用存储介质之一。它互换性好、易于保存，近年来由于采用了具有高纠错能力的编码技术和即写即读的通道技术，磁带存储的可靠性和读写速度大大提高了。

图 2-8　磁鼓

磁带存储器从早期的盘式磁带机（如图 2-9a 所示）发展到盒式磁带机（如图 2-9b 所示），单元容量从百 MB 提高到 GB 甚至 TB 级别，可靠性和读写速度显著提高，维护成本大大下降。而磁带库（如图 2-9c 所示）通常内置数百至数千盒磁带，并可更换，理论上容量可无限扩展。磁带库内有机械手用于取出和放回磁带，有多台磁带读写机构用于读出和写入数据。磁带库是超大容量、低成本、低功耗的后备存储系统的首选。

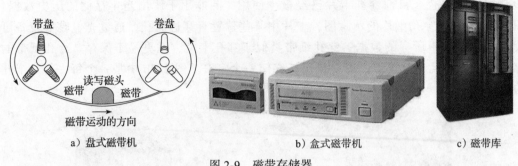

a）盘式磁带机　　　　　　b）盒式磁带机　　　　c）磁带库

图 2-9　磁带存储器

4. 软盘存储器

第一张软盘发明于 1969 年，直径是 8 英寸，单面容量 80KB。4 年后，5.25 英寸、容量为 320KB 的软盘诞生了。软盘的发展趋势是盘片直径越来越小，而容量却越来越大，可靠性也越来越高。图 2-10 是三种典型的软盘，其中 a 为不同外观尺寸的软盘，b 中 3.5 英寸软盘的容量为 1.44MB，曾经作为主要的移动存储介质被广泛使用。到了 20 世纪 90 年代后期，出现了容量为 250MB 的 3.5 英寸软盘产品，但由于兼容性、可靠性、成本等原因，并未被广泛使用，如今已难寻踪迹。

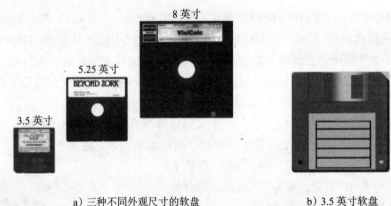

a）三种不同外观尺寸的软盘　　　　　b）3.5 英寸软盘

图 2-10　典型的 3.5 英寸软盘

5. 硬盘存储器

磁盘表面的磁记录介质薄膜受外磁场的磁化，在去掉外磁场后仍能保持剩余磁化状态，从而存储数据。磁盘存储器由主轴、固定在主轴上的盘片、磁头和磁头臂、磁头定位系统、控制与接口电路等构成。它的规格从 14 英寸、8 英寸、5.25 英寸开始，一直发展到目前用得最多的 3.5 英寸、2.5 英寸和 1.8 英寸。此外，市场上还出现过 1 英寸的微型磁盘，但 CF、SD 等闪存卡出现后，微型磁盘在成本、性能上不堪一击，很快就销声匿迹了。到 2014 年年初，3.5 英寸磁盘的容量可达 1 ～ 4TB，由于技术的进步，更大容量的磁盘（如 10TB）仍值得期待。

世界上能够称得上第一块现代意义上的磁盘是由 IBM 公司于 1956 年推出的 IBM 350 磁盘驱动器。IBM 公司从 1956 年开始生产磁盘存储设备，直到 2003 年把硬盘业务出售给日立。硬盘驱动器（HDD）和软盘驱动器（FDD）均由 IBM 公司发明，因此 IBM 公司的雇员拥有这些产品及其技术的大多数发明权。硬盘驱动器的基本机械结构自 IBM 1301 后并没有改变。现在仍然使用与 20 世纪 50 年代相同的标准来衡量磁盘驱动器的性能和特征。历史上几乎找不出任何一个其他产品能像磁盘一样，在享受容量和性能显著改善的同时，成本和尺寸却同时在明显缩小。

IBM 公司从 20 世纪 70 年代到 80 年代中期生产了 8 英寸软盘驱动器，但并不是小尺寸的软盘驱动器的最大制造商。直到 1981 年，IBM 公司始终自己发售磁盘驱动器，而没有按原始设备制造商（OEM）的条款和条件供货。到 1996 年，IBM 公司不再只给自己的系统生产硬盘驱动器，而是以 OEM 方式提供其所有的硬盘驱动器。

IBM 公司使用了许多术语来描述它的各种磁盘驱动器，如直接访问存储设备（Direct Access Storage Device）、磁盘文件和软盘文件；然而，当前业界使用的标准术语是硬盘驱动器和软盘驱动器。

作为第一个磁盘驱动器，IBM 350 磁盘存储单元由 IBM 公司于 1956 年 9 月 13 日发布，作为 IBM 305 RAMAC 计算机系统的一个组成部分。同时，一个非常类似的产品 IBM 355 发布用于 IBM 650 RAMAC 计算机系统。RAMAC 代表"计费和控制随机存取方法"。它的设计是出于实时计费的业务需求。IBM 350 可存储 500 万个 6 位字符（3.75MB），它有 50 个直径为 24 英寸（610 毫米）的圆盘，共 100 个记录面，每面有 100 个磁道，磁盘片的转速是 1200RPM，数据传输速率为每秒 8800 个字符。一个存取机构上下移动一对磁头，选择一对磁盘面（一个向下表面和一个向上表面），并移进和移出磁头，以选择两个盘面的记录磁道。20 世纪 50 年代也提出了几种改进的模型。带 IBM 350 磁盘存储的 IBM RAMAC 305 系统，每月租金 3200 美元。IBM 350 于 1969 年正式停用。

来自 RAMAC 项目的美国专利（专利号：3，503，060）通常被认为是用于磁盘驱动器的基本专利。此首个磁盘驱动器计划最初曾被 IBM 董事局取消，原因是它威胁到 IBM 打孔卡的业务，但 IBM 圣何塞实验室持续开发，直至该项目被 IBM 公司的总裁批准。

IBM 350 的箱体为 60 英寸（152 厘米）长、29 英寸（74 厘米）宽、68 英寸（171 厘米）高。该 RAMAC 单位重量超过一吨，必须用铲车来回移动，并通过大型货运飞机运输。据称，该驱动器的存储容量本来是可以超过 500 万个字符的，但当时 IBM 公司的市场部反对更大容量的驱动器，因为他们不知道如何销售存储容量更大的存储产品。

1984 年，RAMAC 350 磁盘文件由机械工程师协会指定为国际历史古迹。在 2002 年，磁盘遗产中心与圣克拉拉大学合作，开始修复一台 IBM 350 RAMAC。2005 年，RAMAC 修复工程搬迁到位于加州山景城的计算机历史博物馆，现在已在该博物馆的"变革展览"中向公众展示。图 2-11 为 IBM 350 磁盘驱动器的核心部件，左侧是可上下移动的导轨和磁头，右侧是 50 个盘片。

IBM 1301 磁 盘 存 储 单 元 于 1961 年 6 月 2 日公布。它是专为 IBM 7000 系列大型计算机和 IBM 1410 所设计的。IBM 1301 在一个单一的模块存储 28MC（百万字符）（1410 为 25MC）。每个模块有 20 个大的磁盘片、40 个记录表面，每面有 250 条磁道。

图 2-11　IBM 350 磁盘驱动器核心部件

IBM 1301 Model 1 有一个模块，Model 2 有两个模块，垂直堆叠。该盘转速为 1800RPM，数据传输率为每秒 9 万个字符。

相比 IBM 350 和 IBM 1405，IBM 1301 的一个主要进展是为每个记录的表面单独使用磁头臂和磁头，所有的磁头臂一起移入或移出，像一个大梳子。这消除了磁头臂从一盘面拉出、再向上或向下移动到一个新的磁盘所需的时间。寻找所需磁道的时间也由于新的设计加快，磁头通常会处在盘中间的某个地方，而不是从外边缘启动。最大访问时间减少到 180 毫秒。

IBM 1301 是第一个采用浮动磁头的硬盘驱动器，该磁头使用空气动力学原理设计，飞行在磁盘表面上方一层薄薄的空气上，这使磁头更接近记录面，从而大大提高了性能。

IBM 1301 通过 IBM 7631 文件控制连接到计算机。不同型号的 IBM 7631 允许 IBM 1301 用于 IBM 1410 或 7000 系列计算机，或由 7000 和 1410，或两个 7000 共享 IBM 1301。

IBM 1301 Model 1 每月租金 2100 美元，售价 115 500 美元；对应 Model 2 的价格是每月租金 3500 美元和售价 185 000 美元。IBM 7631 控制器的租金是每月 1185 美元或售价 56 000 美元。这些型号都在 1970 年停用。

表 2-1 比较了 IBM 的第一个 HDD（RAMAC 350）和最后三款型号中 Star 系列中的 OEM HDD。该表显示出了 HDD 在成本与尺寸显著减小的同时，相应的容量和性能却有巨大的改善。从表 2-1 可知，46 年来改进最大的是体积密度，达到 622 100 131 倍；改进最小的是访问延迟，只有 8 倍。

表 2-1　IBM HDD 性能比较

参数（单位）	RAMAC 350	Ultrastar 146Z10	Deskstar 180GXP	Travelstar 80GN	46 年的改进（最大值）
发布时间	1956 年	2002 年	2002 年	2002 年	
容量（GB）	0.004	146	180	80	48 000
尺寸（in）	60×68×29	4×1×5.75	4×1×5.75	2.75×0.38×3.95	
体积（in³）	118 320	23	23	4	29 161
重量（kg）	971	0.8	0.64	0.095	
功率（W）	最大 5500kW	16	10.3	1.85	1283
功率密度（MB/W）	0.0016	9125	17 476	43 243	27 375 856
价格（US$）	57 000	1200	360	420	
价格 /MB（US$）	15 200	0.0082	0.0020	0.0053	7 600 000
密度（Mbit/in²）	0.002	26 263	46 300	70 000	35 000 000
体积密度（GB/in³）	0.000 000 03	6	8	20	622 100 131
访问延迟（ms）	25	3	4	7	8
平均寻道时间（ms）	600	5.9	10.2	12	102
数据传输率（MB/s）	0.001	103	29.4	43.75	11 719

注：1. in 为长度单位英寸，1in=0.0254m。由于历史原因和使用上的习惯，存储相关的许多地方仍使用英制单位。

　　2. W 为功率单位瓦特。

2.3.2　数据存储设备的分类

由于可以用作存储数据的介质种类较多，难以做到详细分类，只能大致按照存储介质、数据保持时间等依据，对数据存储设备进行分类。

1. 按存储介质分类

根据所使用的存储介质，可以将存储器分为半导体存储器、磁表面存储器和光盘存储器三种类型。

半导体存储器通常是指基于硅材料由集成电路技术制成的存储器。它品种繁多，应用广泛。如用作计算机高速缓存的 SRAM，用作内存的 DRAM，用作大容量移动存储的闪存，如固态盘（SSD）和优盘等。

磁表面存储器利用磁性薄膜的剩余磁化取向状态存储数据，常见的磁带存储器和磁盘存储器都属于磁表面存储器，早期的磁鼓也是一种磁表面存储器。

磁带存储器（常称为磁带机、磁带）具有容量大、成本低等优点，但也有存储周期长的缺点，主要用于大容量备份存储的场合。最先进的技术使单卷磁带的容量超过 100TB，远远大于单个磁盘的容量。

磁盘存储器（常称为磁盘机、磁盘、硬盘）是目前主流的高速、大容量存储设备。从 20 世纪 50 年代 IBM 公司的第一块磁盘开始，随技术进步而不断发展。磁盘的存储密度、存储速度每年都有长足的进展，容量的增长尤为显著。从早期的 MB 发展到目前的 TB 级别，单个磁盘的容量增长了 100 万倍。

光盘存储器中的激光器产生激光使光盘表面的记录介质层产生变化（如凹坑），从而记录数据。写入时，能量较高的聚焦激光束照射在介质表面，使其发生物理变化，以达到数据记录的目的。读出时，能量较低的激光束照射在介质上，检测反射回来的光束的反射率的变化，完成对数据的读取。

光盘存储器由光盘驱动器和光盘片两大部分构成，光盘片按其读写次数可分为如下三类：①只读型。光盘片上的信息在出厂时已由生产厂家写入，用户只能读出而不能改写。它可用于大容量的数据库和应用软件库，也可用于存储各种文字、音乐和图像。由于批量生产，其盘片成本低廉，因而得到广泛的应用，是信息传输的有效途径，尤其在软件、多媒体、音乐、视频等领域中不可或缺。②只写一次型。也称为空白光盘，用户可以一次写入、多次读出，写入一次后的光盘不能抹除或重写，称为 CD-R（CD-Recordable），适用于图文资料的自行刻录和传播，或作为备份。刻录软件可以实现一张盘片的多次刻录，直至整张光盘刻满，经济实用。③多次重写型。这种盘片可以实现写入信息的擦除，从而实现反复擦写的功能。根据读 / 写原理的不同，可分为磁光盘、相变光盘等类型。但是，由于 CD-R 的成本低，多次重写型光盘应用并不广泛。

光盘驱动器根据功能也可划分为只读光驱、可刻录光驱，可刻录光驱有刻录 CD、DVD、蓝光光驱之分。通常 CD 的容量是 700MB、DVD 的容量是 4.7GB（双面 8.5GB）、蓝光光盘的容量是 25GB（双面 50GB）。

2. 按数据保持时间分类

按数据保持时间，存储器可分为易失性和非易失性两大类。

易失性存储器是指需要依靠电源维持存储状态，一旦断开电源，所存数据将丢失的存储器。DRAM、SRAM 都是易失性存储器。

非易失性存储器是指不需要依靠电源就可以维持存储状态，电源断开后所存数据仍将保持的存储器。磁盘存储器、闪存等都是非易失性存储器。

2.4 磁盘存储器

磁盘存储器（通常简称磁盘、硬盘；而软盘需要特别指明，但已经淘汰）是目前主流的大容量存储，虽然有盘片主轴电机和磁头臂驱动电机等机械机构的存在，并由此带来性能、功耗与可靠性等方面的问题，但综合各种性能和价格，还没有一种存储设备可以取代磁盘存储器的地位。此外，由于技术上的进步，磁盘存储器的容量、功耗、可靠性、性价比等指标不断改善，超越或取代它仍有难度。本节介绍磁盘存储器的基本结构、工作原理、性能指标，并对磁盘技术的发展趋势做了介绍。

2.4.1 磁盘存储器的基本结构

拆开磁盘的盖子，可以看到磁盘的内部结构图（如图 2-12 所示），主要由盘片、主轴（电机）、磁头（磁头臂）、音圈电机等几部分组成。

- 盘片：盘片的材料通常为玻璃，早期采用铝合金。盘片上涂覆有磁记录介质，通过保存磁化方向而记录数据。
- 主轴（电机）：主轴电机带动盘片高速旋转，浮动在盘片表面的磁头感应盘片表面的磁化方向，读出数据。
- 磁头（磁头臂）：磁头臂由音圈电机驱动，将磁头快速移动到指定的磁道，进行指定磁道的读写。
- 音圈电机：精密电机，用于驱动磁头臂，可精确控制移动位置，反应迅速。

与数据的存取直接相关的基本概念包括盘面、磁道、扇区、柱面、编址方式、I/O 等。如图 2-13 所示。

- 盘面：用于记录磁化翻转的盘片上的平面，称为盘面。每一个磁盘的盘片都有上、下两个盘面，每个盘面都能用来记录数据，按从上到下的顺序从 0 开始依次编号。通常，每个盘面有一个对应的磁头，对盘面进行磁化的写入与读出，因此，盘面号与磁头号一一对应。
- 磁道：磁盘在格式化时被划分为许多同心圆，这些同心圆轨道用于记录磁化方向，称为磁道。磁道的编号从外圈开始向内圈顺序编号，最外磁道通常称为 0 磁道。
- 扇区：每一个圆形磁道被划分成多段圆弧，每段圆弧叫作一个扇区。这些圆弧角速度一样，但线速度不一样。扇区一般从 1 开始编号，每个扇区中的数据作为一个单元同时读出或写入，是磁盘的最小存储单位。一个扇区最小可存储 512 字节数据。
- 柱面：所有不同盘面上的同一位置的磁道构成一个圆柱形的轮廓，通常称作柱面。每个圆柱上的磁头自上而下从 0 开始编号。引入柱面的概念是为了编址的方便，因为多个磁头同时运动，选择读写操作目标时，先选柱面，再选盘面（磁头），最后选扇区。

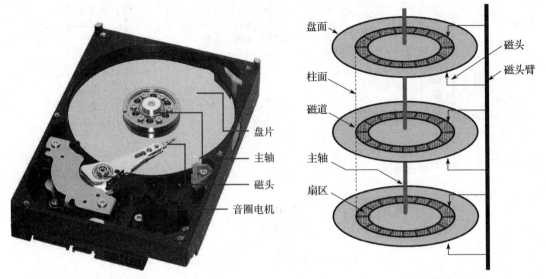

图 2-12 磁盘存储器内部结构图   图 2-13 磁盘组织结构

- 编址方式：主机操作系统按照逻辑块号访问磁盘，逻辑块号要转换成磁盘的物理地址才能实现实际的写入与读出操作。磁盘的物理地址早期以柱面、磁头、扇区确定（三者简称 CHS）。由于磁盘容量的极大增长，按 CHS 方式编码受到地址位数长度的限制，因此目前使用 LBA 编址方式，而 CHS 编址方式不再使用。LBA 编址方式不再划分柱面和磁头号，这些数据由磁盘自身保留，而磁盘对外提供的地址全部为线性地址，即 LBA 地址。所谓线性，指的是把磁盘想象成只有一个磁道，这个磁道是无限长的直线，扇区为这条直线上的等长线段，从 1 开始编号，直到无限远。
- I/O 操作：磁盘读写的时候都是以扇区为最小寻址单位的，每次可以读写一个扇区，也可以连续读写多个扇区。把一次磁盘的连续读或者写的操作，称为一次 I/O 操作。

2.4.2 磁盘存储器的工作原理

磁盘存储器的逻辑框图如图 2-14 所示。磁盘存储器在逻辑上可分为磁盘适配器和磁盘驱动器两大部分。

磁盘适配器由接口电路和磁盘控制器组成。接口电路按一定的协议标准完成磁盘与外界的数据、命令与状态的发送和接收。磁盘控制器负责主机发送来的命令的解释，实现定位命令的发送、状态信息的收集、读写数据的传输。

磁盘驱动器主要由主轴电机及驱动控制、磁头定位、读写控制等几大部分组成。主轴电机带动磁盘片高速、稳速转动，以保证写入与读出数据的正确性。低的转速有 5400rpm（转／分钟），最高的转速为 15 000rpm。主轴转速越高、读写数据的速率也越高，但功耗也会更大，另外还需考虑盘片的质量、材料等因素。图 2-15 是主轴电路的控制电路示意图。

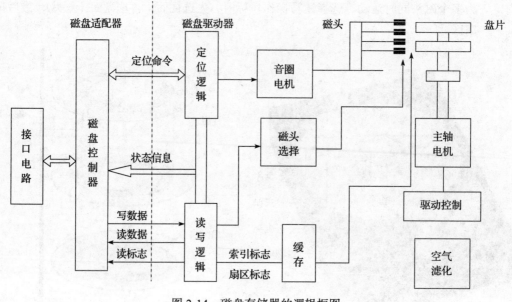

图 2-14 磁盘存储器的逻辑框图

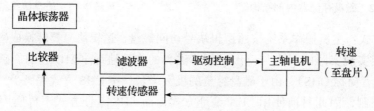

图 2-15 主轴电路的控制电路示意图

2.4.3 磁盘存储器的性能指标

磁盘的主要性能指标包括容量、转速、缓存容量、尺寸、接口标准与传输速率等。

● 容量：影响硬盘容量的因素有单盘片容量和盘片数量。目前主流配置为 500GB、1TB，最大容量已经达 4 ~ 6TB。其中，1TB = 1024GB，1GB = 1024MB，1MB = 1024KB，1KB = 1024B。

● 转速：目前常见的磁盘转速有 5400rpm、5900rpm、7200rpm、10 000rpm、15 000rpm。

● 缓存容量：用于读写时缓冲数据，大容量缓存有更好的读写性能。常见的缓存容量有 8MB、16MB、32MB、64MB。

● 尺寸：用于服务器和台式机的为 3.5 英寸，笔记本电脑用 2.5 英寸或 1.8 英寸。1 英寸的微硬盘多用于摄像机等数码设备（目前已被闪存卡替代）。

● 接口标准与传输速率：目前商用硬盘多为 SATA 接口，其中 SATA-3 标准的传输速率为 6Gbit/s。服务器用磁盘常用 SCSI、SAS、FC 等接口。SAS 硬盘现在一般都由 Seagate 生产。SAS 的传输率是 3Gbit/s，与 SATA-2 一样。由于采用了 10bit 的再封装技术（将每 1Byte/8bit 的数据加入 ECC 之后再封装为 10bit，因此实际传输率为 300MB/s），略低于 UltraWide320 SCSI 的 320MB/s。但是由于 SCSI 采用单电缆结构，所有的设备共享 320MB/s 的带宽，而 SAS 采用星形结构，每个设备是独

享 300MB/s 带宽，因此 SAS 接口带宽实际比 SCSI 要高。SAS 线缆是 7 针 4 线，与
SATA 一样，并可以使用 SATA 硬盘。SAS 线和 SATA 线一样，一个 SAS 接口只能
接一根 SAS 线缆，一根 SAS 线缆只能接一个 SAS 硬盘，理论上每个 SAS 控制器
最多接 122 个 SAS 接口。SAS 线缆的长度与 SCSI 一样，理论上最长可达 12m，但
实际使用时推荐不超过 5m，太长可能会导致数据读写出错。

一个典型的大容量磁盘的参数如下：

基本参数	
型号	ST4000DM000
容量	4000GB
转速	5900rpm
缓存容量	64MB
磁盘尺寸	3.5 英寸
接口标准	SATA III
性能参数	
传输速率	SATA 6.0Gbit/s

2.4.4　磁盘存储器的发展趋势

磁盘的最大容量能达到多少？当主流的磁盘容量为 60GB 时，总希望能得到容量为
100GB 的磁盘。当 1TB 的磁盘成为普通配置时，幻想着是否哪一天会出现 10TB 的硬盘？
磁盘发展的历史给人的一种感觉是：存储容量似乎在无休止地上涨。

容量增长究竟有没有一个上限？一名磁盘厂商的高管认为：“总的来说，没有极限，而
且实际上所有理论极限都非常难以估算出来。”当然，就磁存储的机理而言，极限肯定是有
的，物理上最终不可能突破单磁畴的极限。但是，要确切预测出单个磁盘存储器所能达到
的最大容量，并非易事，因为技术的进展常常让人觉得不可思议。

物理学的进展使得以前所谓的硬盘存储器容量的极限被不断突破。通常认为，达到
每平方英寸 100Gbit（100Gbit/sq.in）的“面密度”（areal density）是不可能的。然而，
2002 年就有公司（在实验室中）宣布利用垂直记录技术突破了 100Gbit/sq.in。目前，实
验室水平已经达到 1Tbit/sq.in 的面密度，并已经开启了每平方英寸 10Tbit 面密度的探索
研究。

如果再加上热辅助磁记录（Heat Assisted Magnetic Recording，HAMR）和其他光、电、
磁等领域的技术进步，通常认为，硬盘驱动器还有相当长的寿命，目前预测其极限还为时
过早。

单个驱动器容量的增长也带动了存储阵列总容量的增长。目前，一台磁盘阵列的容量
已经超过 1PB，最大可支持的容量已经达到 40PB。

2.5　光盘存储器

相对磁存储技术而言，光存储技术略显“年轻”。但是光存储的发展大大拓展了存储

技术的应用领域，CD-ROM 简化了软件资料的交流，CD、DVD 丰富了人们的娱乐生活，使高质量的音频与视频产品迅速传播。本节首先回顾光存储技术的发展过程，然后介绍光存储器的基本工作原理，最后是对光存储技术的展望。

2.5.1 光盘存储器的发展过程

历史上最早出现的是模拟光盘存储器。20 世纪 70 年代初，荷兰飞利浦（Philips）公司的研究人员开始研究利用激光记录和重放信息，并于 1972 年 9 月向全世界展示了长时间播放电视节目的光盘系统，这就是 1978 年正式投放市场并命名为 LV（Laser Vision）的光盘播放机。利用激光记录信息的革命便拉开了序幕。

数字激光唱盘不久后诞生。大约从 1978 年开始，研究人员把声音信号变成用"1"和"0"表示的二进制数字，然后记录到以塑料为基片的金属圆盘上。1982 年 Philips 公司和 Sony 公司成功地把记录数字声音的盘推向了市场。这种塑料金属圆盘很小巧，故用 Compact Disc 命名，而且还为这种光盘制定了标准，这就是"红皮书（Red Book）标准"。这种盘又称为数字唱盘（Compact Disc-Digital Audio，CD-DA）盘。

CD-ROM 的诞生使光盘作为存储数据的设备在计算机中应用。由于 CD-DA 能够记录数字信息，自然就想到把它用作计算机的存储设备。但从 CD-DA 过渡到 CD-ROM 需要解决两个重要问题：

- 存取地址问题：计算机如何寻找盘上的数据，即如何划分盘上的地址。因为记录歌曲时是按一首歌作为单位，一张盘记录 15 首左右的歌曲，每首歌平均占用 40MB 左右的空间。存储一个文件不一定都要那么大的存储空间，因此需在 CD 盘上写入很多的地址编号。
- 误码率：把 CD 盘作为计算机的存储器使用时，要求它的错误率（10^{-12}）远远小于声音数据的错误率（10^{-9}）。而用当时现成的 CD-DA 技术不能满足这一要求，因此还要采用错误校正技术。

1984 年 Sony 公司和 Philips 公司发布了 CD-ROM 物理格式标准，称为黄皮书（Yellow Book）标准。

ISO 9660 标准的诞生解决了光盘文件的标准化问题。黄皮书标准只解决了硬件生产厂家的制造标准问题，即存放计算机数据的物理格式，而没有涉及逻辑格式，也就是计算机文件如何存放在 CD-ROM 上、文件如何在不同的系统之间进行交换等问题。为此，在多方努力下又制定了一个文件交换标准，后来国际标准化组织（ISO）把它命名为 ISO 9660 标准。

自 1981 年激光唱盘上市以后，开发了一系列 CD 产品，见图 2-16，包括：CD-DA(Compact Disc-Digital Audio)、CD-G(Graphics)、CD-V(Video)、CD-ROM、CD-I(Interactive)、CD-I FMV(Full Motion Video)、Karaoke CD、Video CD。

CD 系列盘的大小、重量、制造工艺、材料、制造设备等都相同，只是根据不同的应用目的存放不同类型的数据而已。

CD 盘的结构组成部分如图 2-17 所示，包括：保护层、反射层、刻槽、聚碳酸酯衬垫等几个部分。

其中有两种反射层：①铝反射层，银白色，称为"银盘"；②金反射层，金色，称为

"金盘"。

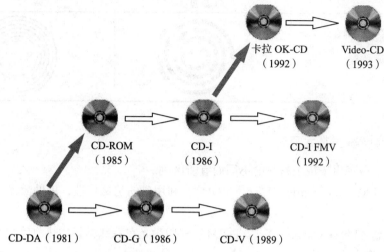

图 2-16 CD 系列产品的演变

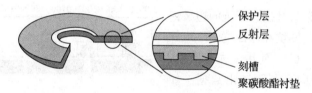

图 2-17 CD 盘片的结构

CD 盘的外形尺寸如图 2-18 所示。CD 盘的外径为 120mm，重约 14 ~ 18g。激光唱盘分为 3 个区：导入、导出和声音数据记录区。

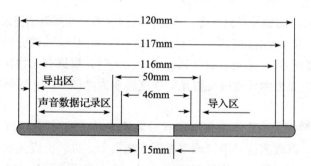

图 2-18 CD 盘的外形尺寸

CD 盘的光道结构与磁盘的磁道结构如表 2-2 所示。

表 2-2 CD 盘的光道结构与磁盘的磁道结构比较

	CD 盘	磁 盘
记录道	螺旋形	同心环
光 / 磁道数目	只有一条，长约 5km	很多
盘片转动速度	CLV（恒定线速度）	CAV（恒定角速度）
记录密度	里外记录区的密度相同	里外记录区的密度不同

（续）

光 / 磁道形状	CD 盘	磁 盘
	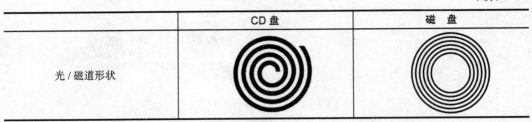	

2.5.2 光盘存储器的基本原理

光盘的记录原理由于记录材料的不同而有所区别。

- 磁光盘（Magneto Optical Disc，MOD）：利用磁的记忆特性，借助激光来写入和读出数据。
- 相变光盘（Phase Change Disc，PCD）：利用激光在特殊材料加热前后的反射率不同而记忆"1"和"0"。
- 只读 CD 光盘：通过在盘上压制凹坑的机械办法记录数据。凹坑的边缘记录的是"1"，凹坑和非凹坑的平坦部分记录的是"0"。使用激光束照射，根据反射率的不同而读出数据，如图 2-19 所示。

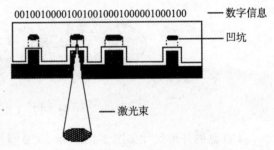

图 2-19　CD 盘的读出原理

对于可写入一次的光盘而言，光存储技术利用激光能聚焦成能量高度集中的极小光点的特性，例如，在 $1\mu m$ 直径的记录点上能集中达到数 MW/cm^2 的能量峰值强度，将这种高能量的光点照射到记录介质上，使介质的微小区域发生物理、化学变化以产生一个标记，通常为一个凹坑或被烧焦成黑色线条单元。

当聚焦成微米大小的激光光束照射到存储介质上时，根据有无物化标志，其光束的反射率会产生变化，由光检测元件将反射光的强度转变为电信号，从而判断介质上有无存储标志。

光盘上的信息数据是沿着盘面螺旋形状的光轨道以一系列凹坑和凸区的形式存储的。当数据写入光盘时，以数据信号串行调制在激光光束上，再转换成光盘上长度不等的凹坑和凸区。凹凸交界的正负跳变沿均代表数码"1"，两个边缘之间代表数码"0"，"0"的个数是由边缘之间的长度决定的。

当从光盘上读出数据时，激光束沿光轨道扫描，当遇到凹坑边缘时反射率发生跳变，表示二进制数字"1"，在凹坑内或凸区上均为二进制数字"0"，通过光学探测器产生光电检测信号，从而读出 0、1 数据。

由图 2-20 可知，光盘读写系统包括写入通道和读出通道。向光盘写入数据由写入通道实现，激光器发出的光束经过光分离器，高能量的光束在光调制器中受到写入信号的调制后，被跟踪反射镜导向聚焦镜，聚焦成 $1\mu m$ 的光点，对光盘存储区域进行物化反应，进行数据信号的写入操作。

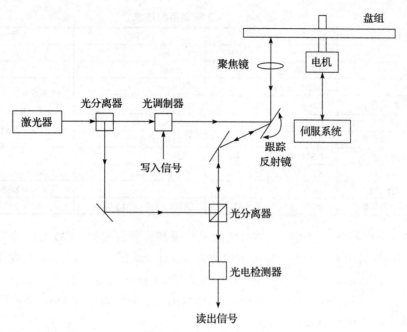

图 2-20　光盘读写原理图

从光盘读出信息数据由读出通道实现，由激光器发出的光束经过光分离器将光束强度减弱到一定程度，然后被跟踪反射镜导向聚焦镜，使光束聚焦成 1μm 左右的光束，对光盘存储区进行扫描，反射光束由跟踪反射镜导入光分离器，以使输入光束与反射光束相分离，然后再通过光电检测器将光信号变换成电信号输出。

随着应用需求的不断提高和技术的进步，更高密度的光盘出现了，即 DVD。DVD 原为 Digital Video Disc 的缩写，后改为 Digital Versatile Disc。DVD 在早期出现了两种不兼容的标准。1995 年，以 Sony 和 Philips Electronics DV 公司为首的团体与以 Toshiba 和 Time Warner Entertainment 公司为首的团体分别提出不兼容的高密度 CD（HDCD）规格。同年 10 月，两大团体达成妥协，同意盘片的设计按 Toshiba/Time Warner 公司的方案，而存储在盘上的数据编码按 Sony/Philips 公司的方案。最终结果，单面单层 DVD 盘片的存储容量为 4.7GB，单面双层盘片的容量为 8.5GB，单面单层盘存储 133 分钟的 MPEG-2 影视，配备 Dolby AC-3/MPEG-2 Audio 质量的声音和不同语言的字幕。

DVD 的标准文件用 Book 标识，如表 2-3 所示。

表 2-3　DVD 和 CD 标准系列

DVD	CD
Book A: DVD-ROM	CD-ROM
Book B: DVD-Video	Video CD
Book C: DVD-Audio	CD-Audio
Book D: DVD-Recordable	CD-R
Book E: DVD-RAM	CD-MO

DVD 存储容量的提高在于若干新技术的采用，主要技术如表 2-4 所示。

表 2-4　DVD 所采用的技术

名称	DVD	CD	容量增益
盘片直径	120mm	120mm	
盘片厚度	0.6mm/ 面	1.2mm/ 面	
减小激光波长	635/650nm	780nm	4.486 = (1.6×0.83) / (0.74×0.40)
加大 N.A.（数值孔径）	0.6	0.45	
减小光道间距	0.74 μ m	1.6 μ m	
减小最小凹凸坑长度	0.4 μ m	0.83 μ m	
减小纠错码的长度	RSPC	CIRC	
修改信号调制方式	8 – 16	8 – 14 加 3	1.0625 = 17/16
加大盘片表面的利用率	86.6	86	1.019 = 86.6/86
减小每个扇区字节数	2048/2060 字节 / 扇区	2048/2352 字节 / 扇区	1.142 = 2352/2060

从表 2-4 可以看出，使用波长较短的激光是提高容量的关键。CD 采用波长为 780nm 的红外光。DVD 采用波长为 635/650nm 的激光源，使光道间距、凹凸坑的长度和宽度做得更小，如图 2-21 所示。总的容量可提高到 4.486 倍。CD 的光道间距为 1.6 μ m，最小凹坑长度为 0.83 μ m，存储密度为 0.41bit/sq.in。DVD 的光道间距为 0.74 μ m，最小凹坑长度为 0.4 μ m，存储密度为 2.77bit/sq.in。

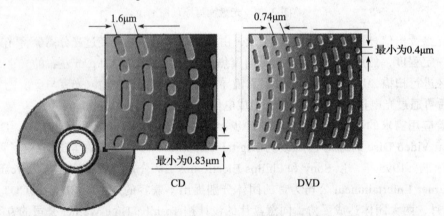

图 2-21　DVD 和 CD 之间凹坑尺寸的差别

更高密度的蓝光光盘的光道间距为 0.32 μ m，最小凹坑长度为 0.15 μ m，存储密度为 14.73bit/sq.in。

增加光盘的数据记录区域也可以提高容量。DVD 的数据记录区域从 CD 的 86cm^2 提高到 86.6cm^2，总容量提高了 1.9%。

使用双面和多层记录是提高容量的捷径。可使用盘片的两个面记录数据，或在一个面上制作多层记录层，如图 2-22 和图 2-23 所示。

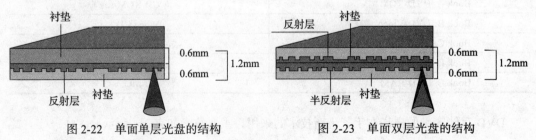

图 2-22　单面单层光盘的结构　　　　图 2-23　单面双层光盘的结构

通过改进调制和纠错方法也能提高容量。如采用效率较高的 8-16 + (EFM PLUS) 调制，由 17 位变成 16 位；采用里德 – 索洛蒙乘积码（Reed Solomon Product-like Code，RSPC）。

比 DVD 容量更高的是 BD (Blu-ray Disc) 和 HD DVD (High Definition DVD)。BD 是由 Sony、Philips 和 Panasonic 等公司在 2002 年 2 月联合发布的大容量光盘存储器标准。BD 源于 Blue-violet Laser Disc，因为它是流行于欧美的普通术语，申请商标不易，因此去掉了 blue 中的"e"。HD DVD 是由 Toshiba、Hitachi 和 NEC 等公司在 2003 年 11 月联合发布的大容量光盘存储器标准。由于潜在市场利益巨大，两大跨国公司阵营在技术标准和产业化方面展开了数年的激烈争夺。这种争夺一方面刺激着技术的竞争性发展，另一方面也由于兼容性问题，严重影响了蓝光光盘存储的产业进程。由于零售业巨头沃尔玛和好莱坞电影发行商的倒戈，以东芝为首的 HD-DVD 阵营宣布停止这方面的业务，以 Sony 为首的 BD 阵营胜出。标准的统一将大力推动蓝光光盘的普及应用。蓝光光存储技术已成为新一代光存储的主流技术。

比较而言，BD 技术更先进，但不能使用现有的 DVD 设备来生产 BD 光盘产品，这样生产线的成本比较高。HD DVD 技术可在现有 DVD 设备基础上加以改进，因此成本比较低。两者都用波长为 405nm 的蓝激光（blue-violet laser）读写光盘。集中主要的光存储技术——CD、DVD、HD DVD 和 BD 的主要异同点，比较如图 2-24 所示。

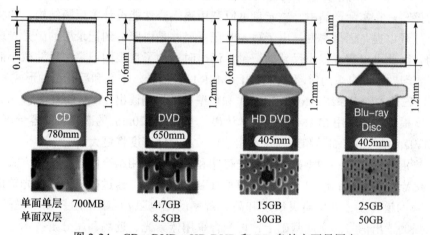

图 2-24　CD、DVD、HD DVD 和 BD 盘的主要异同点

对于大量的光盘，最有效的管理方式是使用光盘库。光盘库通常由机械手、片匣、光驱组、弹出屉和伺服部分组成。数据和控制信号通过高速 SCSI 或局域网接口与计算机系统相连接。通过光盘库管理软件，光盘库可对光盘进行读写、复制等操作，并且是多个进程同时进行的。通过光盘库可对大量光盘数据资源进行高效率、高可靠性的管理和操作。

为了便于专业化的光盘复制与发表，有些光盘库还配有内置的盘片打印机，可以打印出各种色彩逼真的盘标。

现代化的光盘库早已不是一种简单的盘片自动切换装置了。通过高智能的光电一体化设备和现代化的管理软件，光盘库系统已成为高度虚拟化的海量存储子系统。它与半导体和磁盘存储器相互弥补，构成了高效率、高可靠性的现代数据存储体系。

市场上现有的光盘库产品，通常容量为几十到数百片光盘，最多的已超过一千张光盘。

用磁盘阵列实现数据的长期归档存储要付出很高的代价。用磁盘阵列加蓝光光盘库的方案可有效降低能耗和存储设备自身的成本。

2.5.3　光盘存储器的发展趋势

材料科学、物理学、化学等领域的研究进展将不断推动光存储技术的发展。

蓝光光盘的单盘容量仍将增加；磁光存储技术和光－磁混合存储技术将有极大发展；相变光盘存储技术研究有望取得新的进展；新概念光盘存储技术，如量子光盘存储技术正出现在研究对象的行列中。

磁光存储光盘出现于 1988 年，它是信息存储技术的重大突破，在整个信息存储领域占有重要的位置。磁光存储既有光存储的可卸换、非接触读写，又有磁存储的可擦除重写以及与硬磁盘相接近的平均存取速度。特别是磁光盘具有保存时间长、可靠性高、使用寿命长、误码率小等优异性能。作为一种光存储和磁存储并存的存储方式，磁光存储可以借鉴二者的先进技术和方法，如 GMR 可以作为磁／磁光记录数据的读出传感单元，垂直记录单元可以占据更小的尺寸，获得更高的记录密度和更好的稳定性。日本是磁光存储光盘研究得最深入和应用最广泛的国家。

磁光存储的原理是通过记录位受激光照射达到"居里点"后磁化进行记录，利用磁光克尔角对磁记录位的不同偏转进行读出。由于磁光盘是靠磁畴翻转的物理过程来实现记录位的擦写，因此，相对于光盘来讲速度要快很多（接近于磁盘），同时理论上还可以实现无穷多次的擦写。在实际产品中，磁光盘可以利用磁耦合性能设计多层膜结构，如将记录层和读出层分开以提高记录密度。由于写入时记录尺寸是由照射到记录层的激光光斑中心区域决定的，因此可以实现很小尺寸的记录。读出时，为了克服因记录位尺寸减小而使读出信号较弱的问题，可以采用磁超分辨读出（MSR）（分前孔、中孔和后孔三种形式）、磁畴放大读出（即磁放大磁光系统，MAMMOS）和畴壁移动检测读出（DW DD）等技术，使存储密度大幅度提高。若采用 MAMMOS 技术读出，直径为 120mm 的磁光盘的容量可达 90GB（为 HD-DVD 的两倍）。如果和近场技术相结合，其存储密度将更大。

光－磁混合存储是一种将磁存储、光存储和磁光存储相结合的新型存储方式，它利用了各自的优点进行记录和读出。采用新型垂直磁化记录膜，通过磁光记录或光辅助磁记录来提高记录的道密度，利用高灵敏度和高分辨率的磁电阻／巨磁电阻探测来提高位密度，并得到较强的读出信号。在此基础上，再配合采用蓝紫光、近场和超分辨技术等，可获得更高记录密度。当然，这方面的技术还不很成熟，一些关键物理和技术问题有待于深入研究，如：

- 纳米尺度下磁性材料的性能、晶粒尺寸、分布和微结构以及各记录点的量子效应等。
- 近场结构中材料表面的等离子体等非线性效应、非线性掩膜与超短波长激光相互作用中的物理机理。
- 磁超分辨和磁畴膨胀读出等过程中的层间磁耦合机理、动力学机制等。
- 材料和膜层结构的优化设计、器件制备工艺、超高密度光－磁混合记录的高精度测试等。

在光－磁混合信息存储系统中，提高记录密度的一种直接有效的方法是减少聚焦激光光斑尺寸、缩小记录磁畴。

由于光在近场传播中不受衍射极限的限制，理论上可以无限制地缩小光斑尺寸，故近场技术成为实现超高密度光－磁混合存储的一种重要技术手段。针对光学系统的超分辨技术都是建立在减小由瑞利判据决定的衍射斑大小的基础上，在缩小光斑的同时延长光学系统的焦深，通过掩膜层在光盘旋转中的热虹食效应减小记录 / 读出光斑，可以采用一般的驱动器实现远场读出。近场光存储技术和超分辨光盘技术的结合，产生了超分辨近场结构（Super RENS）光盘技术，该技术利用薄膜结构获得近场超分辨效果的存储方式，解决了近场高速扫描中飞行高度的控制问题，是目前最有实用前景的纳米尺度超分辨光存储技术之一。

对于基于近场光学元件和超分辨近场结构的超高密度、高速光 – 磁混合数字信息存储技术，我国具有良好研究基础，而目前国际上在这方面的研究也刚刚起步，因此，该技术将是我国发展超高密度光 – 磁和混合数字信息存储技术的重要突破口之一。

光 – 磁混合存储技术是一个学科综合性很强的领域，是多学科交叉、融合的产物，涉及信息科学、材料科学和凝聚态物理等多学科交叉。因此，不同学科之间的交流与合作是必需的。

为了实现超高记录密度的目标，须集中在以下几个主要方向对材料、单元技术及其物理问题展开研究：

- 研究制备适合于蓝紫光条件下的光 – 磁混合记录垂直磁化记录膜材料，满足超高密度、高速存储要求，并研究其形成机理及物性。
- 研究应用于蓝紫光记录条件下的信号检测技术，包括光学超分辨、超分辨近场结构、磁超分辨、磁电阻 / 巨磁电阻等，并设计制备出相应的检测系统。
- 研究分析亚微米级及纳米级垂直磁性记录单元，及其各向异性、光磁记录特性、温度特性和热稳定性。
- 研究磁畴放大及图像处理等相配合的显微图形分析和测试技术，测定纳米记录磁畴的结构和形貌，并研究记录及读出过程和动态特性。

与磁光型光盘相比较，相变型光盘（又叫相变光盘）的主要优点是：①可实现直接重写；②不需要磁场元件，因而激光头结构简单，重量轻。缺点是相变光盘的介质稳定性不够好。

相变光盘信息记录原理是：利用激光的不同功率使记录介质处于结晶状态和非结晶状态。例如，利用高功率（例如 18mW）激光束聚焦照射记录介质，使其局部在纳秒（ns）数量级上温度升高到介质的熔点（例如 600℃），然后迅速冷却，则该介质局部就呈现非结晶状态。

同样，若用低功率激光束（例如 8mW）照射记录介质，在同样时间里可使介质局部温度升高到其结晶温度（超过 100℃），在迅速冷却后，该局部位置就呈现结晶状态。

很显然，如果用写入的数据（0 或 1）来控制写入时激光束功率的大小，则一定可以做到使记录介质局部的结晶状态和非结晶状态分别表示两种不同的数据（0 或 1）。这样数据就写入了相变光盘，而且一旦写入，结晶与非结晶状态可长期维持。

从相变光盘上读出数据，是利用激光束对记录介质进行照射时，处于结晶状态的局部与非结晶状态的局部具有对激光的不同反射率的原理来实现的，这就可以接收到不同的反射信号，从而将数据读出。

相变光盘有多种尺寸，目前以 5.25 英寸和 3.5 英寸为主流。相变光盘的存储容量已达到 1GB，传输速率最大已超过 10MB/s，而且存取时间只有几十微秒。同时，相变光盘驱动器具有向下兼容特性，它不仅可以对相变光盘进行读写操作，而且还能读出 CD-ROM 和

CD-WORM 上的数据。相变光盘的应用前景在很大程度上取决于记录介质的性能。

2.6 数据存储系统

2.6.1 数据存储系统的基本概念

基于容量、速度、成本、可靠性等方面的考虑，通常把多台、多种存储设备互连成一个存储系统或子系统来使用。计算机系统中使用的多级存储或存储层次是典型的存储系统。图 2-25 是一个由 Cache、主存、外存三级存储器构成的存储系统结构示意图。

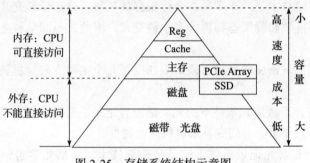

图 2-25　存储系统结构示意图

各级存储器的用途和特点：

Cache。高速缓冲存储器，高速存取指令和数据，存取速度快，但存储容量小，通常由 SRAM（静态随机存储器）构成。Itanium 处理器拥有 96KB 的 L2 Cache；而存储指令和数据的 L1 Cache 分别是 16KB，延迟为 2 个时钟周期；容量为 4MB 的高速 SRAM 作为 L3 Cache，但这些 Cache 位于 CPU 外部。Reg 是寄存器，新型 CPU 含有大量寄存器阵列，通常由 D- 触发器阵列构成。CPU 可以直接访问 Cache 和 Reg，但访问 Reg 的速度更快。Cache 的设置是为了解决 CPU 和主存之间的速度不匹配问题，它的工作速度数倍于主存，全部功能由硬件实现，并且对程序员是透明的。Cache 依据一定的调度策略换入换出数据，以提高 Cache 命中率。

主存。主存储器，存放计算机运行期间的大量程序和数据，存取速度较快，存储容量不太大，通常由 DRAM（动态随机存储器）构成。CPU 可直接访问主存，但首先会检索访问目标是否在 Cache 中。

外存。外存储器，存放系统程序和数据文件，存储容量大，成本低，速度较慢，通常由磁盘（或磁盘阵列）、磁带（或磁带库）、光盘（或光盘库）构成。

值得注意的是，在主存与磁盘之间，新出现了 PCIe Array（PCIe 阵列）和 SSD（固态盘），它们都是以闪存作为存储介质，具有速度快、非易失等特点，使存储层次更为丰富，整个系统的性价比更优。

2.6.2 Cache 的工作原理与替换策略

1. Cache 的基本原理

Cache 是介于 CPU 和主存之间的小容量高速存储器，存取速度比主存快，由 SRAM 组成。它能高速地向 CPU 提供指令和数据，加快程序的执行速度。它是为了解决 CPU 和主存之间速度不匹配而采用的一项重要技术。Cache 的有效性基于指令和数据的时间局部性和空间局部性。

程序访问的局限性原理：数据和指令在主存内部存放的地址是连续的，因此在一定的时间里，CPU 从主存取数据和指令只是对局部地址区域的访问。

存储层次（Cache - 主存层次）遵循的原则是：

- 把程序中最近常用的部分驻留在高速的存储器中。
- 一旦这部分变得不常用了，把它们送回到低速的存储器中。
- 这种换入换出是由硬件或操作系统完成的，对用户是透明的。
- 力图使存储系统的性能接近高速存储器，价格接近低速存储器。

因此，只要把近期 CPU 用到的数据提前送到 Cache，那么就可以做到在一定的时间里 CPU 只访问 Cache。这样系统的存储速度将会大大提高，但是价格相对降低。

Cache 的基本原理：CPU 与 Cache 之间的数据交换是以字为单位，而 Cache 与主存之间的数据交换是以块（多个字）为单位。一个块由若干定长字组成。

当 CPU 读取主存中一个字时，便发出此字的内存地址到 Cache 和主存。此时 Cache 控制逻辑依据地址判断此字当前是否在 Cache 中：若已经在 Cache 中，即 Cache 命中，此字立即传送给 CPU，CPU 可快速取得数据；若不在 Cache，即 Cache 不命中，则启动主存读周期把此字从主存读出并送到 CPU，与此同时，把含有这个字的整个数据块从主存读出并送到 Cache 中。Cache 的工作流程如图 2-26 所示。

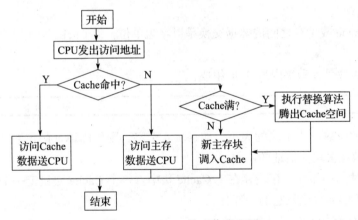

图 2-26　Cache 的工作流程图

2. Cache 的命中率

采用 Cache 的目的是使 CPU 能以最快的速度取到内存的数据，因此，理想的情况是 Cache 的命中率为 1。由于程序访问的局部性，在某一时间段内这是可能的。在相当长的时间里是不可能的，因为 Cache 的容量要小于主存的容量。

在一个程序执行期间，设 N_c 表示 Cache 完成存取的总次数，N_m 表示主存完成存取的总次数，则命中率 h 定义为：

$$h = N_c / (N_c + N_m) \tag{2.1}$$

若 t_c 表示命中时的 Cache 访问时间，t_m 表示未命中时的主存访问时间，$1-h$ 表示未命中率，则 Cache/ 主存系统的平均访问时间 t_a 为：

$$t_a = ht_c + (1 - h)t_m \tag{2.2}$$

设 $r=t_m/t_c$ 表示主存慢于 Cache 的倍率，e 表示访问效率，则有：

$$e = \frac{t_c}{t_a} = \frac{t_c}{ht_c + (1-h)\,t_m} = \frac{1}{r + (1-r)\,h} = \frac{1}{h + (1-h)\,r} \tag{2.3}$$

显然，为提高访问效率，命中率 h 越接近 1 越好。命中率 h 与程序的行为、Cache 的容量、组织方式、块的大小有关。

实例分析：CPU 在执行一段程序时，Cache 完成存取的次数为 1900 次，主存完成存取的次数为 100 次。假设 Cache 存取周期为 50ns，主存存取周期为 250ns，求 Cache/主存系统的访问效率和平均访问时间。

命中率：$h = N_c / (N_c + N_m) = 1900 / (1900 + 100) = 0.95$

访问主存与访问 Cache 的时间比：$r = t_m / t_c = 250\text{ns} / 50\text{ns} = 5$

访问效率：$e = 1 / (h + (1 - h)\,r) = 1 / (0.95 + (1 - 0.95) \times 5) = 83.3\%$

平均访问时间：$t_a = t_c / e = 50\text{ns} / 0.833 = 60\text{ns}$ 或 $t_a = ht_c + (1 - h)\,t_m = 0.95 \times 50\text{ns} + (1 - 0.95) \times 250\text{ns} = 60\text{ns}$

3. Cache 的地址映射方法

Cache 的容量很小，它保存的内容只是主存内容的一个子集，且 Cache 与主存的数据交换是以块为单位，每个块有多个字组成，每个字由 4、8 或 16 个字节组成。把主存地址定位到 Cache 中的方法称为地址映射。地址映射方式有三种：全相联方式、直接方式和组相联方式。

CPU 与 Cache 或主存之间的数据交换是以字为单位，而 Cache 与主存之间的数据交换是以块为单位。

主存地址由块号 S 和块内地址 W 组成：

块号 S	块内地址 W

块内地址的位数取决于块的大小。如每块 4 个字，则块内地址的位数为 2 位。块号位数为地址总位数减去块内地址的位数。

正常工作时，一部分主存块存在于 Cache 块中。每个 Cache 块设定一个标记，标记的内容就是主存块的编号或是它的一部分。

例如，主存有 256 个字（8 位地址），Cache 有 32 个字（5 位地址）。每个块包含 4 个字，则主存共有 64 块，块内地址的位数为 2 位，块号位数为 6 位。Cache 中共有 8 块（行），块内地址的位数为 2 位，块（行）号数 3 位，如图 2-27 所示。

当 CPU 访问存储器时，它给出的一个字的地址会自动变换为 Cache 的地址，变换过程由硬件实现，无须用户干预，这种特性称为 Cache 的透明性。

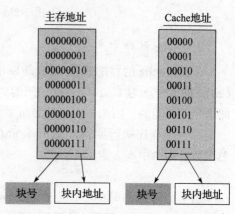

图 2-27 主存地址与 Cache 地址的实例

（1）全相联映射方式

全相联映射方式中，主存的一个块可以直接

拷贝到 Cache 中的任意一行上。这种映射关系如图 2-28 所示。例如，主存的 B_0 块可以拷贝到 Cache 的 L_0 至 L_7 的任意一行中，只要这一行是空闲的。

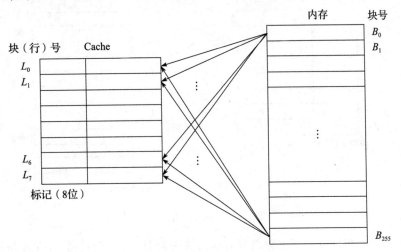

图 2-28　全相联映射方式示意图

全相联映射方式实现方法：主存中一个块的地址（块号 S）与块的内容一起存于 Cache 中，每个 Cache 块设有一个标记（Tag），Tag 中的值就是主存块号 S。此时 Cache 就是按内容（即块号）访问的相联存储器。

主存地址：

块号 S	块内地址 W

具体步骤：

1）CPU 指定主存地址。

2）主存地址中的块号 S 和 Cache 中的所有标记在比较器中进行比较。

3）若某一 Cache 中的标记与主存地址块号 S 相等，即命中，CPU 再按块内地址 W 在 Cache 中存取数据。

4）若 Cache 中的标记都不与主存地址块号 S 相等，即不命中，则 CPU 按主存地址在主存中存取数据；同时把主存中这个块的地址（块号 S）与块的内容一起存于 Cache 中，块的地址（块号 S）存于 Cache 的标记里。

全相联映射方式的优点是映射灵活，缺点是比较器电路复杂，难于设计和实现，仅适合于小容量 Cache 采用。

（2）直接映射方式

直接映射方式是一种多对一的映射关系，一个主存块只能拷贝到 Cache 的一个特定行位置上。即某一主存块的内容一定存在于一个确定的 Cache 行中，而 Cache 的同一行可能存储不同的主存块。

Cache 的行号 i 和主存的块号 j 有如下函数关系：

$$i = j \bmod m, \quad m \text{ 为 Cache 中的总行数}$$

如图 2-29 所示，当 $m=8$ 时，主存中的第 0 块、第 8 块、第 16 块、第 248 块等必须存储于 Cache 中的第 0 块，依此类推。

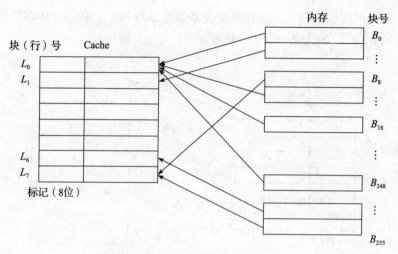

图 2-29　直接映射方式示意图

直接映射方式实现方法：主存块号 S 被分成两部分：Tag 与行号 r。Tag 与块的内容一起存于 Cache 中。在 Cache 中，每个块设一个标记，标记的内容为主存块号中的 Tag。

主存地址：

块号 S		块内地址 W
Tag（S-r）	行号 r	

具体步骤：

1）CPU 指定主存地址。

2）根据主存地址中的行号 r 在 Cache 中找到此一行，用主存地址中的 Tag 部分与此行的标记部分在比较器中进行比较。

2）若相符即命中，则再按块内地址 W 在 Cache 中存取数据。

4）若不符即不命中，则按主存地址在主存中存取数据；同时把主存中的这个块 Tag 部分与块的内容一起存于 Cache 中，块 Tag 部分存于 Cache 的标记里。

直接映射方式的优点是硬件比较简单，成本低；缺点是每个主存块只有一个固定的行位置可存放，容易产生冲突。直接映射方式适合大容量 Cache 采用。

（3）组相联映射方式

组相联映射方式是前两种方式的折衷方案。它将 Cache 分成 u 组，每组 v 行（块），一个主存块只能拷贝到 Cache 的一个特定组位置上，至于存到该组内的哪一行（块）是灵活的。即有如下函数关系：

$$m = u \times v, \qquad 组号\ q = j \bmod u$$

如图 2-30 所示，Cache 分成 4 组，每组有 2 块。内存中某一块 j 只能拷贝到 Cache 的（j mod 4）组，组内可灵活放置。因此，在该实例中 B_0、B_4、…、B_{252} 等内存块只能拷贝到 S_0 组内。

组相联映射方式实现方法：主存中一个块的块号 S 分成两部分：Tag 与组号 d，Tag、d 与块的内容一起存于 Cache 中，Cache 块设定有一个标记，标记的内容为主存块号 S 中的 Tag 部分。

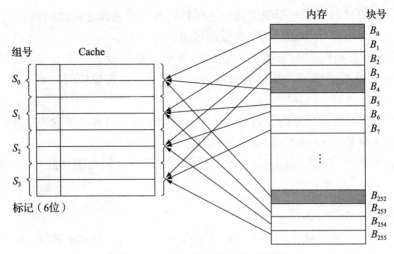

图 2-30 组相联映射方式示意图

主存地址：

块号 S		块内地址 W
Tag（S - d）	组号 d	

具体步骤：

1）CPU 指定主存地址。

2）根据组号 d 在 Cache 中找到此一组，用主存地址中的 Tag 部分与此组的所有标记部分在比较器中进行比较。

3）若某个标记相符即命中，则再按块内地址 W 在 Cache 中存取数据。

4）若不符即不命中，则按主存地址在主存中存取数据；同时把主存中的这个块 Tag 部分与块的内容一起存于 Cache 中，块 Tag 部分存于 Cache 的标记里。

组相联映射方式中的每组行数 v 一般取值较小，这种规模的 v 路比较器容易设计和实现，而块在组中的排放又有一定的灵活性，可减少冲突。

4. Cache 的替换策略

若内存块映射到 Cache 后，Cache 的地址已被占用，就需要把相关 Cache 内容写回内存。选择某一块数据移出 Cache，使 Cache 尽量保存最新数据的方法，称为替换策略。主要的替换策略有四种：先进先出（FIFO）算法、最不经常使用（LFU）算法、近期最少使用（LRU）算法和随机替换。

FIFO 算法总是将最先调入的 Cache 的内容替换出来，不需要随时记录各字块的使用情况。

特点：容易实现，电路简单。但可能会把一些经常使用的程序（如循环程序）也作为最早的 Cache 块而替换出去。

LFU 算法将一段时间内被访问次数最少的那行数据换出。每行设置一个计数器，从 0 开始计数，每次访问某一行时被访问行的计数器增 1。当需要替换时，将计数值最小的行换出，同时将这些行的计数器全部清零。

特点：这种算法将计数周期限定在对这些特定行两次替换之间的间隔时间内（即替换一次，计数器清零一次），不能严格反映近期访问情况。

LRU 算法将近期内长久未被访问过的行换出。每行设置一个计数器，Cache 每命中一次，命中行计数器清零，其他各行计数器增 1。当需要替换时，将计数值最大的行换出。

特点：这种算法保护了刚拷贝到 Cache 中的新数据行，有较高的命中率。

随机替换策略从 Cache 的行位置中随机地选取一行换出。

特点：在硬件上容易实现，且速度也比前几种策略快。但可能降低 Cache 命中率和工作效率。

5. Cache 的写回操作策略

被替换的 Cache 块写回内存的操作策略有三种：写回法、全写法和写一次法。

CPU 对 Cache 的写入更改了 Cache 的内容。当被更改了内容的 Cache 块被替换出 Cache 时，选用写回操作策略使 Cache 内容和主存内容保持一致。

写回法。当 CPU 写 Cache 命中时，只修改 Cache 的内容，而不立即写入主存；只有当此行被换出时才写回主存。这种方法减少了访问主存的次数，但是存在不一致性的隐患。实现这种方法时，每个 Cache 行必须配置一个修改位，以反映此行是否被 CPU 修改过。

全写法。当 CPU 写 Cache 命中时，Cache 与主存同时发生写修改，因而较好地维护了 Cache 与主存内容的一致性。当 CPU 写 Cache 未命中时，直接向主存进行写入。Cache 中每行无需设置一个修改位以及相应的判断逻辑。缺点是降低了 Cache 的功效。

写一次法。基于写回法并结合全写法的写策略，写命中与写未命中的处理方法与写回法基本相同，只是第一次写命中时要同时写入主存（全写法）。这便于维护系统全部 Cache 的一致性。

2.6.3　虚拟存储器

所谓虚拟存储器（虚拟主存），通常是指外存（硬磁盘）上的一片存储空间，通过硬件、软件的办法，可以将其作为主存的扩展空间来使用，使得程序设计人员能够使用比实际主存大得多的存储空间来设计程序。这样，可以不用花太多的代价，以透明的方式给用户提供了一个比实际主存空间大得多的程序地址空间，属于主存 – 外存层次。

虚拟存储器用虚拟地址访问。虚拟地址由编译程序生成，是程序的逻辑地址，其地址空间的大小受到辅助存储器容量的限制。虚拟地址需要转换成物理地址才能实际地访问存储器。物理地址由 CPU 地址引脚送出，用于访问主存的地址。

主存 – 外存层次与 Cache – 主存层次用的地址变换映射方法和替换策略是相同的，都基于程序局部性原理：一个程序在运行时，只会用到程序和数据的一小部分，仅把这部分放到比较快速的存储器中即可，其他大部分放在速度低、价格便宜、容量大的存储器中，这样可以以较低的价格实现较高速的运算。

主存 – 外存和 Cache – 主存两种存储系统的主要区别：在虚拟存储器中未命中的性能

损失要远大于 Cache 系统中未命中的损失。因为主存和 Cache 的速度相差 5 ~ 10 倍，而外存和主存的速度相差上千倍。

主存 – 外存层次的基本信息传送单位可采用几种不同的方案：段、页或段页。

段是按照程序的逻辑结构划分成的多个相对独立部分，作为独立的逻辑单位。按段传送的优点是段的逻辑独立性使它易于编译、管理、修改和保护，也便于多道程序共享，某些类型的段具有动态可变长度，允许自由调度以便有效利用主存空间。缺点是因为段的长度各不相同，起点和终点不定，给主存空间分配带来麻烦，而且容易在段间留下许多空余的零碎存储空间，造成浪费。

页是主存物理空间中划分出来的等长的固定区域。按页传送的优点是页面的起点和终点地址是固定的，方便编造页表，新页调入主存也很容易掌握，比段式空间浪费小。缺点是处理、保护和共享都没有段式方便。

段页式管理采用分段和分页结合的方法。程序按模块分段，段内再分页，进入主存以页为基本信息传送单位，用段表和页表进行两级定位管理。段页式管理起到了扬长避短的作用。

虚拟存储器中的页面替换策略和 Cache 中的行替换策略有很多相似之处，但有三点显著不同：

- 缺页至少要涉及一次磁盘存取以读取所缺的页，缺页使系统蒙受的损失要比 Cache 未命中大得多。
- 页面替换是由操作系统软件实现的。
- 页面替换的选择余地很大，属于一个进程的页面都可替换。

虚拟存储器中的替换策略一般采用 LRU 算法、LFU 算法和 FIFO 算法，或将两种算法结合起来使用。

对于将被替换出去的页面，假如该页调入主存后没有被修改，就不必进行处理，否则就把该页重新写入外存，以保证外存中数据的正确性。为此，在页表的每一行应设置修改位。

2.7　存储系统实验

2.7.1　实验一：虚拟磁盘（RamDisk）

实验任务：①了解 RamDisk 在目标存储空间（即内存）中的物理结构；②如何直接对 RamDisk 进行 I/O 操作。

简介：这里所使用的 RamDisk 是在内存中创造出的一个虚拟磁盘，因为该 RamDisk 使用 FAT 文件系统驱动程序，所以其物理结构与同样以 FAT 为文件系统驱动的硬盘没有差别。在进行 I/O 操作之前，首先必须对其进行格式化操作。格式化操作会在磁盘上预先保留的一些区域中记录重要信息，如磁盘的 0 号扇区（Boot Sector，又称启动扇区）就属于这样的预留区域。

Boot Sector 为磁盘的第一个扇区，包含 MBR（Master Boot Record）、DPT（Disk Partition Table）和 Boot Record ID 三部分。以下为各部分的内容：

1）MBR 占用 Boot Sector 的前 446 字节（0 ~ 0x1BD），用于存放系统的主开机程序。

2）DPT 占用 64 字节（0x1BE ~ 0x1FD），记录了磁盘的基本分割区信息。磁盘分割区表内有四个分割区项，每项各占用 16 字节，分别记录了每个主分割区的信息。

3）Boot Record ID 占用 2 字节（0x1FE 和 0x1FF），对于合法开机区，其值等于 0xAA55，这是用来判断开机区是否合法的标志。

一般来说，MBR 起始处是一条跳跃指令（jump instruction）。这样安排的目的在于，系统启动时会先将磁盘的 Boot Sector 内容加载到内存，并由其第一条指令开始执行。由于在启动阶段需要知道一些系统的基本参数，所以这些参数的值被放在该跳跃指令之后。而排在这些参数之后的就是该跳跃指令的目的地。这样一来，在系统开始执行启动扇区的程序时，会立即跳过这段系统参数区。MBR 的结构如下所示：

```
A jump instruction to the Bootstrap program
Parameter sector
Bootstrap program
```

对于 FAT 文件系统来说，在参数区中存储着很多与其相关的信息，例如 FAT 表的个数、根目录所允许的最大表格项目、每个 FAT 表所占用的扇区数等。

主要工作：编写程序从 RamDisk 中读入 Boot Sector 的参数内容，并对其值进行解析，最后显示在标准输出设备上。

相关内容提示：为了对 RamDisk 这块虚拟的磁盘装置进行 I/O 操作，首先需要打开其装置文件以获得相对应的装置句柄，这可以通过 CreateFile 来实现。

接下来读出 Boot Sector 的内容有两种方法，一种可由 SetFilePointer 和 ReadFile 来完成；另一种可通过 DeviceIoControl 直接实现，其参数 dwIoControlCode 为 IOCTL_DISK_READ，lpInBuffer 指向一个 SG_REQ 结构。

最后要完成的工作就是对刚刚读到的参数信息进行解析，这里可能需要读者做一些数据整理的工作。

2.7.2　实验二：文件系统与目录结构

实验任务：了解文件系统与目录结构及其基本操作。

简介：文件系统的功用是将磁盘上散乱的磁盘区块组织成文件的形式，以方便用户的使用，从用户视角看到的磁盘操作是以文件为单位进行的。通过本次实验，读者将了解以下内容：

1）FAT 文件系统是如何组织磁盘结构的。

2）如何实现基本的目录操作。

FAT 文件系统是 Microsoft 公司早期为 MS-DOS 开发的一套文件系统，随着磁盘容量的不断增大，FAT 为满足其需要而不断发展，由早期的 FAT12、FAT16 演变为今天的 FAT32。FAT12 结构如图 2-31 所示，FAT 文件系统的磁盘结构如图 2-32 所示。使用 FAT 作为文件系统的磁盘，均被划分为以下几个部分：

1）保留区域。

2）FAT，即文件分配表。

3）根目录。

4）用于存储文件的空间。

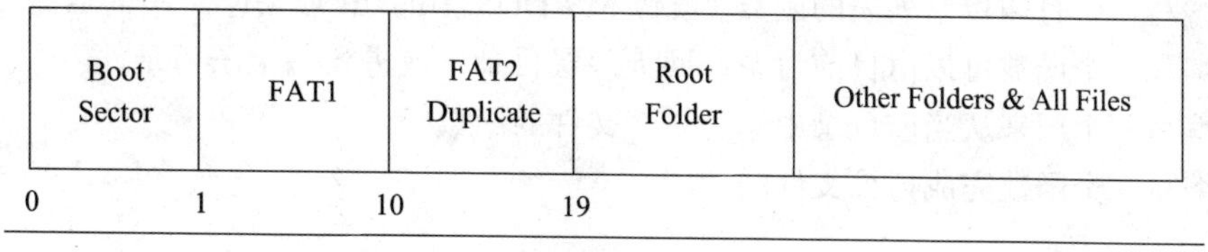

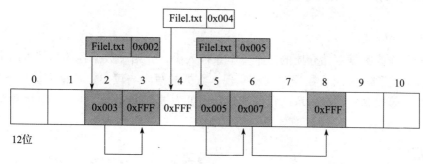

Boot Sector	FAT1	FAT2 Duplicate	Root Folder	Other Folders & All Files

图 2-31　FAT12 结构

图 2-32　FAT 文件系统的磁盘结构

通常磁盘上会同时存放两份 FAT 表，以便在系统宕机时进行恢复。在 FAT 表中，每个表格项目都对应磁盘上的一个扇区。在 FAT 文件系统中，文件分配的空间是以链接串行（linked list）结构表示。通常一个文件由一组扇区构成，该文件的起始扇区对应的 FAT 表格项目指向该文件的第二个扇区，而第二个扇区对应的 FAT 表格项目则指向该文件的第三个扇区……而该文件的最后一个扇区对应的 FAT 表格项目，其内容以 EOF 符号结束。

随着磁盘容量的不断增大，FAT 文件系统开始以簇（Cluster）来代替扇区的概念。簇是一组连续的扇区集合，可以将其看作一个虚拟的扇区。在现代的 FAT 文件系统中，每个 FAT 表格项目不再对应一个寻址扇区，而是对应一个簇。通过簇的概念，便可以使用 FAT 文件系统来管理容量更大的磁盘。

文件的所有信息都保存在目录中，使用者可以通过文件名称在目录中寻找该文件的相关信息。这种文件寻找是通过在目录列表中对目录项目进行线性搜寻完成的。通常每个目录项目都包含该文件的文件名称，以及其在磁盘上的存储位置，另外还包括文件大小以及一些时间信息。FAT12 文件系统的目录项目结构如表 2-5 所示。

表 2-5　FAT12 文件系统的目录项目结构

偏移	长度	内容
0x00	8	文件名称
0x08	3	扩展名
0x0B	1	属性
0x0C	10	保留
0x16	2	时间
0x18	2	日期
0x1A	2	真实簇号
0x1C	4	文件大小

主要工作：

1）编写一个打印目录列表的函数（就像 MS-DOS 中的 dir 或 UNIX 中的 ls 命令）。

2）编写一个函数可以由目前目录返回上一层目录，或进入一个子目录。

3）编写一个用来从当前目录中删除一个文件的函数。

4）编写一个函数完成拷贝文件的功能。

2.8 本章小结与扩展阅读

1. 本章小结

本章先从作为数据存储介质的三个基本条件入手，介绍了数据存储的基本原理，以常见的存储介质为例，介绍了数据存储的实现、数据的写入与读出、数据存储设备与系统、多级存储技术等概念。掌握本章的存储基础知识可为进一步学习、研究、应用存储打下坚实基础。

2. 扩展阅读

[1]　Computer Memory History，http://www.computerhope.com/history/memory.htm。介绍了 1837 年 ~ 2007 年计算机存储器的历史，个别关键词有进一步解释的链接。

[2]　The History of Computer Storage – Innovation from 1928 to Today，http://www.zetta.net/history-of-computer-storage/。以十年为时间尺度介绍了计算机大容量存储设备的历史，图文并茂。

思考题

1.　在磁盘存储器中，不同的存储状态是如何实现的？

2.　磁盘存储器的磁头怎样完成数据的写入与读出？

3.　IBM 磁盘的发展历史中，哪个性能指标改善得最多？哪个最少？

4.　按数据保持时间，存储器可分为哪两大类？

5.　磁盘存储器的主要性能指标有哪些？

6.　提高光盘存储容量的关键技术是什么？请以 CD 与 DVD 为例加以说明。

7.　采用多级存储系统的目的是什么？

8.　什么是虚拟存储器？

参考文献

[1]　林福宗，陆达 . 多媒体与 CD-ROM［M］. 北京：清华大学出版社，1995.

[2]　叶苗，李凯 . 光学超分辨近场技术在光存储中的应用［J］. 光盘技术，2008（11）.

[3]　Richard Lawler.Format wars:Blu-ray vs.HD DVD［EB/OL］.http://www.engadget.com/2014/06/07/format-wars-blu-ray-vs-hd-dvdl.

［4］ 周辉，等 . 光学超分辨技术在高密度光存储中的应用［J］. 激光与光电子学进展，2007（2）.

［5］ BD&3D Advisor Overview［EB/OL］. http://www.cyberlink.com/english/support/bdhd_support/bd_vs_h ddvd.jsp.

［6］ 新型 I/O 架构引领存储之变［EB/OL］. http://server.cngaosu.com/371214/867415394821b.shtml.

［7］ 韦玮，等 . 超高密度、高速光磁混合数字信息存储技术和存在的问题［J］. 中国科学基金，2003（6）：339-341.

第 3 章 容错磁盘阵列（RAID）的技术和应用

　　自诞生以来，磁盘存储器一直作为计算机大容量存储的主要设备，在计算机系统中占有重要地位。在 20 世纪 80 年代，大容量磁盘性能高、可靠性高，但价格昂贵，超过了一般用户的购买能力。小容量磁盘价格低，但可靠性差、性能也较差，因此为了获得高可靠、高性能、高性价比的大容量存储系统，出现了用多个廉价磁盘组成一个磁盘阵列的概念。

　　磁盘阵列的概念源自一篇著名的经典论文。1988 年加州大学伯克利分校 Patterson、Gibson 和 Katz 三位教授发表了题为 "A Case for Redundant Array of Inexpensive Disks（RAID）" 的论文，其基本思想就是将多个小容量、廉价的硬盘驱动器进行有机组合，使其性能超过一台昂贵的大硬盘，而价格低于同容量的单个大容量硬盘。该论文被公认为是廉价磁盘冗余阵列概念的首次完整论述。RAID 的设计思想很快被业界接受，从此 RAID 技术及产品得到了广泛应用，基于磁盘的数据存储进入了一个更快速、更安全、更高性价比的新时代。在该论文发表之前，已有一些类似 RAID 概念的论文发表。1986 年，M. Y. Kim 发表了题为 "Synchronized Disk Interleaving" 的论文，提出了多个磁盘同步旋转、数据交叉存储的思想；同年，K. Salem 等发表了题为 "Disk Striping" 的论文，提出了数据条块化、分布存储在多个磁盘上的思想；1987 年，M. Livny 等发表了题为 "Multi-disk Management Algorithms" 的论文，提出了管理多个硬盘的思想。可以认为，磁盘阵列是大容量存储技术发展到一定时期的必然产物。

　　本章主要介绍磁盘阵列的基本原理、级别，RAID 的软硬件实现技术、性能指标与选购要点等。

3.1　RAID 的工作原理

3.1.1　磁盘阵列的基本概念

　　容错磁盘阵列（RAID），通常简称磁盘阵列或盘阵，是一种把多块独立的硬盘（物理硬盘）按某种方式连接起来形成一个硬盘组（逻辑硬盘），从而提供比单个物理硬盘更高性能和更高可靠性的存储技术。如图 3-1a 所示，磁盘阵列主要由磁盘阵列控制器、磁盘控制器、磁盘（Disk）组成。写入时，数据块经过磁盘阵列控制器，分成条块，并生成校验数据，传送到磁盘控制器，并写入各个磁盘。读出时，数据从各个磁盘读出，判断正确性，若正常，数据经磁盘阵列控制器传送到主机；若有错误，则启动校验过程，恢复错误数据。图 3-1b 是一个磁盘阵列的实物图，上部是一个高度为 2U（U 是一种表示机箱高度的单位，是 Unit 的缩略语。1U = 4.445cm）的磁盘阵列控制器，下部是 4 个 2U 的磁盘柜，每个磁盘柜可以放置 12 块磁盘。为提高可靠性，磁盘阵列系统在实际使用时常配置多个冗余的阵列控制器，如配置 2、4 或 8 个控制器。

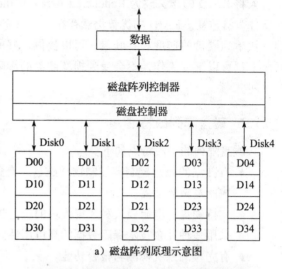

a）磁盘阵列原理示意图

组成磁盘阵列的不同方式称为 RAID 级别（RAID Level）。RAID 的高性能通过多个物理硬盘的并行操作获得；而 RAID 的高可靠性是通过数据冗余及失效时恢复来获得的。所存储的数据一旦发生损坏后，利用冗余信息可以恢复被损坏的数据，从而保证了用户数据的可靠性。从用户的角度，组成的磁盘阵列就像是一个大硬盘，用户可以对它进行分区、格式化、读写操作等，对磁盘

b）磁盘阵列实物示意图

图 3-1　磁盘阵列原理和实物示意图

阵列的操作与对单个硬盘操作一样。磁盘阵列是一个容量更大、读写性能和可靠性更高的逻辑盘。

磁盘阵列的全称是廉价磁盘冗余阵列，源自英语 Redundant Array of Inexpensive Disks（RAID）。"冗余"是指由多块硬盘构成的阵列中，有的磁盘用于存储冗余数据。冗余数据一般由用户数据通过编码（如奇偶校验等）生成，用于阵列中某一块磁盘失效时恢复数据。虽然 RAID 包含多块硬盘，但是在操作系统下是作为一个独立的大型存储设备出现的。采用 RAID 技术作为存储系统的好处主要有以下三个方面：

- 通过把数据分成多个数据块（Data Block）并行写入/读出多个磁盘，提供高速访问多磁盘数据的能力。
- 通过把多个磁盘组织在一起作为一个逻辑卷，提供跨磁盘的大容量存储能力。
- 通过冗余（或镜像）数据的校验操作，提供数据的容错存储能力。

这三个方面分别体现了 RAID 的高性能、大容量、高可靠的优点。

由于磁盘技术的迅速发展，在目前而言，RAID 技术节省成本的作用并不明显，因此也有人将 RAID 的含义改为 Redundant Array of Independent（独立的）Disks。但是 RAID 的实质并没有改变。RAID 的优势仍然存在：可以充分发挥多块硬盘的优势，实现远远超出任何一块单独硬盘的速度和吞吐量；可以提供良好的容错能力，在任何一块硬盘出现问题的情况下都可以继续工作，不会受到损坏硬盘的影响；可以跨盘提供比单盘大得多的逻辑存储空间。

3.1.2　磁盘阵列的特性

磁盘阵列的一般特点如下：

- 有独立的磁盘控制器控制物理磁盘，有独立磁盘阵列控制器管理由多个物理磁盘构成的逻辑驱动器。
- 支持硬盘、电源模块和风扇模块的带电热拔插。
- 采用多种冗余技术保障数据的高可用性。
- 有完善的系统检测与报警功能。
- 支持多种标准接口与主机连接。
- 支持多种操作系统平台。

典型的大规模磁盘阵列的性能指标如下。

高性能：

- 控制器采用多 CPU 运行调度，实时控制性能高。
- Ultra2 传输速率达 80MB/s。
- Ultra3 传输速率达 160MB/s。
- 1GHz FC-AL 光纤传输速率达 100MB/s。
- Cache 容量 32 ~ 1000MB 可选，有无 ECC 的 SDRAM DIMM 均可。
- 支持通写、回写、智能多线程预先读。
- 支持 8 个不同 RAID 级的逻辑驱动器。
- 每个逻辑驱动器最大支持容量 2TB。
- 每个控制器最大可支持容量 16TB。

高可用：

- 支持多种 RAID 级：0、1、（0 + 1）、3、5、10、30、50、NRAID 或 JBOD。
- 可配置成单控制器或冗余控制器方式。
- 冗余控制器间有专用通道进行 Cache 同步和通信。
- 冗余控制器可进行在线更换。
- 所有故障硬盘均可在线更换。
- 所有故障电源均可在线更换。
- 故障硬盘数据可自动后台重建（有热备盘）。
- 故障硬盘更换自动检测并自动后台数据重建。
- 双主机通道支持双机集群结构。

可扩展：

- 每个控制器可支持 8 个 SCSI 通道。

- 每个通道都可定义为 HOST 或 DRIVE。
- 每个 SCSI ID 可有 32 个 LUN。
- 多种通道扩展板可选。
- 支持实现 SAN。
- 模块化结构。
- 支持在线扩容。

易使用：

- 前置式 LCD 控制面板快速创建。
- 故障硬盘数据可自动后台重建（有热备盘）。
- 故障硬盘更换自动检测并自动后台数据重建。
- 具有目标硬盘确认功能。

系统监测和故障报警：

- 具有温度监视、电压监视和自诊断能力。
- 前置式 LCD 显示、控制操作。
- 支持 S.M.A.R.T 硬盘故障预警。
- 支持 SAF-TE。
- 系统事件日志。

支持多种管理方式：

- 前置式 LCD 显示和设置，全面管理、维护阵列的配置和监视其工作状态。
- 支持 RS-232C 对阵列特性、配置进行设置和用 MODEM 进行远程管理。
- 文本型 RAID 管理器可适用于 MS-DOS、Windows 95、Windows 98、Windows NT（X86 和 DEC Alpha 平台）Netware、OS/2、SCO OpenServer、SCO UNIXWARE、Sun Solaris 或 Linux。
- 有功能强大且非常友好的 RAIDWATCH 管理器，适用于各支持 Java 2.0 或更高版本的平台。

磁盘阵列技术不断发展，高档和中低档系统的性能和价格差别很大。一般服务器或工作站使用的 RAID 中，磁盘接口多为成本和性能都较低的 IDE 或 SATA 接口，这类应用中的 RAID 功能通常依靠在主板上插接 RAID 控制卡实现。而现在越来越多的主板都添加了板载 RAID 芯片直接实现 RAID 功能，而微处理器制造商更进一步，直接在主板芯片组中支持 RAID，在南桥芯片中内置了 SATA RAID 功能，这也代表着未来板载 RAID 的发展方向——芯片组集成 RAID。

3.1.3　磁盘阵列的若干专用术语

Drive（磁盘驱动器）：

- Physical Drive：物理磁盘。
- Array：由物理磁盘构成的磁盘阵列。
- Logical Drive：从 Array Drive 中划分出来，能被操作系统识别。

Write Policy（写策略）：

- Write-back：回写方式，是控制器在其内存 Cache 接收到全部数据后就向主机系统发送已接收完成的信号，而不管数据是否已经全部写入磁盘还是部分或全部仍存在内存中。

- Write-through：直写方式，是控制器在将其内存 Cache 接收到的全部数据写入磁盘子系统后，才向主机系统发送已接收完成的信号。

Read Policy（读策略）：

- Normal：默认的读取方式，指控制器对逻辑盘不采用 Read ahead 的方式进行数据读取。
- Read ahead：超前读，指控制器对逻辑盘采用超前读的方式进行数据读取。
- Adapter：自适应方式，指如果是对最近访问过的磁盘按顺序扇区进行访问，则采用 Read ahead 方式；如果所有的读请求都是随机的，则控制器会根据一定的算法将读取方式转为 Normal，当然此时的读请求仍然可能是顺序的操作。

Cache Policy（Cache 策略）：

- Cached I/O：所有的读请求被缓存在 Cache 中。
- Direct I/O：所有的读请求并不缓存在 Cache 中（缺省设置）。

3.2 RAID 的分级与结构

按照冗余、容错情况划分，RAID 技术分为几种不同的等级，分别可以提供不同的速度、安全性和性价比。根据实际情况选择适当的 RAID 级别，可以满足用户对存储系统可用性、性能和容量的要求。常用的 RAID 级别有以下几种：RAID0、RAID1、RAID0 + 1、RAID3、RAID4、RAID5、RAID6、RAID7、Matrix RAID 等。目前经常使用的是 RAID5 和 RAID0。

3.2.1 RAID0

RAID0 即 Data Stripping（数据分块，或称数据条带化）。整个逻辑盘的数据是被分块地分布在多个物理磁盘上，可以并行读/写，提供最快的速度，但没有冗余能力。RAID0 要求至少两个磁盘。通过采用 RAID0，用户可以获得更大的单个逻辑盘的容量，且通过对多个磁盘同时读取获得更高的存取速度。RAID0 首先考虑的是磁盘的速度和容量，忽略了安全，只要其中一个磁盘出了问题，那么磁盘阵列的数据将部分丢失。

RAID0 中原数据按需要分块，这些数据块被交替写到多个磁盘中。如图 3-2 所示，D00 块被写到磁盘 Disk0 中，D01 块被写到磁盘 Disk1 中，依此类推。当写完最后一个磁盘后再回到第一个磁盘开始下一个循环，直到所有数据分布完毕。

系统向由 5 个磁盘组成的逻辑硬盘（RAID0 磁盘组）发出的 I/O 数据请求被转化为 5 项操作，其中的每一项操作都对应于一块物理硬盘。通过建立 RAID0，原先顺序的数据请求被分散到所有 5 块硬盘中同时执行。从理论上讲，5 块硬盘的并行操作使同一时间内磁盘读写速度提升了 5 倍。但由于总

Disk0	Disk1	Disk2	Disk3	Disk4
D00	D01	D02	D03	D04
D10	D11	D12	D13	D14
D20	D21	D22	D23	D24
D30	D31	D32	D33	D34

图 3-2　RAID0 示意图

线带宽等多种因素的影响，实际的提升速率肯定会低于理论值，但是，大量数据并行传输与串行传输比较，提速效果十分显著。

RAID0 的优点如下：

- 写入时，将数据分块，然后发送给各磁盘，独立完成写入操作；读出时，各磁盘并发读出。
- 当每个磁盘控制器上只连接一个磁盘时，数据能分块到多个磁盘控制器上，可以取得最佳的性能。
- 不需要计算校验和。
- 设计非常简单，容易实现。

RAID0 的缺点如下：

- 从不能容错的角度上来说，RAID0 不是一种真正的 RAID。
- 一块磁盘失效就有可能丢失所有的数据。
- 不能用在可靠性要求高的应用中。

RAID0 具有的特点使其特别适用于对性能要求较高而对数据安全不重要的领域，如图形工作站等。对于个人用户，RAID0 也是提高硬盘存储性能的最佳选择。

3.2.2 RAID1

RAID1 又称镜像方式（Mirror 或 Mirroring），它的目标是最大限度地保证用户数据的可用性和可修复性。RAID1 的操作方式是把用户写入硬盘的数据百分之百地自动复制到另外一个硬盘上。在整个镜像过程中，只有一半的磁盘容量是有效的（另一半磁盘容量用来存放同样的数据）。同 RAID0 相比，RAID1 首先考虑的是安全性，容量减半、速度不变。

在 RAID1 中，磁盘分成一组组镜像对，相同的数据块同时存放在两个磁盘的相同位置上，数据的分布互为镜像。如图 3-3 所示，Disk0 和 Disk1、Disk2 和 Disk3 分别构成镜像对。

实现 RAID1 至少需要两块硬盘。RAID1 是通过镜像方式来工作的，它是将相同的数据各存一份到两块硬盘中，在 RAID1 的组合下，逻辑硬盘的总容量等于所有硬盘容量总和的一半，例如组合 4 块 500GB 的硬盘后，逻辑硬盘的可用容量就是 1000GB。

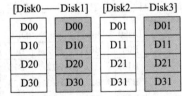

图 3-3   RAID1 示意图

RAID1 的优点如下：

- 对每个磁盘对只需要一次写操作。
- 写性能与单块磁盘的相同，读性能优于单块磁盘。
- 100% 的数据冗余，在一块磁盘失效时只需要把数据拷贝到替换的磁盘上。
- 在特定条件下，RAID1 系统可以在多块磁盘同时失效时继续工作。
- 存储子系统设计简单。

RAID1 的缺点如下：

- 在所有的 RAID 类型中有着最高的磁盘开销（只能用到 50% 的容量）。
- 如果用软件实现 RAID1 的功能，CPU 的开销太大。

RAID1 推荐使用的场合：财务系统、金融证券系统、其他需要非常高可用性的场合。

3.2.3　RAID2

RAID2 把磁盘分为数据盘和校验盘（纠错磁盘），如图 3-4 所示。用户数据按位或按字节分散存放于数据盘上，而不是以数据块为单位，校验盘上存放相应的 Hamming 纠错码。

RAID2 的优点如下：

- 即时数据纠错。
- 可以达到很高的数据传输率。
- 所需的数据传输率越高，数据磁盘与纠错磁盘的比例越高。
- 与 RAID3、RAID4 和 RAID5 相比，控制器设计较为简单。

RAID2 的缺点如下：

- 需要多个纠错磁盘，磁盘空间使用效率低。
- 处理速率在最好情况下只相当于单块磁盘。
- 没有商业化产品。

3.2.4　RAID3

RAID 3 的工作方式是用一块磁盘存放校验数据。由于任何数据的改变都要修改相应的数据校验信息，存放数据的磁盘有好几个且并行工作，而存放校验数据的磁盘只有一个，这就带来了校验数据存放时的读写瓶颈。

RAID3 是采用字节交叉方式（即以字节为存放单位）的并行传输磁盘阵列，采用奇偶校验算法。奇偶校验运算是指对每个盘上对应的二进制位进行异或运算，然后将得到的校验位写到校验盘上，如图 3-5 所示。存储在 Disk0 ~ Disk3 中的数据 B00 ~ B03 生成的奇偶校验码 P0 存储在 Disk4 中，即：

$$P0 = B00 \oplus B01 \oplus B02 \oplus B03$$

P1、P2、P3、P4 与 P0 情况类似。

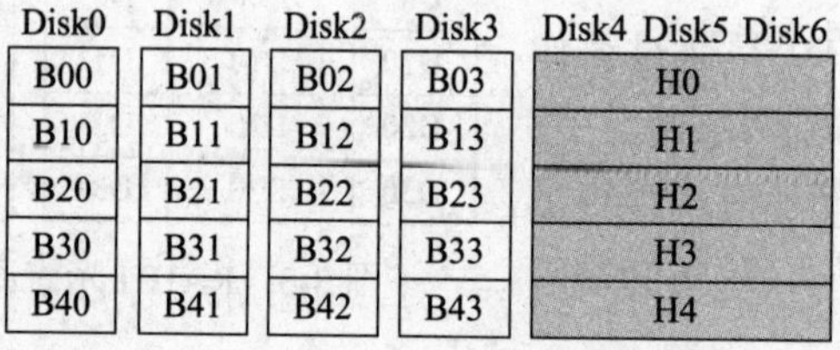

Disk0	Disk1	Disk2	Disk3	Disk4 Disk5 Disk6
B00	B01	B02	B03	H0
B10	B11	B12	B13	H1
B20	B21	B22	B23	H2
B30	B31	B32	B33	H3
B40	B41	B42	B43	H4

图 3-4　RAID2 示意图

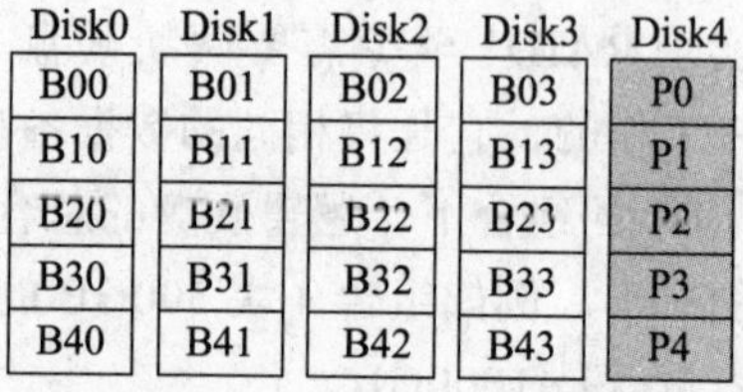

Disk0	Disk1	Disk2	Disk3	Disk4
B00	B01	B02	B03	P0
B10	B11	B12	B13	P1
B20	B21	B22	B23	P2
B30	B31	B32	B33	P3
B40	B41	B42	B43	P4

图 3-5　RAID3 示意图

RAID3 的优点如下：

- 磁盘读性能很高。
- 磁盘写性能很高。
- 有磁盘失效时对吞吐率没有很大的影响。
- 所需的校验盘比较少，因而空间利用效率高。

RAID3 的缺点如下：

- 控制器设计相当复杂。
- 数据以字节划分，划分粒度太细，占用计算资源多，难以用软件实现。

适合 RAID3 使用的场合主要有：视频处理、图像编辑、其他需要高吞吐率的应用场合。

3.2.5 RAID4

RAID4 将数据条块化并分布于不同的磁盘上，但条块单位为块或记录。RAID4 使用一块磁盘作为奇偶校验盘，每次写操作都需要访问奇偶校验盘，这时奇偶校验盘会成为写操作的瓶颈，因此 RAID4 在商业环境中很少使用。

RAID4 数据块分布示意图如图 3-6 所示。RAID4 只采用了要被替换的旧数据、新写入的数据和旧的校验数据来计算新的校验数据。实现 RAID4 最少需要 3 块盘。

与 RAID3 类似，P0=D00 $\oplus$ D01 $\oplus$ D02 $\oplus$ D03。

RAID4 的优点如下：

- 多盘并发读出，读性能高。
- 所需的校验盘少，因而存储空间使用效率高。

RAID4 的缺点如下：

- 控制器实现相当复杂。
- 写性能差。
- 磁盘失效时，数据重建复杂，效率低。

3.2.6 RAID5

RAID5 克服了 RAID3、RAID4 中用一块固定磁盘存放校验数据的不足，将各个磁盘生成的校验数据分成块，分散存放到组成阵列的各个磁盘中，这样就缓解了校验数据存取时所产生的瓶颈问题，但是数据分块及存取控制需要软硬件支持及付出性能代价。

如图 3-7 所示，RAID5 用来进行纠错的奇偶校验信息 P0 ~ P4 不再单独存放在一个磁盘上，而是均匀分布在所有磁盘中，从而消除了校验数据的读写瓶颈。

Disk0	Disk1	Disk2	Disk3	Disk4
D00	D01	D02	D03	P0
D10	D11	D12	D13	P1
D20	D21	D22	D23	P2
D30	D31	D32	D33	P3
D40	D41	D42	D43	P4

图 3-6　RAID4 示意图

Disk0	Disk1	Disk2	Disk3	Disk4
D00	D01	D02	D03	P0
D10	D11	D12	P1	D13
D20	D21	P2	D22	D23
D30	P3	D31	D32	D33
P4	D40	D41	D42	D43

图 3-7　RAID5 示意图

RAID5 的优点如下：

- 读性能高。
- 写性能一般。
- 所需的校验盘比较少，因而磁盘空间利用效率高。

RAID5 的缺点如下：

- 磁盘失效时会影响吞吐率。
- 控制器设计最复杂。
- 与 RAID1 相比，在磁盘失效时重建非常困难。

RAID5 是最常用的 RAID 类型，推荐使用的场合包括：文件服务器、应用服务器，以及 WWW、E-mail、新闻服务器等。

3.2.7　RAID6

RAID6 是一种双重奇偶校验存取阵列。它采用分块交叉技术及分布在不同驱动器上的奇偶方案，扩展了 RAID5。RAID6 与 RAID5 相比，增加了第二个独立的奇偶校验信息块，两个独立的奇偶系统使用不同的算法。如图 3-8 所示，这样的 RAID6 磁盘阵列就允许两个磁盘同时出现故障，所以 RAID6 的磁盘阵列最少需要四块硬盘。

在图 3-8 中，P0 和 PG 是由 D01～D04 采用不同的奇偶校验算法分别产生的校验位，这样，通过多加一个冗余盘，可以恢复两个数据的出错。

RAID6 优点如下：

- 使用二维校验，纠错能力强。
- 是一种理想的高可靠解决方案。

RAID6 的缺点如下：

- 控制器设计复杂。
- 校验和计算的开销很高。
- 写性能差。
- 因使用二维校验，至少要 N + 2 块磁盘。

RAID6 用于对可靠性要求很高的场合。

3.2.8　RAID7

这是一种新的 RAID 标准，其自身带有智能化实时操作系统和用于存储管理的软件工具，可完全独立于主机运行，不占用主机 CPU 资源。RAID7 可以看作一种存储计算机（Storage Computer），它与其他 RAID 标准有明显区别。

RAID7 突破了以往 RAID 标准的技术架构，使用了 Cache 和异步技术，极大地减轻了数据写瓶颈，提高了 I/O 速度。所谓异步访问，即 RAID7 的每个 I/O 接口都有一条专用的高速通道，作为数据或控制信息的流通路径，因此可独立地控制自身系统中每个磁盘的数据存取，如图 3-9 所示。

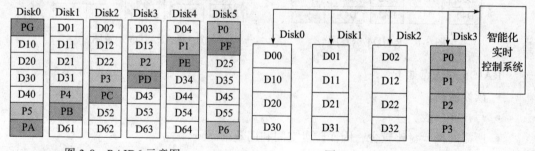

图 3-8　RAID6 示意图　　　　图 3-9　RAID7 示意图

RAID7 的优点如下：

- 使用了 Cache 和异步技术，极大地减轻了数据写瓶颈。
- 提高了 I/O 速度，即每个 I/O 接口都有一条专用的高速通道，作为数据或控制信息的流通路径。
- 可独立地控制自身系统中每个磁盘的数据存取。

- 系统内置的实时操作系统可自动对主机发出读 / 写指令进行优化处理。
- 自身带有智能化实时操作系统和用于存储管理的软件工具，可完全独立于主机运行，不占用主机 CPU 资源。

RAID7 的缺点如下：

- 使用独立的控制系统以及 Cache 等，成本增加。
- 控制软件复杂。

RAID7 使用在性能、可靠性要求均很高的场合，但实际上真正意义上的 RAID7 基本上没有产品。目前的新型、高性能磁盘阵列将实时控制及 Cache 功能集成在磁盘阵列控制器中，具有更高的性价比。

3.2.9 RAID0 + 1

为了达到既高速又安全的目标，出现了 RAID0 + 1（或者称为 RAID10），可以把 RAID0 + 1 简单地理解成由多个磁盘组成的 RAID0 阵列再进行镜像。

RAID0 + 1 实际上是 RAID0 + RAID1 的组合。它是镜像和分块技术的结合，多对磁盘先镜像，再分块。如图 3-10 所示，Disk0 与 Disk1 是 RAID1，Disk2 与 Disk3 之间也是 RAID1，然后把这两个 RAID 作为两个逻辑盘，在它们之间实现 RAID0。

此外，我们可以仿照 RAID0 + 1 那样结合多种 RAID 规范来构筑所需的组合 RAID 阵列，例如 RAID5 + 3（RAID53）就是一种应用较为广泛的阵列形式。原则上，用户一般可以通过灵活配置磁盘阵列来获得更加符合其应用要求的磁盘存储系统，但实用中并没有更多的高性价比的变种。

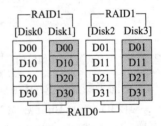

图 3-10　RAID0 + 1 示意图

3.2.10　Matrix RAID

Matrix RAID 即所谓的"矩阵 RAID"，是英特尔 ICH6R 南桥所支持的一种廉价的磁盘冗余技术，也是一种高性价比的新颖 RAID 解决方案。Matrix RAID 技术的原理相当简单，只需要两块硬盘就能实现 RAID0 和 RAID1 磁盘阵列，并且不需要添加额外的 RAID 控制器，这正是普通用户所期望的。但 Matrix RAID 需要硬件层和软件层的同时支持才能实现，硬件方面目前就是 ICH6R 南桥以及更高级的 ICH6RW 南桥，

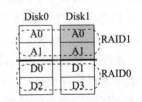

图 3-11　Matrix RAID 示意图

而 Intel Application Accelerator 软件和 Windows 操作系统均对软件层提供了支持。

Matrix RAID 的原理如图 3-11 所示，将每个硬盘容量各分成两部分（即将一个硬盘虚拟成两个子硬盘，这时子硬盘总数为 4 个），其中用两个虚拟子硬盘来创建 RAID0 模式以提高效能，而其他两个虚拟子硬盘则透过镜像备份组成 RAID1 用来备份数据。在 Matrix RAID 模式中数据存储模式如下：两个磁盘驱动器的第一部分被用来创建 RAID0 阵列，主要用来存储操作系统、应用程序和交换文件，这是因为磁盘开始的区域拥有较高的存取速度，Matrix RAID 将 RAID0 逻辑分区置于硬盘前端（外圈磁道）有利于提高性能；而两个磁盘驱动器的第二部分用来创建 RAID1 模式，主要用来存储用户个人的文件和数据。

例如，使用两块 120GB 的硬盘，可以将两块硬盘的前 60GB 组成 120GB 的逻辑分区

RAID0，然后剩下两个 60GB 区块组成一个可用容量为 60GB 的数据备份分区 RAID1。需要高性能却不需要高可靠性的应用，就可以分配在 RAID0 分区，而可靠性要求高的数据则可分配在 RAID1 分区。换言之，用户得到的总硬盘空间是 180GB，与传统的 RAID0 + 1 相比，容量使用的效益比较高，而且在容量配置上有着更高的弹性。如果其中一个硬盘出现故障，RAID0 分区数据无法复原，但是 RAID1 分区的数据却可以恢复。

利用 Matrix RAID 技术，只需要两块硬盘就可以在获取高效数据存取的同时又能确保数据安全性。这意味着普通用户也可以低成本享受到 RAID0 + 1 应用模式。图 3-12 是一个 Matrix RAID 的典型应用。由图可见，共有 4 个硬盘构成该 Matrix RAID，把每个硬盘分成 A、B 两个子硬盘分区，记为 A0 ~ A3、B0 ~ B3 共 8 个分区，A0 ~ A3 构成 RAID5，B0 ~ B3 构成 RAID0。

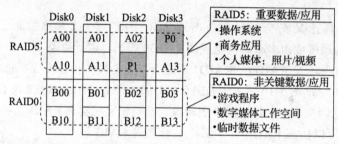

图 3-12　四个硬盘构成的 Matrix RAID 示意图

3.2.11　JBOD 和 NRAID

不同于磁盘的 RAID 应用，还有两种常见的磁盘用法称为 JBOD 和 NRAID。

JBOD（Just Bundle Of Disks），即简单磁盘捆绑。JBOD 是在逻辑上把几个物理磁盘一个接一个串联到一起，从而提供一个大的存储空间。JBOD 通常又称为 Span。JBOD 上的数据简单地从第一个磁盘开始存储，当第一个磁盘的存储空间用完后，再依次从后面的磁盘开始存储数据。如图 3-13 所示，由磁盘 DiskA、DiskB、DiskC 组成的 JBOD，数据 A00、A01、…、A04，从 DiskA 开始存储，存满后再存入 DiskB，然后再存入 DiskC。JBOD 存取性能完全等同于对单一磁盘的存取操作，也不提供数据安全保障。它只是简单地提供一种利用磁盘空间的方法，JBOD 的存储容量等于组成 JBOD 的所有磁盘容量的总和。

DiskA	DiskB	DiskC
A00	B00	C00
A01	B01	C01
A02	B02	C02
A03	B03	C03
A04	B04	C04

图 3-13　JBOD 示意图

JBOD 也支持热插拔磁盘驱动器，即可以在不影响数据存储和服务器操作的同时增加或者替换磁盘。磁盘驱动器插在一个内部总线上，将服务器与 JBOD 系统之间的外部总线电缆简化成单条电缆连接。

对于使用 SCSI 磁盘的 JBOD，各磁盘之间组成一个封闭的 SCSI 菊花链，为主机提供了并行 SCSI 连接。使用 Fibre Channel 磁盘的 JBOD 可以提供 1 ~ 2 个 Fibre Channel 接口，在内部形成一个共享环段。

使用 SCSI Enclosure Services 协议可以提供带内管理，它可以在并行 SCSI 和 Fibre Channel 环境中使用。一些厂商的产品允许通过硬件开关或者跳线将 JBOD 分成分离的磁盘阵列，比如可以将一个单独的 Fibre Channel JBOD 分成对主机来说独立的两个资源。

在 JBOD 中，单独的磁盘驱动器如何进行数据存储取决于主机或者取决于 HBA 的 RAID 智能。例如，Windows 磁盘管理程序可以从各个 JBOD 磁盘中创建单独的卷，或者将一组 JBOD 磁盘分配成一个软件 RAID 组成的卷。

与 RAID 阵列相比，JBOD 的优势在于它的低成本，可以将多个磁盘合并到共享电源和风扇的盒子里。市场上常见的 JBOD 经常安装在 19 英寸的机柜中，因此提供了一种经济的节省空间的配置存储方式。随着更高容量的磁盘驱动器投入市场，采用具有几个 TB 的磁盘建立 JBOD 配置成为可能。JBOD 与 RAID 的比较见表 3-1。

在 JBOD 的使用过程中，最主要的问题是 JBOD 在单独的磁盘出现故障时的恢复能力，如果没有恰当的抵抗错误的能力，那么一个驱动器的故障就可能导致整个 JBOD 的失效。

JBOD 中的磁盘串有着严格的制冷系统和电源设施，这些都是容错的重要体现。电源、冷却系统、数据总线和其他部件的容错可以帮助数据存储系统避免由于硬件损坏而引起的错误，但是不能帮助检查并修复错误。理论上，JBOD 解决方案应该在管理状态通过向预警软件发送标准信息来告知管理人员目前数据的问题。

表 3-1 JBOD 与 RAID 比较列表

	可靠性	控制器	智能功能	成本
JBOD	较低	无	无	低
RAID	较高	有	有	高

由于 JBOD 一般在使用中都包含多个磁盘，因此总的存储容量巨大，而如果一个磁盘的故障就会造成整个设备中的故障，势必对系统是一个巨大风险。其中的一个解决办法是软件 RAID。从主机端来看，采用软件 RAID 和 JBOD 的结合与硬件 RAID 在逻辑上没有任何区别，只是软件 RAID 会消耗一部分主机资源，而且与硬件 RAID 相比，无法达到高性能系统的苛刻要求。

对于共享存储，改进 JBOD 的另一个方法是使用存储虚拟化设备，它们位于主机系统和 JBOD 目标之间。存储虚拟化设备负责向多个 JBOD 或者 RAID 阵列存取数据，从而造成一种假象：每个主机都有单独的存储资源。这使得在主机上免除软件 RAID 成为可能，因为这项功能现在由设备来承担。从本质上说，除了存储虚拟化设备和存储磁盘阵列位于存储网络上的不同范围以外，存储虚拟化实现了与智能 RAID 控制器相同的功能。尽管存储虚拟化设备给出了主机系统中对存储资源的简单描述，但它还是必须承担管理数据放置的复杂性，并自动地从故障和中断中恢复，该任务需要耗费一定的软件运行资源。

从表面上看，JBOD 仅是将多个磁盘简单组合在一起，实现难度并不大，但实际上仅仅是底板的设计就具有很高的技术含量。这一点从服务器的磁盘扩展能力上便可见一斑，一般服务器可以扩展五六块磁盘，而如果再增加就变得十分困难，与之相比，JBOD 大都为十几块磁盘，甚至多到几十块磁盘，因此如何让众多的磁盘集中发挥数据存储的作用就成为一个不小的挑战。

JBOD 没有控制器并不意味着可用性很差，事实上，从使用的磁盘类型（SCSI 与 Fibre Channel 磁盘）来看，其磁盘本身的可靠性就比低端 ATA 磁盘高得多。另外，国外的先进产品具有一些智能功能，可靠性和性能与中低端 RAID 产品不相上下。

目前，中小企业用户的存储需求很高，对于这部分用户来说，JBOD 就比较适合。在数据存储过程中，即使在百分之一的概率下出现了故障，无非是多花些时间的问题，不会对关键业务造成致命影响，而用户在成本上却得到很大回报，无需为低端的存储应用做昂贵的投资。

NRAID 即 Non-RAID，所有磁盘的容量组合成一个逻辑存储空间盘，没有数据分块。NRAID 不提供数据冗余。NRAID 与 JBOD 并没有本质的区别，主要的不同在于：NRAID 强调非 RAID，与 RAID 对应；JBOD 强调多个单独的磁盘构成串使用，与单个磁盘对应。

3.2.12　NV RAID

NV RAID 是 nVidia 自行开发的 RAID 技术。随着 nForce 各系列芯片组的发展，NV RAID 技术也不断推陈出新。相对于其他 RAID 技术而言，目前最新的 nForce4 系列芯片组的 NV RAID 具有鲜明特点，主要有以下三点：

交错式控制器 RAID（Cross-Controller RAID）。交错式控制器 RAID 即俗称的混合式 RAID，也就是将 SATA 接口的硬盘与 IDE 接口的硬盘联合起来组成一个 RAID 模式。交错式控制器 RAID 在 nForce3 250 系列芯片组中便已经出现，在 nForce 4 系列芯片组该功能得到延续和增强。

热冗余备份功能。在 nForce 4 系列芯片组中，因支持 Serial ATA 2.0 的热插拔功能，用户可以在使用过程中更换损坏的硬盘，并在运行状态下重新建立一个新的镜像，确保重要数据的安全性。更为可喜的是，nForce 4 的 nVIDIA RAID 控制器还允许用户为运行中的 RAID 系统增加一个冗余备份特性，而不必理会系统采用哪一种 RAID 模式，用户可以在驱动程序提供的"管理工具"中指派任何一个多余的硬盘用作 RAID 系统的热备份。该热冗余硬盘可以让多个 RAID 系统（如一个 RAID0 和一个 RAID1）共享，也可以为其中一个 RAID 系统所独自占有，功能类似于时下的高端 RAID 系统。

简易的 RAID 模式迁移。nForce 4 系列芯片组的 NV RAID 模块新增了一个名为 "Morphing" 的新功能，用户只需要选择转换之后的 RAID 模式，而后执行 "Morphing" 操作，RAID 删除和模式重设的工作可以自动完成，无需人为干预，易用性明显提高。

3.3　RAID 的实现技术

3.3.1　概述

RAID 有两种实现方式，即"软件 RAID"与"硬件 RAID"。

软件 RAID 是指通过操作系统自身提供的磁盘管理功能将连接的普通 SCSI 卡上的多块硬盘配置成逻辑盘，组成阵列。如 Windows 和 NetWare 操作系统可以提供软件阵列功能，其中 Windows NT/Server 2003 可以提供 RAID0、RAID1、RAID5；NetWare 操作系统可以实现 RAID1 功能。软件阵列可以提供数据冗余功能，但是磁盘子系统的性能会有所降低，有的降低的幅度还比较大，达 30% 左右。

硬件 RAID 可分为两类，即内置阵列卡和外置独立式磁盘阵列。

内置阵列卡是使用专门的磁盘阵列卡来实现的。现在的服务器大多都提供了磁盘阵列卡，不管是集成在主板上或非集成的都能轻松实现阵列功能。硬件阵列能够提供在线扩容、动态修改阵列级别、自动数据恢复、超高速缓冲等功能。它能提供高性能、数据保护、高可靠性和可管理性的解决方案。磁盘阵列卡拥有一个专门的处理器，如 Intel 的 1960 芯片、HighPoint 的 HPT370A/372、Silicon Image 的 SIL3112A 等，还拥有专门的存储芯片，用于高速缓冲磁盘的读写数据。因此，服务器对磁盘的操作就直接通过磁盘阵列卡进行处理，不需要大量的 CPU 及系统内存资源，也不会降低磁盘子系统的性能。

与内置阵列卡的 RAID 不同，基于总线的 RAID 由内建 RAID 功能的主机总线适配器（host bus adapter）控制，直接连接到服务器的系统总线上。总线 RAID 具有较软件 RAID 更多的功能，但是又不会显著地增加总拥有成本，这样可以极大节省服务器系统 CPU 和操作系统的资源，从而使网络服务器的性能获得很大的提高。它支持很多先进功能，如热插拔、热备盘、SAF-TE、阵列管理，等等。它的缺点是要占用 PCI 总线带宽，所以 PCI I/O 可能变成阵列速度的瓶颈。

介于硬件 RAID 和软件 RAID 之间的 HostRAID，是一种把初级的 RAID 功能附加给 SCSI 卡或者 SATA 卡而产生的产品。它把软件 RAID 功能集成到了产品的固件上，从而提高了产品的功能和容错能力。它可以支持 RAID0 和 RAID1。

外置独立式磁盘阵列有独立的机箱或机柜。性能从高到低形成系列，用户可按照需求进行配置。高性能阵列通常配有多个处理器和嵌入式操作系统，带有大容量的缓冲存储器，连接多路独立的磁盘控制通路，稳压电源、散热风扇等均有冗余备份。

3.3.2　软件 RAID 的实现技术

软件 RAID(software-based RAID) 是基于软件实现的 RAID，即没有 RAID 专用的硬件。它可能是最普遍的被使用的 RAID 阵列，这是由于现在的很多服务器操作系统都集成了 RAID 功能。比如 Microsoft Windows NT、Windows 2000、Windows 2003、Novell Netware 和 Linux。

由于软件 RAID 的控制集成于操作系统，因此起始投资比较低，但是它的 CPU 占用率比较高，而且阵列操作功能有限。由于软件 RAID 是在操作系统下实现的，因此软件 RAID 不能用作系统盘，即系统分区不能参与实现 RAID。

对于有些操作系统，RAID 的配置信息存在系统信息中，而不是存在硬盘上；当系统崩溃需重新安装时，RAID 的信息也会丢失。尤其是软件 RAID5 是 CPU 的增强方式，会导致 30% ~ 40% I/O 性能的降低，所以不建议在软件 RAID 的情况下使用 RAID5，以免处理器开销太大，I/O 性能下降过多。

1. 软件 RAID 阵列中的数据组织

磁盘驱动器可以划分成由若干块形成的组，例如，大多数读者都熟悉在 PC 或工作站上对磁盘驱动器的分区，RAID 磁盘也不例外，可以使用多种方法对磁盘进行分组，以支持各种各样数据处理的实际需求，组合磁盘分区最常见的方法是阵列。

软件 RAID 的实现由阵列管理软件完成。阵列管理软件的功能包括：划分成员磁盘为分区、将它们组织成阵列，以及为主机系统提供设备虚拟化等。一般而言，它为 RAID 子系统的磁盘操作提供组织结构，以及对这些组织结构实行管理。

当磁盘阵列管理软件安装在主机中时，它被称为软件 RAID 或卷管理软件。阵列管理软件和卷管理软件的许多功能是相同的，一般而言，卷管理软件寄宿在主机上，而阵列管理软件内嵌在 RAID 子系统中。

阵列管理软件具有以下三种功能：

● 管理和控制磁盘集合，包括阵列。

● 传送 I/O 操作进 / 出被划分的磁盘。

● 为了数据冗余计算校验值，使用校验值恢复损坏的数据。

在 RAID 子系统中划分出来的磁盘子区称为分区，RAID 咨询委员会对分区的定义为："一组地址连续的成员磁盘存储块，单个的磁盘可以有一个或多个分区。假如在一个磁盘上定义了多个分区，则它们可以有不同的大小。多个可能不连续的分区可以通过虚拟磁盘到成员磁盘的映射，成为同一虚拟磁盘的一部分。分区有时候也称为逻辑磁盘，尽管对于操作环境来说，它们通常不是直接可见的。"

换言之，分区在 RAID 成员磁盘上建立了一个个边界，这些边界将成员磁盘划分为地址相邻的、由若干存储块形成的组。分区是最基本的存储划分，由它组成 RAID 子系统的阵列、镜像和虚拟驱动器。图 3-14 给出了一个由 4 个磁盘组成的阵列，每个磁盘都定义了多个分区。

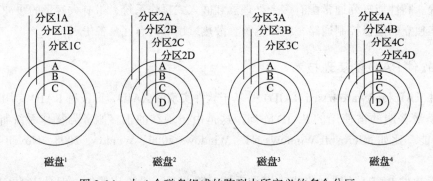

图 3-14　由 4 个磁盘组成的阵列中所定义的多个分区

由图 3-14 可知，磁盘 1 和磁盘 3 都定义了 3 个分区（A、B 和 C），磁盘 2 和磁盘 4 都有 4 个分区（A、B、C 和 D）。有几种方法将它们组合形成阵列，最明显的一种方法是：将所有这些磁盘中相应的 A 和 B 分区组成阵列，即将分区 1A ~ 4A 和 1B ~ 4B 分别组合起来形成两个独立的阵列，剩余的分区用于单个驱动器，或者由分区 1C + 3C、2C + 4C 及 2D + 4D 组合成镜像对。

2. 虚拟磁盘统一地址管理

阵列管理软件将分区组合成阵列，并提供给主机系统，实现了地址统一管理的映像。资源的统一表示有时也称为输出一个虚拟设备。

虚拟磁盘（Virtual Disk）与虚拟存储器类似，虚拟盘是一个概念盘，用户不必关心数据写在哪个物理盘上。虚拟盘一般跨越几个物理盘，但用户看到的只是一个盘。

图 3-15 显示了如何将 4 个物理成员磁盘上的分区统一起来，形成一个单个的虚拟磁

盘，并由 RAID 子系统提供给主机系统。阵列管理软件负责完成成员磁盘块的地址到虚拟磁盘的连续存储位置的映射，并在虚拟磁盘的更大地址空间背景下输出这些地址。

3. I/O 操作的传送：从虚拟磁盘到物理成员磁盘

当 I/O 操作从主机传送到 RAID 控制器时，阵列管理软件将为物理成员磁盘分发这些操作，并产生一个内部 I/O 操作，确定在每个物理成员磁盘上相应的地址。阵列管理软件建立一个虚拟磁盘的接口，负责管理进 / 出 RAID 子系统的 I/O 操作。其大致步骤为：

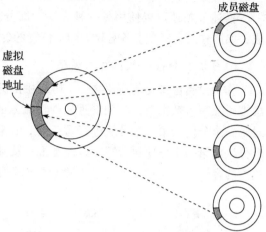

图 3-15　成员磁盘地址到虚拟磁盘地址的统一映射

1）阵列管理软件将虚拟磁盘块地址转换为物理成员磁盘的物理块地址。

2）在主机 I/O 控制器的指导下，将 I/O 请求传送到一个虚拟磁盘接口，然后将它转换为几个内部 I/O 请求。

3）反过来，通过单个的虚拟磁盘从多个内部磁盘传送 I/O 请求。这些请求响应包括错误响应、状态信息等，在主机看来，这些错误好像是从一个磁盘传来的。

4. 分区的划分：从分区到分块

成员磁盘上的分区可以进一步细分为更小的段，这些更小的段即单个 I/O 操作的对象，称为分块。各个成员磁盘的分块组成一个分条，是构成阵列 I/O 操作的最小对象。为了简化虚拟磁盘块地址到成员磁盘块地址的映射，一个阵列中所有分块的长度都相同。图 3-16 显示了分条、分块和分区三者之间的关系。例如，磁盘 1 中，D10、D11、…、D14 共 5 个分块构成一个分区，而各个成员磁盘中的分块 D11、D21、D31、D41 构成一个分条。分条是针对 RAID 操作而定义的。更一般而言，Dij（$1 \leq i \leq 4$；$0 \leq j \leq 4$）代表各个磁盘中的一个分块；$D1j$（$0 \leq j \leq 4$）表示磁盘 1 中的一个分区，$D2j$（$0 \leq j \leq 4$）表示磁盘 2 中的一个分区；$Di1$（$1 \leq i \leq 4$）组成一个分条。

阵列中的分区大小也应该相同。不规则的分区将会产生存储校验问题，也会导致阵列地址映射问题。为了有效地管理阵列，阵列管理软件可以调整阵列中分区的大小，将忽视更大分区的多余部分，而将分块设置到一个最小公用的大小。

分块的大小约为磁盘驱动器上的一个扇区大小，但这样的分块大小和扇区并无关联，一个分块可以保存几个 I/O 操作的内容。RAID 咨询委员会对分块的定义为："分块是将一个分区分成一个或多个大小相等的、地址相邻的块，在某些环境下，分块被称为分条的元素。"

5. 分块组合成分条

同一磁盘上的分块组成一个分区，各个磁盘的分区构成一个阵列。阵列以分条为单位进行读写。RAID 咨询委员会对分条的定义为："分条是磁盘阵列中的两个或更多分区上的一组位置相关的分块，位置相关意味着，每个分区上的第一分块属于第一分条，每个分区上的第二分块属于第二分条，以此类推。"

描述分条还可以使用另一种方法，即分条由多个磁盘的分区上的同一位置的分块组成，如同柱面由磁盘上各盘片的同一位置的磁道组成类似。

6. 分块和分条的数据写入顺序

作为设备虚拟化的应用之一，阵列中的分条被映射为虚拟磁盘中连续的块。当主机向虚拟磁盘写入数据时，阵列管理软件将输入的 I/O 请求地址转换为阵列中的分条。首先将对第一个分区的第一个分块进行写，然后对第二个分区的第一个分块执行写，接着对第三个分区的第一个分块执行写，以此类推。从某种意义上说，数据写入分条类似于填充顺序放置的容器。图 3-17 显示了多个磁盘数据分块的写入顺序。

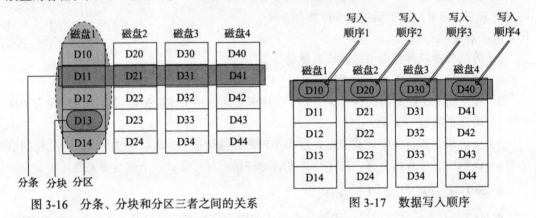

图 3-16 分条、分块和分区三者之间的关系   图 3-17 数据写入顺序

7. 校验分块数据

校验数据是使用异或（XOR）操作生成的。校验数据是一种冗余数据，它是由 RAID 子系统用 XOR 函数计算分条中各数据块后生成的。XOR 函数在逐位基础上对实际数据进行操作，建立校验数据。在并行访问 RAID 和独立访问 RAID 上，建立校验数据的方法是不同的。在介绍如何使用 XOR 函数建立校验数据，以及如何在磁盘失败时恢复数据后，我们将研究这两种 RAID 之间的差别。

（1）校验位的计算

RAID 校验数据的计算使用布尔函数 XOR，符号用 "$\oplus$" 表示，XOR 的真值表如表 3-2 所示。

表 3-2 异或操作

A	B	A $\oplus$ B
0	0	0
0	1	1
1	0	1
1	1	0

对于 RAID，写入阵列的数据位将与其他分区上的相应位进行 XOR 操作，计算出校验

位，并写入校验分区的位置。

表 3-3 显示出一个示例的位串，位串数据来自 4 个分区 S1、S2、S3 和 S4，第 5 列 P 是由 XOR 函数计算出的校验位。假如用 Si 表示分区 i 的数据，P 表示校验位，则：P=S1 ⊕ S2 ⊕ S3 ⊕ S4。

表 3-3　来自 4 个分区中的数据位计算出的 XOR 校验位

S1	S2	S3	S4	P
0	0	1	0	1
1	0	0	1	0
1	1	1	0	1
0	0	0	0	0
0	0	1	1	0
0	1	0	1	0
1	1	1	0	1

从表 3-3 可知，可以利用 XOR 函数对任何 4 列中的 4 位进行操作，得到另一列中的值。例如，假如将 XOR 应用于第 2 ~ 5 列，那么结果将与第一列值相同，这说明了当一个磁盘失败时 XOR 函数的恢复能力。假如一个磁盘失败，阵列分区中的数据将不可访问，利用阵列中其他分区的相应位，运行 XOR 操作即可恢复原数据值。例如，如果分区 2 中的数据 S2 失效了，可通过以下算法恢复数据：

$$S2 = S1 ⊕ S3 ⊕ S4 ⊕ P$$

（2）XOR 的逆操作还是 XOR 本身

XOR 函数如此有用的原因之一是 XOR 函数的逆操作是其本身。换言之，当使用 XOR 计算校验值时，也可以再使用 XOR 进行逆运算。XOR 函数的这个性质不太直观，因为通常的数学函数拥有自己的反函数，如加法的反函数是减法、乘法的反函数是除法。以下是 XOR 函数的操作和逆操作的例子：

$$0 ⊕ 0 = 0，其逆操作是 0 ⊕ 0 = 0$$
$$0 ⊕ 1 = 1，其逆操作是 1 ⊕ 1 = 0$$
$$1 ⊕ 0 = 1，其逆操作是 1 ⊕ 0 = 1$$
$$1 ⊕ 1 = 0，其逆操作是 0 ⊕ 1 = 1$$

（3）并行访问阵列的降级模式操作

术语"降级"在此处的含义是：当一个磁盘失效后，不再将新数据写入这个失效的磁盘，而阵列系统将继续工作。当这种情况发生的时候，RAID 阵列将调整其功能，以保证数据的一致性。

阵列中的成员磁盘包括：数据磁盘；校验磁盘；数据和校验磁盘（如在 RAID 5 中）。

假如失效的磁盘是数据磁盘，当需要响应读请求时，阵列将恢复由失效磁盘引起的丢失数据。对于写操作，除了数据不写到失效的磁盘并将更新校验数据写到校验磁盘外，降级环境下的写操作与常规的写操作相同。这样，即使数据实际并没有写到失效磁盘上，失效磁盘上的数据也能被恢复。当一个替代磁盘安装后，校验恢复操作将为新的磁盘重建数据。

当校验磁盘失效时，子系统的性能实际上将会增强，RAID 子系统工作与正常情况下相同，但是无需由读、修改或写校验数据而产生额外开销，代价是可靠性难以保证。

根据 RAID 分级方法，一些阵列类型将校验数据发送到阵列中的多个磁盘。在这种情况下，降级模式阵列的表现取决于所访问的分条，假如分条中失去了一个数据磁盘，那么，在降级操作期间必须恢复数据，并正确地写数据。假如分条失去了校验磁盘，那么，在执行操作的时候不需要做任何校验操作或额外开销。

（4）平均数据丢失时间

平均数据丢失时间（MTDL）即一个组件可能失效使数据不能访问的时间。对于 RAID 子系统，还包括阵列在降级模式下工作时第二磁盘失效的可能性。MTDL 是基于单个磁盘驱动器的平均失效间隔时间（MTBF）数据及阵列中驱动器数的组合。一般而言，阵列中的磁盘数量越多，MTDL 数就越小。

MTDL 不应很高，因为第二个磁盘的失效将导致数据的灾难性丢失，因此，应尽快替换失败的磁盘。替代的磁盘安装后，立即开始校验恢复过程。在校验恢复期间，阵列的额外开销将严重地影响阵列的性能，因此，常见的情况是首先完成（或运行）正常调度的 I/O 密集型进程，然后再开始校验恢复。

（5）并行访问阵列的校验

在并行访问阵列中，校验数据的计算比较容易理解，并行访问阵列在整个阵列磁盘中分条数据。当这些分条数据被写到成员磁盘时，同时也计算校验数据，并将它写入一个附加的同步校验磁盘。校验磁盘与阵列中的数据磁盘分区和分条大小相同。

假如由于数据磁盘失效需要恢复时，将数据从同步磁盘中读出，并对数据进行 XOR 操作。从校验磁盘和其他数据磁盘中读出分条数据中各个分块数据，由此重建失效磁盘的数据。

（6）独立访问阵列的校验

独立访问阵列的情形稍为复杂一些，数据并不分块写入几个转动速度相同的同步磁盘，而是写到单个分区中的分块，然后再写入下一个磁盘的相应分区。换言之，写不必跨越阵列中的所有磁盘。

当对每一个分块实施写时，同时也计算校验数据，以使这些数据获得保护。如果用来计算校验数据的一些数据已经存放在磁盘上，主机 I/O 控制器不能对这些数据执行写操作。在计算新数据的校验值时，需要从阵列磁盘中读出存在的数据。为了写新的数据并计算其校验值，需要执行数据读和计算的操作，这个过程称为阵列写额外开销。

当新的数据被写入一个独立访问阵列时，将使用下列过程更新校验数据和写入新数据：

1）从主机 I/O 控制器接收 I/O 请求和新数据。

2）读出将被替代分块的原有数据。

3）读出该块的校验数据。

4）对校验数据与原有数据实施 XOR 操作，去除原有数据对校验数据的贡献。

5）对该校验数据与新数据实施 XOR 操作，得到新的校验数据。

6）将新的校验数据写入磁盘。

7）将新数据写入磁盘。

这个过程称为"读－修改－写"周期，图 3-18 显示了一个带有 4 个成员磁盘阵列的"读－修改－写"周期，其中校验磁盘包含分条的校验数据。

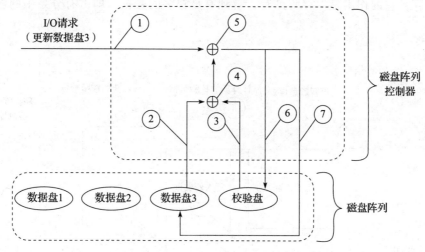

图 3-18 "读－修改－写"周期工作示意图

（7）独立访问阵列的读、写性能

在一个"读－修改－写"周期中，一次单个驱动器的写操作需要独立访问阵列做 4 次数据传输，即原有数据读出、校验数据读出、新校验数据写入以及新数据写入，这导致单个 I/O 请求的大量开销。

因为"读－修改－写"周期的开销，所以独立访问阵列的读操作比写操作快得多。事实上，独立访问阵列的写速度比单个磁盘的写操作更慢，也比并行访问阵列的写操作慢。由于这个原因，当独立访问阵列用于读操作比例大于写操作的应用时，它应该配以回写缓存。

（8）使用磁盘缓存减少写额外开销

在独立访问阵列中，写的额外开销来源于对分条中少量分块所执行的写操作，然而，假如对占有分条中一半以上的块实施写操作，那么，写的额外开销将会减少。在实际操作时，先读出不需更新的数据，再与新写入的数据进行 XOR 操作，然后，将新数据及其新校验数据写入各自的分条位置。在这种情况下，没有必要首先读出原有数据，或者去除对校验数据的贡献，也没有必要在写入新校验数据之前，先读出原来的校验数据。其次序总结如下：

1）为即将要写的若干分块保存新的数据。

2）从不被更新的一些分块中读出现存的数据。

3）计算新的校验数据。

4）写新的分块数据和新的校验数据。

采用回写算法时，磁盘缓存用于保存磁盘写数据，使单个操作能够写入更多的分块。假如较多的分块等待在缓存中，则可避免必须从成员磁盘中读出数据并修改它们。利用回写缓存保存磁盘写 I/O，就可以保存多个写操作，以致于一次能够对足够多的分块进行写入。它避免了必须从校验值中去除原来的贡献，而是由新的数据和已存在的数据直接计算校验数据，无须从校验数据中去除原来数据的贡献，再加入新数据的贡献。如果采用回写磁盘缓冲方案，阵列的写可以达到单独磁盘驱动器的性能。图 3-19 显示了一个回写磁盘缓存，它的作用是保存阵列写，直到有足够多的数据，即占有分条中的多数分块为止。

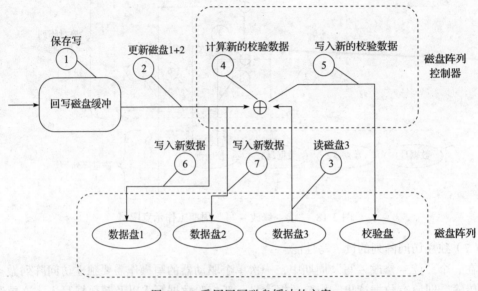

图 3-19　采用回写磁盘缓冲的方案

3.3.3　硬件 RAID 的实现技术

硬件 RAID 的实现方案主要有两种，即内置阵列卡和外置独立式磁盘阵列。这两种方案主要是性能与价格的折中，实际应用中可根据具体需求选择。

1. 内置阵列卡 RAID

随着内置 RAID 阵列卡价格的下降，采用内置阵列卡 + SATA 硬盘的方式搭建 RAID 阵列成为一种高性价比的容错存储方案。通过 DIY，用户也可以自己组建 RAID 阵列。

内置阵列卡 RAID 是一种廉价的容错存储系统，它可以带来多种好处，其中提高传输速率和提供容错功能是最大的好处。

图 3-20 是内置阵列卡和硬盘连接构成 RAID 系统的示意图。内置阵列卡插在主机的 PCIe 插槽上，卡上有 RAID 控制器的硬件逻辑。卡上的 mini-SAS 接口通过 mini-SAS 转 SATA 电缆，连接多个 SATA 接口的硬盘。上述硬件通过软件控制，实现磁盘阵列的功能。

一般的内置阵列卡主要有以下几部分组成，如图 3-21 所示。

- IOP，I/O Processor，即 I/O 处理器，提供 RAID 数据校验计算、输入输出处理等功能。
- IOC，I/O 控制器，提供 SAS 总线通道，用来连接硬盘、存储设备。
- mini-SAS，小尺寸 SAS 总线插座，连接硬盘。
- PCIe，主机总线接口，目前主流为 PCIe2.0，有 PCIe X8 类型接口，总线速率为 4.8GB/s。
- Battery Backup Unit，电池备份模块，提供意外掉电时的数据保护。

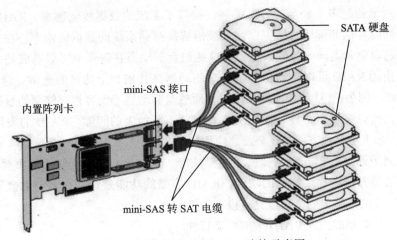

图 3-20　内置阵列卡 RAID 连接示意图

- Cache Memory，缓存/内存，提供数据从 IOP 到硬盘之间的缓冲，提高整体性能，目前主流为 256MB、512MB 和 1024MB，形式上以板载内存芯片为主。
- Flash ROM，用来存放 Firmware 和 BIOS。
- 蜂鸣器，在 RAID 阵列出现意外掉盘等情况下提供声音报警，提醒用户进行维护。

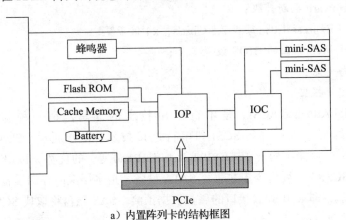

a）内置阵列卡的结构框图

b）内置阵列卡的实物结构图

图 3-21　内置阵列卡的组织结构

内置阵列卡通过多个硬盘的并发读写，提高了系统的数据传输速率。RAID可以实现多个磁盘的同时存储和读取数据，以此来成倍提高存储系统的数据传输率。在RAID中可以控制多个磁盘驱动器同时传输数据，而这些磁盘驱动器在逻辑上可以看成是一个磁盘驱动器，所以使用RAID可以达到比单个磁盘驱动器高几倍、十几倍的速率。这也是RAID最显著的优点。因为CPU的性能增长很快，而磁盘驱动器等大容量存储器的数据传输率增加相对很慢，所以需要有一种方案解决二者之间不断加大的间隙。RAID的采用大大缓解了I/O瓶颈，加上可靠性方面的优势使之应用广泛。

内置阵列卡通过数据冗余，提供了容错功能，这是RAID广泛使用的重要原因之一。普通磁盘驱动器并没有提供容错的功能。RAID容错的功能是建立在多个磁盘驱动器之间数据冗余与校验的基础上的，所以具有很高的可靠性。

下面是一块典型的内置RAID卡的功能特性。

- 配置了8个内部SAS端口，每端口全双工3Gbit/s吞吐速率；
- 支持RAID0、1、5、6、10、50、60；
- SAS接口Raid-On-Chip专用控制芯片；
- 在线容量扩展（OCE）、在线RAID级别迁移（RLM）；
- 128MB DDRII 667MHz SDRAM；
- 支持Firmware刷新升级；
- 遵从PCI Express 1.0，每线2.5 Gbit/s，x4倍带宽；
- 支持基于Web界面的BIOS设置工具；
- 支持后备电池；
- 支持蜂鸣器报警。

SAS（Serial Attached SCSI）是串行SCSI技术的缩写，是一种新型的磁盘接口连接技术。它综合了现有并行SCSI和串行连接技术（光纤通道、SSA（Serial Storage Architecture，串行存储结构）、IEEE1394及InfiniBand等）的优势，以串行通信为协议基础架构，采用SCSI-3扩展指令集并兼容SATA设备，是多层次的存储设备连接协议栈。目前已有SAS磁盘，即采用SAS接口的磁盘。据预测，SAS磁盘将取代SCSI磁盘而成为主流的高档磁盘类型。

SAS具有如下优点：

- 更好的性能：点到点的技术减少了地址冲突以及菊花链连接的速度损失；为每个设备提供了专用的信号通路来保证最大的带宽；全双工方式下的数据操作保证最有效的数据吞吐量。
- 简便的线缆连接：更细的电缆搭配更小的连接器；SAS的电缆结构节省了空间，从而提高了使用SAS硬盘服务器的散热、通风能力。
- 更好的扩展性：SAS是通用接口，支持SAS和SATA，SATA使用SAS控制器的信号子集，因此SAS控制器支持SATA硬盘。最多可以连接16384个磁盘设备。可以兼容SATA，为用户节省投资。

OCE也非常实用，RAID的级别也可以根据需要做改变，即实现在线RAID级别迁移（Raid Level Migration RLM）。

OCE可通过以下三种方法实现：

1）如果磁盘组中只有一个虚拟磁盘，而且还有可用空间可供使用，则可在可用空间的范围内扩充虚拟磁盘的容量。例如 500GB 的磁盘，如果只用了其中 100GB 作为虚拟磁盘，还可以将剩余的 400GB 做成虚拟磁盘。

2）如果已创建虚拟磁盘，但虚拟磁盘使用的物理磁盘数量未达到该磁盘组大小的上限，则可增加磁盘组中物理磁盘的数量，以扩展虚拟磁盘的容量。例如，已经用 4 个物理磁盘构建了虚拟磁盘，而系统中有 8 个物理磁盘，则可使用 8 个物理磁盘重构虚拟磁盘，扩大容量。

3）通过 Replace Member（更换成员）功能使用较大的磁盘更换磁盘组的物理磁盘也可以获得更多的可用空间。虚拟磁盘的容量也可以通过执行 OCE 操作来增加物理磁盘的数量进行扩充。

RAID 级别迁移（RLM）是指更改虚拟磁盘的 RAID 级别。RLM 和 OCE 可同时实现，这样虚拟磁盘可同时更改 RAID 级别并增加容量。完成 RLM/OCE 操作后，不需要重新引导。RLM/OCE 操作的可行性如表 3-4 所示。源 RAID 级别列表示执行 RLM/OCE 操作之前的虚拟磁盘 RAID 级别，目标 RAID 级别列表示操作完成后的 RAID 级别。

表 3-4　RLM/OCE 操作可行性列表

源 RAID 级别	目标 RAID 级别	物理磁盘数量（开始）	物理磁盘数量（结束）	容量扩充的可能性	说明
RAID 0	RAID 0	1	2 个或更多	是	通过增加磁盘来增加容量
RAID 0	RAID 1	1	2	否	通过添加一个磁盘，将非冗余虚拟磁盘转换为镜像虚拟磁盘
RAID 0	RAID 5	1 个或更多	3 个或更多	是	需要为分布式奇偶校验数据添加至少一个磁盘
RAID 0	RAID 6	1 个或更多	4 个或更多	是	需要为双分布式奇偶校验数据添加至少两个磁盘
RAID 1	RAID 0	2	2 个或更多	是	增大容量的同时取消冗余
RAID 1	RAID 5	2	3 个或更多	是	加倍容量的同时保持冗余
RAID 1	RAID 6	2	4 个或更多	是	需要为分布式奇偶校验数据添加两个磁盘
RAID 5	RAID 0	3 个或更多	3 个或更多	是	转换到非冗余虚拟磁盘，并收回分布式奇偶校验数据使用的磁盘空间
RAID 5	RAID 5	3 个或更多	4 个或更多	是	通过增加磁盘来增加容量
RAID 5	RAID 6	3 个或更多	4 个或更多	是	需要为双分布式奇偶校验数据添加至少一个磁盘
RAID 6	RAID 0	4 个或更多	4 个或更多	是	转换到非冗余虚拟磁盘，并收回分布式奇偶校验数据使用的磁盘空间
RAID 6	RAID 5	4 个或更多	4 个或更多	是	删除一组奇偶校验数据，并收回其使用的磁盘空间
RAID 6	RAID 6	4 个或更多	5 个或更多	是	通过增加磁盘来增加容量

2. 外置独立式 RAID

在读写性能要求较高和数据容量要求较大时，通常采用外置独立式 RAID。外置独立式 RAID 系统有独立的机柜，与主机系统通过标准接口连接。外置独立式 RAID 的性能差异较大，从几个磁盘位置到数百个以上磁盘位置不等。如图 3-22 所示，a 为 5 个磁盘位置的小型磁盘阵列；b 是一个中等规模的磁盘阵列，有 24 个磁盘位置；c 是一个大规模的磁盘阵列，是华为自主研发的 OceanStor 18 000 系列高端存储系统，最大扩展至 16 个控制器、3216 块硬盘、7680TB 容量、192GB/s 系统带宽、3TB Cache、256 个主机接口（FC/FCoE/iSCSI），最大支持 65 536 台服务器共同使用。

a）小型磁盘阵列　　　　　　　　b）中等规模磁盘阵列

c）大规模磁盘阵列

图 3-22　磁盘阵列实物图

外置独立式 RAID 是硬件 RAID 的一种，与内置阵列卡技术的区别在于 RAID 控制卡不安装在主机里，而是安装在外置的存储设备内。外置的存储设备通过标准接口（如 FC、iSCSI 等）与主机系统连接。RAID 功能在这个外置存储设备里实现。好处是外置的存储往往可以连接更多的硬盘，不会受系统机箱的大小影响，而且一些高级的技术，如双机热备份，需要多个服务器外连到一个外置存储上，以提供服务器容错能力。

（1）外置独立式 RAID 与主机的连接方式

外置独立式 RAID 与主机的连接方式主要有以下四种方式，如图 3-23 ～ 3-26 所示。由于 RAID 和主机在实际中一般是多对多的连接关系，所以 RAID 和主机之间通常会有一个扩展的连接转换器，它是符合特定网络协议的交换机。在以下各图中，Host/Server 为主机服务器，完成数据的处理、写入和读出的传送；HBA 为主机端的适配器，通过 HBA，主机与磁盘阵列连接；Host Port 为磁盘阵列中与主机的接口，磁盘阵列控制器通常有两个以上的主机接口；Controller 为磁盘阵列的控制器，一个磁盘阵列通常有两个以上的控制器。多主机和多磁盘阵列连接通过交换机实现。

单台服务器与单个磁盘阵列的直接连接如图 3-23 所示。这是在只有一台服务器和一台磁盘阵列情况下的连接方式。连接简单，但是，如果 Host Port 1 出错，需要手工连接到

Host Port 2，可能会引起数据丢失。容错能力较差。

单台服务器与两个磁盘阵列的连接如图 3-24 所示。一台服务器连接到了两个磁盘阵列。如果 HBA 1 和 Controller A 的 Host Port 1 同时失效，主机仍可通过 HBA 2 和 Controller B 的 Host Port 1 访问磁盘阵列，具有一定的容错能力。

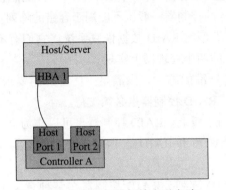

图 3-23　单台服务器与单个磁盘阵列的直接连接

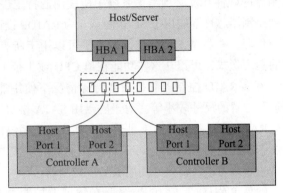

图 3-24　单台服务器通过交换机与两个磁盘阵列连接

两台服务器与两个磁盘阵列的连接如图 3-25 所示。每一台服务器都连接到了两个磁盘阵列。如果某台服务器和某个磁盘阵列同时失效，主机运行的业务系统仍可正常运行，只是性能上会有些损失，但业务可连续。

三台服务器与两个磁盘阵列的连接如图 3-26 所示。每一台服务器都连接到了两台磁盘阵列。该系统具有更强的计算系统容错和数据存储系统容错的能力。即使两台服务器和某个磁盘阵列同时失效，主机运行的业务系统仍可正常运行。

（2）外置独立式 RAID 控制器的类型与功能

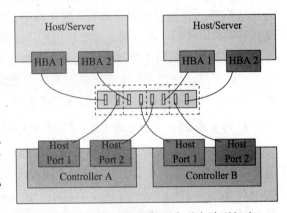

图 3-25　两台服务器与两个磁盘阵列相连

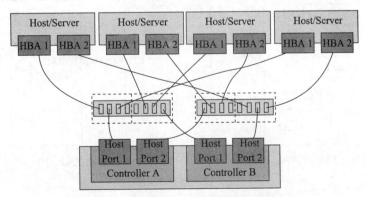

图 3-26　三台服务器与两个磁盘阵列的连接

顾名思义，RAID 控制器是用来控制 RAID 阵列的。RAID 控制器是管理物理磁盘驱动器使之发挥功能的设备。更重要的是，RAID 控制器能控制 RAID 中的多个物理磁盘协同工作，使得从主机看来是一个大逻辑磁盘（虚拟磁盘）。

与 RAID 阵列类似，RAID 控制器也专门为某种 RAID 数据恢复系统而设计。磁盘阵列控制器的硬件开发必须考虑系统中所使用的特定硬盘。因此，为基于 IDE 接口设计的磁盘阵列控制器芯片不能用于 SCSI 硬盘。为 RAID0 设计的控制器一般也不能用于容错的阵列。

但是，高档的 RAID 控制器几乎可以用于所有类型的 RAID 数据恢复系统。它们有不同的实现形式，可以让这些功能在单 CPU 或主板上的两个处理器上实现。

许多 RAID 控制器制造商在特殊情况下使用非标准的芯片，以满足一些特殊的要求，如空间位置的尺寸较小等。对于磁盘用 SATA 接口，RAID 控制器也必须支持。

RAID 控制器芯片通常是运行在某些操作系统的主板上。RAID 控制器也可以作为 PCI 扩展卡，在这种情况下，可以直接在主机上安装 RAID0 和 RAID1。但对于更强的功能和更高的效率需求，需要专用的 RAID 控制器。

硬件 RAID 或 RAID 控制器在物理上控制 RAID 阵列。RAID 控制器在某种意义上是完全编程的微型计算机。它们有专用处理器。根据硬件 RAID 与 RAID 阵列的交互方法，RAID 控制器分为两类——基于总线的或控制器卡的、智能的外置 RAID 控制器。

第一类是最常见的形式，一般用于低端的 RAID。作为一个 IDE/ATA 控制器或 SCSI 主机适配器，它被安装到计算机 / 服务器中，直接控制磁盘阵列。其中一些是在主板上，尤其是用在服务器中的时候。这些应用性价比高，使用灵活。

智能的外置 RAID 控制器用于高端系统。它安装在一个独立的机柜中，使用 SCSI 控制 RAID 阵列。它把 RAID 阵列映射为单个逻辑驱动器，采用专用的处理器管理 RAID 阵列。因此，这类 RAID 控制器价格昂贵，并因总线类型的原因而实现困难。

3. 内置阵列卡 RAID 与外置独立式 RAID 的比较

硬件 RAID 可分为内置阵列卡 RAID 和外置独立式 RAID 两大类。如图 3-27a 所示，内置阵列卡 RAID 由 RAID 卡和磁盘（Disk）组成，整个 RAID 都在服务器中。外置独立式 RAID（如图 3-27b 所示）有独立的机柜，由 RAID 控制器和磁盘组成。RAID 控制器与内置 RAID 卡相比，性能更高，功能更强。

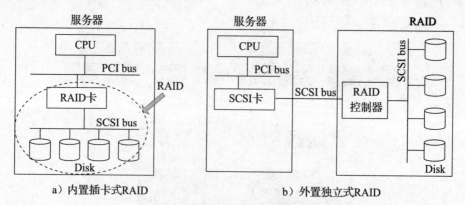

a）内置插卡式RAID   b）外置独立式RAID

图 3-27　硬件 RAID

内置阵列卡 RAID 成本低，性能比软件 RAID 有显著提升。而外置独立式 RAID 在性能、可靠性、可扩展性等方面更胜一筹，当然成本也高。分析、比较内置阵列卡技术和外置阵列控制器技术主要异同点、优缺点，可为实际使用时的选择提供依据。二者的主要异同如下。

内置阵列卡安装在主机（主板）的 PCI（或 PCIe）插槽上，直接受主机系统的影响。主机需要安装特定的阵列卡驱动程序与管理软件，而且与主机类型、操作系统等有兼容性等问题。主机故障会直接影响到 RAID 性能与存储数据的完整性。相反，外置独立式磁盘阵列本身带CPU 和硬件控制器，与主机和操作系统完全独立，是一个独立的存储系统。外置独立式磁盘阵列与主机通过高速标准接口（如 SCSI、光纤接口）电缆连接，主机端一般不需要驱动软件或硬件支持，只需主机提供标准接口即可。数据完整性及 RAID 安全性不受主机系统的影响。

当主机改变或操作系统改变时，内置阵列卡就可能要更换，因为阵列卡是与主机类型及操作系统相关的。某些内置阵列仅适用于特定软硬件系统，因此必须考虑兼容性问题。外置磁盘阵列与主机 CPU 或操作系统完全独立，只相当于连接至标准接口（如 SCSI）的一个标准设备。因此，当主机系统或操作系统改变时，外置磁盘阵列可继续使用。当然，具体的数据格式可能存在兼容问题，主机更换后，原来磁盘阵列中的数据可能无法直接访问。

内置阵列卡 RAID 的设置一般通过修改底层的设置程序（如修改 BIOS 等）来实施，维护困难。外置磁盘阵列可通过多种方式实施，如 Web 网页方式、串口通信等，亦可直接在磁盘阵列的面板上通过菜单设置，操作直观，易维护。

内置阵列卡的硬件冗余程度及热插拔功能一般要低于外置磁盘阵列。内置阵列卡RAID 一般只支持 RAID0、1、5，除硬盘冗余及热插拔外，电源、风扇等无法配置，只能依靠主机。外置磁盘阵列的硬件冗余程度及热插拔功能远高于内置阵列卡，从而提供更高的可靠性。外置 RAID 与主机独立，主机故障时不影响 RAID，支持 RAID0、1、3、5、0＋1 等，而且电源、风扇等均有冗余且热插拔配置。

内置阵列卡方式提供的环境监测、警示、故障检测能力低于外置磁盘阵列方式。内置阵列卡方式能提供硬盘故障报警显示，而如风扇、电源、温度等异常则无法提供，而且警告方式比较单一。外置磁盘阵列方式提供完善的环境监测、警示、故障检测功能，既提供硬盘、风扇、电源、控制器等运行情况的监测，又以声音、指示灯、LCD 面板显示等多种方式在故障时报警、显示。它可确定故障类型、位置，再加上冗余热插拔设计，以确保整个存储子系统的不间断运行，可用性、可靠性比内置阵列卡方式更高。

内置阵列卡方式的扩容能力不如外置磁盘阵列方式。一般阵列卡受端口数量限制，通常为 4～16 个硬盘。外置磁盘阵列扩展能力强，通常可以连接数十个至上百个硬盘。再加上与主机完全独立，通过增加磁盘扩展柜，规模扩展更为灵活。外置磁盘阵列还可通过RAID 管理界面完成在线扩容，自动重建。

内置阵列卡方式占用部分主机资源，导致主机性能有所下降。外置磁盘阵列方式与主机无关，不占用主机资源。

3.4 RAID 的性能指标与选购要点

3.4.1 RAID 的性能指标

要考察 RAID 的性能，可根据厂商给出的参数加以评判。表 3-5 为一款 RAID 产品的参数列表。

表 3-5 RAID 参数表

基本参数	
品牌	LBC
系列	TYZ 塔式
型号	DA0123
产品结构	2U
产品类别	机架式
上市时间	2014
处理器	
CPU 线路程	20 线程
核心数	12 核心
三级缓存	8MB
最大 CPU 数量	1
标配 CPU 数量	1
CPU 主频	3.2GHz
主板	
硬盘接口类型	SAS 串行
存储设备	
RAID 模式	0、1、5、6 和 10
热插拔盘位	支持
内部硬盘架数	12
标配硬盘容量	6×2TB，7200 转，SAS 3.5 寸硬盘
内存类型	DDR3
内存容量	8GB
网络通信	
网卡描述	4 个 mini-SAS 主机接口
电源性能	
电源功率	380 瓦特
电源电压	220 伏特
电源数量	1
电源类型	非热插拔

还有一些性能指标与应用有关，在厂商的参数表中一般不会给出，如 IOPs 等，需要测试后才能知道。另外，高可靠性的应用场合需要多个控制器的冗余，以提供高可靠的连续访问。

3.4.2 影响 RAID 性能的因素

影响 RAID 性能的因素很多，其中可调因素主要有 RAID 控制器缓存（Cache）大小、写策略（Write Policy）、读策略（Read Policy）、条带的大小（Stripe Size）。不同的 RAID 控制器性能上差异很大，但基本原理类似。很多设置可以在 RAID 的配置工具中调整。通过对这些参数的组合配置与测试比较，可确定以下因素。

条带大小选择。在顺序读写应用中，条带越大越好（由于各厂家 RAID 卡的 RAID 算法各不相同，因此针对不同的 RAID 卡，最佳的条带大小会略有不同，一般选择 128KB 或 256KB）。在随机读写应用中，小的条带性能较好（一般选择 32KB）。

预读策略。预读有两种策略：

- Read Ahead：针对于所读扇区的下一扇区，对数据文件读取有利。
- Pre-Fetch：针对于先前读过的数据，对程序文件读取有利。

直写（Write Through）策略。在这种模式下，数据直接写入硬盘，所有数据写入磁盘动作完成后写入操作才算结束，并把写入命令完成状态返回到主机。

回写（Write Back）策略。在这种模式下，数据写入 Cache 后，就算写入操作完成。只有在 Cache 满的时候，才会启动写入硬盘的操作；一般情况只写入 Cache，硬盘实际上是空闲的。采用回写可以大幅度提高 RAID 性能，因为在多数情况下没有磁盘的写入操作。在回写模式下，Cache 容量大小对性能影响很大，而在直写模式下，Cache 容量大小对性能影响不大。采用回写模式有一定的数据丢失风险，这是高性能的代价。

3.4.3　磁盘阵列控制器模式对比

具有两个或者更多控制器的存储阵列（SCSI、FC、iSCSI 以及 NAS）可以配置为 Active/Active 模式或者 Active/Passive 模式。那么，这两种模式之间的区别是什么？哪一种技术更好？

Active/Passive 是指其中一个控制器为主控制器，主动处理 I/O 请求，而另外一个处于备用状态，在主控制器出现故障或者处于离线状态时接管其工作。而 Active/Active 配置则将两个控制器节点都启用，以处理 I/O 请求，并为彼此提供冗余的性能。

通常情况下，Active/Active 存储系统包含一个由电池支持的镜像缓存，控制器的缓存内容被完整地镜像至另外一个控制器中，并能够保证其可用性。例如，如果 Active/Active 控制器共用 4GB 缓存（每个控制器 2GB），则可用于镜像的缓存数量为其 50%，即 2GB。

一般来说，主要通过一个特定的控制器来访问 LUN（逻辑卷号），从而保持缓存一致性。有些可以使任意一个控制器响应服务器对于 LUN 的 I/O 请求。然而，实际的 I/O 通常是通过一个指定的控制器来完成的。

关于哪一种方式更好要看实际使用情况。如果系统能够提供一个空闲的控制器，则 Active/Passive 模式配置将为故障时控制权的转移提供性能优势。很多厂商的 NAS 集群使用这一模式。Active/Active 配置启用两个控制器均为主动模式，以实现常规操作下的性能提升。但是，在故障时出现控制转移的情况下，这种模式会产生性能的下降。

3.4.4　RAID 的选购要点

选择磁盘阵列应考虑应用的特性，结合磁盘阵列的性能，优化组合，可获得最佳的性价比。以下六点为选购磁盘阵列的参考依据。

选择 32 位或 64 位的 RISC CPU 还是 32 位的 CISC CPU？

SCSI 是按照以下顺序发展的：SCSI2（窄带，8 位，10MB/s）→ SCSI3（宽带，16 位，20MB/s）→ Ultra Wide(16 位,40MB/s）→ Ultra2(Ultra Ultra Wide,80MB/s）→ Ultra3(Ultra Ultra Wide，160MB/s）→ Ultra3（Ultra Ultra Wide，320MB/s）。过去使用 Ultra Wide SCSI 的磁盘阵列时，对 CPU 的要求不需要太快，因为 SCSI 本身也不是很快。但当 SCSI 发展

到 Ultra2 时，CPU 的性能成为影响磁盘阵列性能的关键因素了，一般的 CISC 32 位 CPU（如 586 级别的 CPU）就必须改为高速的 RISC CPU。

服务器的结构已由传统的 I/O 结构改为智能化 I/O 结构（I2O 结构），其目的就是为了减少服务器中 CPU 的负担，将系统的 I/O 与服务器 CPU 负载分开。I2O 是由一个 RISC CPU 来负责 I/O 的工作。服务器上采用了 RISC CPU，磁盘阵列上为了性能上的匹配，当然也应该用 RISC CPU 才不会形成瓶颈。另外，我们现在常用的操作系统大都是 32 位或 64 位，当操作系统已由 32 位转到 64 位时，磁盘阵列上的 CPU 必须是 RISC CPU 才能满足要求。

磁盘阵列内的硬盘是否有顺序要求？

硬盘是否可以不按原先的次序插回阵列中，而数据仍能正常存取？很多人都想当然地认为根本不应该有顺序要求，其实不然，一般是有顺序要求的。一般的磁盘阵列，必须按照原来的次序放回磁盘才能正常存取数据。假设需要检修或清理阵列中的硬盘，把所有硬盘都放在一起，结果记不住顺序了，为了正常存取数据，我们只有一个个地试，最坏的情况要试数百次，这是不现实的。现在已出现了磁盘阵列产品具有不要求硬盘顺序的功能，阵列控制器可以识别磁盘的标记。为了防止上述事件发生，应选择对顺序没有要求的阵列。但是，对一般的磁盘阵列，给每个磁盘贴一个标签，可以防止磁盘位置的混乱。

选择硬件磁盘阵列还是软件磁盘阵列？

软件磁盘阵列指的是用一块 SCSI 卡与磁盘连接，不增加额外的硬件，由软件实现阵列功能；硬件磁盘阵列是指有专用的阵列卡或独立阵列柜中的磁盘阵列，它与软件磁盘阵列的性能有很大差别。硬件磁盘阵列是一个完整的磁盘阵列系统，通过标准总线（如 SCSI）与系统相接，内置 CPU，与主机并行动作，所有的 I/O 都在磁盘阵列中完成，减轻主机的负担，增加系统整体性能，有 SCSI 总线主控与 DMA 通道，以加速数据的存取与传输。而软件磁盘阵列是一个程序，在主机上执行，通过一块 SCSI 卡与磁盘相连接形成阵列，其最大的缺点是大大增加了主机的负担，对于大量输入输出很容易使系统瘫痪。显然，若应用程序有性能上的需求，而预算有允许的话，应尽量选择硬件磁盘阵列。

选择 IDE 磁盘阵列还是 SCSI 磁盘阵列？

最近市场上出现了 IDE 磁盘阵列，它们的传输速度挺快，如增强型 IDE 在 PCI 总线下的传输速率可达 66MB/s，价格与 SCSI 磁盘阵列相比要便宜得多；而 SCSI Ultra3 速率接近 160MB/s。但从实际应用情况来看，在单任务时，IDE 磁盘阵列比 SCSI 磁盘阵列快；在多任务时，SCSI 磁盘阵列比 IDE 磁盘阵列要快得多。但 IDE 磁盘阵列有一个致命的缺点：不能带电热插拔。这个缺点使 IDE 磁盘阵列命中注定只能使用于非重要场合。如果应用不能停机，则一定要选择 SCSI 磁盘阵列。

选择单控制器还是冗余控制器？

磁盘阵列一般都是以一个控制器连接主机及磁盘，在磁盘阵列的容错功能下达到数据的完整性。但磁盘阵列控制器同样会发生故障，在此情况之下，数据就有可能丢失。为了解决此问题，可以把两个控制器用线缆连接起来，相互备份。但两个独立控制器在机箱内的连接意味着一旦出现故障必须打开机箱换控制器，即必须停机，这在很多应用中根本就不可能，所以，我们应该选择热插拔双控制冗余的架构。现在有些磁盘阵列新产品上利用快取内存和内存镜像的方式，以保证在出现故障时不丢失数据，且在控制器更换后自动恢复故障前的工作设置，把工作负荷分散给相互备份的控制器，以达到负载均衡，这种架构能提供单控制器所达不到的高性能及高安全性。

选择 SCSI 接口还是光纤通道接口？

SCSI 的完善规格、成熟技术及高性能一直吸引着小型系统，但从目前的情况来看，光纤通道已形成市场，双环可达 200MB/s，且传输距离达 10km，可接 126 个设备。光纤通道把总线与网络合而为一，是存储网络的根本，其取代 SCSI 已是大势所趋。因此，为了保证系统的生命力，应该选择光纤通道接口。但光纤通道网络造价特别高，大约是 SCSI 接口网络的 4 ~ 5 倍，且从实际情况来看，光纤通道在管理上仍较薄弱，对客户端的软件要求比较高，所以在选择时，应根据实际情况来选择。

3.5 本章小结与扩展阅读

1. 本章小结

本章介绍了容错磁盘阵列（RAID）技术的工作原理、RAID 的分级与结构，描述了 RAID 的软件与实现技术，并给出了描述 RAID 的性能指标，分析了影响 RAID 性能的因素，并对磁盘阵列控制器模式做了对比，最后介绍了 RAID 的选购要点。

2. 扩展阅读

［1］ SATA 接口定义及含义，http://wenku.baidu.com/link?url=OmAr3VgV-p5AwB517Np2Zo65rkUoap9lM4oxizWMOQ1xMu6R7U7CC5KQbSqKTA4_2eCYllZ4G-gOvsxg5mHI_YwR7PoACoux472P4quTSy3。该文献对 SATA 接口的定义与含义做了简要介绍。

［2］ Chris Erickson, An Overview of Serial ATA Technology。该文献详细介绍了 SATA 的结构与传输协议。

［3］ SAS 接口，http://wenku.baidu.com/view/543e898271fe910ef12df852.html。SAS 是 Serial Attached SCSI 的缩写，即串行连接 SCSI，是新一代的 SCSI 技术，与现在流行的 SATA 相同，都是采用串行技术以获得更高的传输速度，并通过缩短连线改善内部空间等。SAS 是并行 SCSI 接口之后开发出的新接口。此接口的设计是为了改善存储系统的效能、可用性和可扩充性，并且提供与 SATA 的兼容性。

思考题

1. 什么是磁盘阵列？采用磁盘阵列的目的是什么？
2. 描述磁盘阵列的主要性能指标有哪些？
3. RAID 有哪些不同级别？各级别之间的主要区别是什么？
4. RAID5 的校验数据如何放置？RAID5 的主要优缺点有哪些？
5. 用两个容量为 1TB 的磁盘，划分为 4 个大小一致的分区，构成 Matrix RAID。那么其实际可用容量是多少？

6. "软件 RAID"与"硬件 RAID"在实现上有何异同？

7. SATA 接口与 SAS 接口有什么区别？ SAS 接口的优点有哪些？

8. 选购 RAID 时需要关注的要点有哪些？

9. RAID 的主要故障有哪些？基于控制器的 RAID 数据恢复有哪些步骤？

10. 基于工具软件的 RAID 数据恢复是如何实现的？

参考文献

［1］ D A Patterson, G A Gibson, R Katz. A Case for Redundant Arrays of Inexpensive Disks (RAID)［C］.Proc. of International Conference on Management of Data(SIGMOD), Chicago IL: ACM Press, 1988, 109-116.

［2］ M Y Kim.Synchronized Disk Interleaving［J］.IEEE Trans, on Computers, 1986.

［3］ K Salem, H Garcia-Molina.Disk Striping［C］.IEEE 1986 Int. Conf. on Data Engineering, 1986.

［4］ M Livny, S Khoshafian, H Boral.Multi-disk Management Algorithms［C］.Proc. of ACM SIGMETRICS, 1987.

［5］ David A Deming, Robert W Kembel. A Comprehensive Guide to Serial Attached SCSI (SAS)［M］.Northwest Learning Associates, Inc., 2005.

第 4 章 网络存储技术

　　网络存储技术（Network Storage Technology）是将网络技术应用在存储领域的综合技术，是存储技术在网络时代的功能扩展，也是应用对存储技术提出更高要求的必然结果。网络技术的发展使存储技术如虎添翼，功能的增强使应用领域大大扩展。

　　网络与存储的结合使得服务器对存储的访问可以通过网络访问来实现。随着网络性能的提高，网络存储的性能也得到了提升。应用对跨操作系统的数据访问要求、对异地备份的要求，都催生了网络存储的出现，扩展了存储的功能。网络存储技术的发展与完善使存储的应用领域不断扩展，功能更强，性能更优。

　　本章将对各种网络存储的概念、工作原理、体系结构、系统管理、应用等做深入的介绍。

4.1　概述

4.1.1　网络存储的分类

　　按照连接方式的不同，网络存储结构分为三种：直连式存储（Direct Attached Storage，DAS）、网络连接存储（Network Attached Storage，NAS）和存储区域网络（Storage Area Network，SAN）。

　　DAS：服务器与存储系统直接连接。当连接外置存储系统的服务器数量不多（如不超过 4~6 台）时，或者服务器地理分布过于分散，且未来系统扩展要求不高，如存储容量不大（如不超过 50TB），则可采用 DAS 系统。根据 DAS 系统的接口，如光纤通道技术、SAS 接口或 SCSI 接口等，相应地为服务器配置主机光纤接口卡、SAS 接口卡或 SCSI 接口卡。根据应用系统对存储性能的要求，可采用光纤 /SAS 高性能硬盘、大容量的 SATA 硬盘或磁盘阵列。

　　NAS：通过网络连接的存储。考虑到性价比，一般采用以太网连接。对于需要不同操作系统的文件共享，适合采用 NAS 系统。NAS 系统部署简单，无需改造服务器或者网络即可用于混合 UNIX/Linux/Windows 局域网内，但文件的共享访问需要占用网络

带宽。根据应用系统的存储性能要求，可采用高性能光纤接口硬盘或大容量的 SATA 硬盘，还可采用磁盘阵列。NAS 系统的容量可从 1TB 扩展至上百 TB 甚至上千 TB。

SAN：通过专用网络连接的存储。多台服务器可以通过存储网络同时访问 SAN 系统，实现存储整合数据、集中管理，扩展性高。根据 SAN 系统的接口，如光纤通道技术、SAS 接口技术，相应地为服务器配置主机光纤接口卡或 SAS 接口卡。根据应用系统的存储性能要求，可采用光纤 /SAS 高性能硬盘或大容量的 SATA 硬盘。SAN 系统的容量几乎可以无限扩展，可从 1TB 扩展到上百 TB，甚至 PB 以上。

DAS、NAS 和 SAN 三种存储技术各具特色，可满足不同的应用场合。

4.1.2　网络存储的发展趋势

随着信息化程度的提升，网络存储技术将会继续迅速发展。DAS、NAS、SAN 三种网络存储技术各有所长，相互补充，共同发展。特别是 NAS 和 SAN 优势互补，在应用需求和技术进步的共同推动下，将在某些应用场合走向融合。

随着物联网、国家电子政务系统、行业应用（银行、证券、电力、气象等）的加速发展，存储行业特别是国产存储行业必将迎来新一轮的高速大发展，特别是符合各类应用、高性能、高可靠的国产存储系统的推出，满足了当前国家信息系统安全建设的需求。随着智慧城市、平安城市的建设速度加快，安防应用内容会越来越多，越来越广。其中，数以万计的高清摄像头构成的大规模监控网络所产生的音视频流，给存储、管理、检索带来了巨大的挑战。自主可控的国家安全信息系统建设的浪潮，为国内品牌的存储设备、服务器和数据库厂商提供了广阔的市场空间。各厂商表现出了高度的关注，并且积极开展技术创新和产品研发，大力开拓和推广市场应用。

DAS 直接连接到某台计算机，其他计算机要访问时无直接通路。对于个人计算机用户来说，硬盘驱动器就是直连式存储的常见形式。在企业，服务器机箱内的磁盘是直连式存储，而服务器机箱外的存储设备通过 SCSI、SATA 及 SAS 接口等直接与服务器连接在一起时，也称为 DAS。因为服务器无需通过网络来读写数据，所以 DAS 能为终端用户提供比网络存储更高的性能。这也是企业常为其有高性能需求的特定应用采用 DAS 的原因。某些有频繁、高速数据交换要求的大型应用软件也要求使用 DAS。但是，DAS 无法在多服务器之间共享数据，在服务器崩溃时，数据无法直接通过另一服务器继续访问，从而引起业务的停顿，这是 DAS 不足的一面。但是，DAS 连接简单、响应速度快、使用成本低等优点，使其仍然有一定的市场。DAS 将会沿着大容量、低功耗、易连接等方向发展。

NAS 是与服务器独立、通过网络连接的存储设备，它由硬盘存储器、网络设备和文件管理系统等组成。NAS 自身带有文件系统，服务器以文件方式访问存储设备，不需要具体管理存储设备，因此服务器的计算能力得到充分发挥。NAS 连接在局域网内并分配了 IP 地址。服务器的文件访问请求通过主服务器映射到 NAS 文件服务器上完成。NAS 软件通常可以处理多种网络协议，而系统设置可用 Web 浏览器完成。在多 OS 服务器、多种类应用共享存储领域，NAS 的优势明显。NAS 将会向着网络兼容性、文件系统功能完善、大容量、可扩展等方向发展。

SAN 是一种高速的专用网络（或子网），可连接不同种类的数据存储部件。SAN 适用于块数据传输，易扩展，而且管理设备高效。SAN 是企业整个计算网络资源的一部分，它通常与同一计算中心的计算资源组合，但也可能连接到异地的计算中心，使用宽域网络技术来实现备份和归档存储。SAN 在硬盘镜像、备份和修复、归档和恢复归档文件、从一个存储设备向另一设备迁移数据，以及在网络的不同服务器中共享数据等领域有显著的优势。SAN 将向着更强的联网功能、更强的数据块传输能力、更大规模的存储系统等方向发展。

用户可以使用 SAN 运行关键应用，比如数据库、备份等，以进行数据的集中存取与管理；而 NAS 因支持若干客户端之间文件共享，所以用户可以使用 NAS 作为日常办公中经常交换小文件的地方，比如存储网页等。SAN 和 NAS 在实际情况中是可以并存于一个系统中的。由于 NAS 与 SAN 的定位不同，服务对象不同，所以在不同的应用上各有优势。因此，SAN 对于高容量块级数据传输具有明显的优势，而 NAS 则更加适合文件级别上的数据处理。尽管二者存在根本特性上的差异，但 SAN 和 NAS 实际上也是能够相互补充的存储技术。因此，NAS 与 SAN 融合成了存储系统发展的新方向。可以说，网络存储将逐步演变成一个统一的由 SAN 和 NAS 组成的基础架构，实现服务器、存储和软件的融合，实现高效的数据存储、管理和备份。

4.2 DAS

DAS、NAS、SAN 连接关系的对比图如图 4-1 所示。图中三种网络存储的基本关系用虚线框做了标识。由图可见，DAS 连接中，服务器和存储设备直接连接；NAS 设备通过网络与多台服务器连接，NAS 设备与服务器共享局域网；SAN 连接中，有与服务器独立的网络交换机，不占用服务器使用的网络。

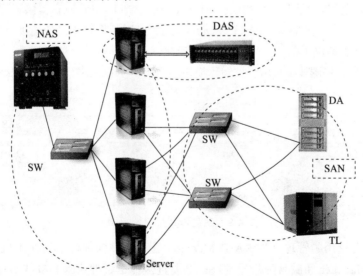

图 4-1　DAS、NAS、SAN 连接关系对比示意图。

SW- 网络交换机；DA- 磁盘阵列；TL- 磁带库；Server- 服务器

在实际应用中，出于性能和可靠性的考虑，服务器和存储设备可以有多对多的连接关系。图 4-2 显示了一台服务器与一台双端口的磁盘阵列之间的连接关系。

a）SAS HBA 卡，有两个 SAS 接口

b）磁盘阵列有两个 SAS 口，各与服务器的一个 SAS 口连接

图 4-2　服务器通过两条 SAS 总线与磁盘阵列连接的实物图

　　服务器主机上安装一张 SAS HBA 卡，卡上有两个接口，分别记为 0、1，如图 4-2a 所示。从服务器连接至磁盘阵列的"In"输入端口连接器时，可以使用服务器 HBA 卡的任一输出端口连接器。

　　磁盘阵列通过两个热插拔阵列控制器模块（分别被标识为控制器模块 0 和控制器模块 1）连接至主机。每个控制器模块至少具有一个 SAS 输入端口"In"，它提供了到服务器主机的直接连接；还包含一个 SAS 输出端口"Out"，此端口用于将存储设备连接至扩充存储设备。双端口阵列控制器提供了两个 SAS 输入端口连接器，其中第一个被标记为"In-0"，第二个被标记为"In-1"，如图 4-3 所示。控制器模块至少有一个以太网口，通过网络连接提供对外的管理接口。

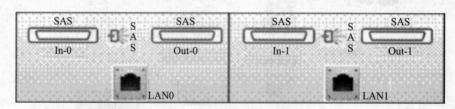

图 4-3　磁盘阵列接口示意图

　　磁盘阵列由专用的管理软件 RAID Manager 管理，该软件可运行在主机上。在主机系统上，RAID Manager 和磁盘阵列通过接口电缆直接传送管理请求和事件信息。使用 RAID Manager，可以将磁盘阵列中的物理磁盘配置为称作磁盘组的逻辑组件，然后可以将磁盘组划分为多个虚拟磁盘。在存储阵列配置和硬件允许的情况下，可以划分任意多个磁盘组和虚拟磁盘。可在存储阵列未配置的空间中创建磁盘组，在磁盘组的可用空间中创建虚拟磁盘。未配置的空间由尚未分配给磁盘组的物理磁盘组成。使用未配置的空间创建虚拟磁

盘时，将自动创建磁盘组。如果删除磁盘组中仅有的虚拟磁盘，则该磁盘组也将一起删除。可用空间是指磁盘组中尚未分配给虚拟磁盘的空间。

使用 RAID 技术将数据写入存储阵列中的物理磁盘。RAID 级别定义了将数据写入物理磁盘的方式。不同的 RAID 级别可以提供不同级别的可访问性、冗余和容量。可以为存储阵列上的每个磁盘组和虚拟磁盘设置一个指定的 RAID 级别。

单 SAS 输入端口配置和双 SAS 输入端口配置均支持冗余和非冗余设置。冗余是通过在主机和存储阵列之间安装独立的数据通路（其中每条通路对应不同的 RAID 控制器模块）而建立的。由于两个 RAID 控制器均可以访问存储阵列中的所有磁盘，因此冗余可以在通路出现故障的情况下保护主机对数据的访问；非冗余配置，即仅提供从主机至 RAID 存储设备的单数据通路的配置，建议仅将其用于不重要的数据存储。

因通路故障导致主机对 RAID 存储设备中存储信息访问失败的原因有：

- 电缆出现故障或被拔下。
- 主机总线适配器出现故障。
- RAID 控制器模块出现故障或被卸下。

表 4-1 是一个典型 DAS 的参数列表，配置了 SAS 6Gbit/s 的硬盘和固态盘、相应的 IO 控制器，整体性能较高。

表 4-1　一个典型 DAS 的参数列表

存储容量	前端：12 个 3.5 英寸 SAS 6Gbit/s 硬盘 后端：4 个 2.5 英寸 SATA 6Gbit/s 固态硬盘
扩展性	每个双端口服务器适配器最多以雏菊链方式连接 8 个盘柜（每个端口连接 4 个） 每个双端口服务器适配器最多支持 128 块磁盘（每个端口 64 块）
存储驱动器	4TB 3.5 英寸 7200 转 SAS 6Gbit/s 热插拔硬盘 800GB 2.5 英寸 SATA 6Gbit/s 热插拔固态硬盘
IO 控制器	标配 Storage Array 6Gbit/s IO 模块（SAS2.0） 可选第二个控制器 每个控制器模块拥有：1 个 SAS 输入端口（连接主机）；1 个 SAS 输出端口（连接到附加的盘柜）；1 个 RJ11 串口，用于固件升级
系统散热	2 个热插拔的冗余系统风扇模块 每个电源附加一个风扇
电源	冗余、热插拔电源，最高支持两个 550W 80Plus 金牌电源，符合能源之星 2.0 认证
包装与安装	2U 机架式，带有静态导轨 可选配合塔式系统在地板上站立安装
尺寸重量	高：86.6 毫米（3.409 英寸） 宽（带手柄）：482.6 毫米（19 英寸） 深（带手柄）：394.05 毫米（15.513 英寸） 重：16 千克（35.27 磅）到 22 千克（48.5 磅）
可管理性	RAID Manager 管理软件：配置、监控、控制 面板和硬盘、固态硬盘 LED 上的故障和状态指示灯
支持的服务器	塔式服务器：TS1XXX、TS2XXX 机架式服务器：JJS1XXX、JJS2XXX
支持的操作系统	主流操作系统（视主机服务器的支持情况而定）

4.3 NAS

计算机的发展从单片机时代开始，历经客户端/服务器时代和互联网时代之后，现在正逐步走向网络计算和云计算时代。许多有别于传统存储系统的新型存储不断涌现，实验性产品也正从理论研究阶段逐步走向产品化实践。NAS 作为网络存储的典型代表，在多类应用中发挥着重要作用。

4.3.1 NAS 的主要特点

NAS 的出现是局域网技术发展的直接产物。局域网技术使存储系统与服务器的连接、通信成为可能。NAS 通常采用 TCP/IP 或 Net BIOS 协议实现文件级的访问和存储。虽然 NAS 结构采用了较为成熟的局域网技术，建设成本也较低，但由于它提供的服务往往局限于文件服务和备份服务等方面，应用也主要集中在教育、中小企业和政府部门等领域，适用范围受到一定限制。

我们可以通过 NAS 的物理架构来理解它的概念。NAS 使用了传统以太网和 IP 协议，当进行文件共享时，则利用了 NFS 和 CIFS 来沟通 Windows NT 和 UNIX 系统。由于 NFS 和 CIFS 都是基于操作系统的文件共享协议，所以 NAS 的性能特点是进行小文件级的共享存取。图 4-4 显示了从文件服务器到 NAS 的演变过程。NAS 存储可以看成文件服务器和磁盘阵列的结合。

从 NAS 的机制可看出它的优缺点。

优点：部署非常简单，只须与传统交换机连接即可；成本较低，投资仅限于一台 NAS 服务器，而不像 SAN 是整个存储网络，价格往往是针对中小企业定位的；NAS 服务器的管理简单，一般都支持 Web 客户端管理，对熟悉操作系统的网络管理人员来说，其设置很简单。

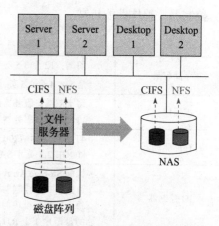

图 4-4　从文件服务器到 NAS 的演变

缺点：从性能上看，由于与应用共用同一网络，NAS 会增加网络流量，增加拥塞可能，同样，NAS 性能也严重受制于网络传输能力；从数据安全性看，NAS 一般只提供两级用户安全机制，虽然这能简化使用，但还需要用户额外增加适当级别的文件安全手段。

从优缺点上可以看出，NAS 主要应用于文件共享任务，在典型的如 UNIX 环境下的 NFS 和 Windows NT 环境下的 CIFS 中提供了高水平的文件同时存取保护。另外，在大多数数据存取为只读方式、数据库小、存取量低且性能要求不很高的情况下，用户可以在数据库应用中考虑使用 NAS 解决方案。

与 NAS 刚出现时的火热程度相比，近年 NAS 的声音逐渐变小，这与 SAN 的快速发展不无关系。SAN 技术经过近年的发展，已经在存储用户中树立了高端存储形象，其产品的优异性能和高可靠性可满足在线业务的实时存储需求。从产品本身来讲，NAS 在性能方面存在瓶颈，同时，在用户心目中已逐渐形成 NAS 为中低端产品的印象，高端 NAS 的价格难以被用户接受。因此，NAS 给人的印象是性能无法与 SAN 相比，价格却比预期高出许多。

了解 NAS 的结构和原理，在合适的应用中发挥 NAS 的特长，是以下要介绍的内容。

4.3.2 NAS 的基本结构

一个典型的 NAS 设备的外观如图 4-5 所示，与一般的服务器几乎相同。实际上，内部功能也类似，只是 NAS 在文件管理、网络传输等方面做了强化，在实时处理能力方面也有所加强。

图 4-6 显示了 NAS 设备在系统中的连接关系。各种服务器可以通过网络以文件方式共享 NAS 存储设备。NAS 控制器也可以连接更多的存储设备，如磁带库等。

图 4-5　一个 NAS 存储设备的外观

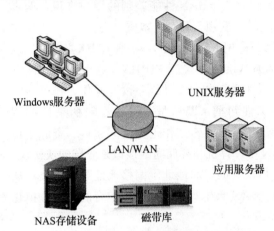

图 4-6　NAS 在系统中的连接关系

4.3.3　NAS 的工作原理

1. NAS 的组成与功能

NAS 把任务优化的、高性能存储设备直接连接到 IP 网络，给异构环境的客户端和服务器提供"文件服务"。一个 NAS 包括核心处理器、文件服务管理工具、一个或者多个用于数据存储（例如磁盘阵列、CD/DVD 驱动器或可移动的存储介质）的硬盘驱动器。NAS 系统建立在现有的 LAN 和文件系统协议之上。NAS 以标准化访问协议（如 NFS 和 SMB）为客户提供服务，能够提供异构平台间的文件和数据共享。NAS 主要提供以下功能：

- 预先装载了文件系统，包括 Windows（CIFS）、UNIX（NFS）、Web（HTTP）、Novell、FTP、Apple FP 等，提供异构文件共享。
- 用于客户端和设备的软件安装、配置。
- 存储容量从几 GB 到几 TB。
- 连接到 IP 网络，主要运行在以太网上。
- 管理软件，实现远程管理和设置。
- 诊断软件，进行预测性失效分析、报警。
- 容错特性，双端口、冗余、热备份。

● 数据保护技术，用 RAID 技术、后备到磁盘和磁带等技术保护数据。

NAS 的功能模块如图 4-7 所示。图中也画出了 NAS 与各服务器之间的连接关系。

2. NAS 的工作原理

NAS 与 SAN 的本质区别在于以太网与 FC，两者的命运系于 TCP/IP 协议。SAN 采用的是 FC 上的 SCSI 传输。iSCSI 作为沟通 IP 与 SCSI（已经成熟用于 FC 上）的新协议，被看作影响 SAN 命运的重要技术。这些本质区别是从网络架构来说的，对于许多关注 NAS 与 SAN 性能差别的用户来说，两者在文件的读写实现上还存在本质差别。

NAS 采用 NFS（Sun）沟通 UNIX 阵营以及 CIFS 沟通 Windows NT 与 UNIX，这也反映了 NAS 是基于操作系统的"文件级"读写操作，访问请求根据"文件句柄 + 偏移量"得出。句柄是比进程还要小的单元，通常用作进程之间通信、资源定位等。SAN 中计算机和存储间的接口是底层的块协议，它按照协议头的"块地址 + 偏移地址"来定位。从这点说，SAN 天生具有存储异构整合的存储虚拟化功能。

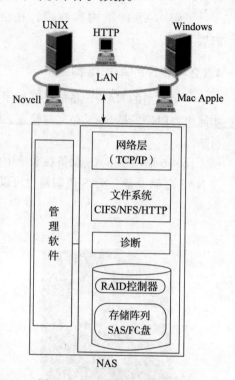

图 4-7　NAS 内部功能模块图

NAS 文件共享的核心是 NFS 和 CIFS。NFS（网络文件系统）是 UNIX 系统间实现磁盘文件共享的一种方法，它由 Sun 开发，支持应用程序在客户端通过网络存取位于服务器磁盘中的数据。其实它包括多种协议，最简单的网络文件系统是网络逻辑磁盘，即客户端的文件系统通过网络操作位于远端的逻辑磁盘，如 IBM SVD（共享虚拟盘）。NFS 能够在所有 UNIX 系统之间实现文件数据的互访，它逐渐成为主机间共享资源的一个标准。相比之下，SAN 采用的网络文件系统作为高层协议，需要特别的文件服务器来管理磁盘数据，客户端以逻辑文件块的方式存取数据，文件服务器使用块映射存取真正的磁盘块，并完成磁盘格式和元数据管理。

CIFS 是由微软公司开发的，用于连接 Windows 客户机和服务器。经过 UNIX 服务器厂商重新开发后，它可以用于连接 Windows 客户机和 UNIX 服务器，执行文件共享和打印等任务。它最早的由来是 NetBIOS，这是微软公司开发的在局域网内实现基于 Windows 名称资源共享的 API。之后，产生了基于 NetBIOS 的 NetBEUI 协议和 NBT（NetBIOS over TCP/IP）协议。NBT 协议进一步发展为 SMB 协议（Server Message Block Protocol）和 CIFS（Common Internet File System，通用互联网文件系统）。其中，CIFS 用于 Windows 系统，而 SMB 广泛用于 UNIX 和 Linux，两者可以互通。SMB 协议还被称作 LanManager 协议。CIFS 可凭借与支持 SMB 的服务器通信而实现共享。微软操作系统家族和几乎所有 UNIX 服务器都支持 SMB 协议 /SAMBA 软件包。

但最近的消息有点不妙，微软公司已经在 Exchange 等关键应用中撤销了对 CIFS 协议的支持。微软公司在其网站上称，CIFS 协议要求数据通过客户的网络设备，容易造成性能瓶颈。此举遭到业内人士的一致反对。

SAMBA 开放源代码软件的开发者之一杰里米称，对 Linux 的恐惧感和试图利用其在桌面操作系统方面的优势保护 Windows 服务器操作系统的销售是微软公司拒绝 CIFS 协议的真正原因。Network Appliance 公司（NAS 设备主要生产商之一）也曾表示，微软公司的这一措施是"不理智和贪婪的"。

4.3.4 NAS 的应用

SAN、大型磁带库、磁盘柜等产品都是很好的高端存储解决方案，但它们同样有着不菲的价格，而且操作复杂，运行、维护、管理成本高。市场需要一种面对中小企业的简单易用的存储解决方案。

NAS 产品应运而生。它不仅可以满足中小企业和政府部门现在对存储设备的需求，还具有足够的扩展空间，以适应他们未来的发展需求。相关技术的成熟是 NAS 产品快速发展的重要因素，尤其是 IDE 硬盘技术的飞速发展和 IDE RAID 技术的引入，可以说是 NAS 产品发展的一个里程碑。它们不仅使 NAS 的产品更加成熟，也使其成本不断降低。

目前，各厂商的 NAS 产品几乎都以存储服务器的形式出现，并且都把操作系统和内存固化到产品中。各厂商主推的新一代 NAS 产品具有容量大、价格低、安装设置操作简单、扩展性能良好等特点。

NAS 聚焦的用户主要有 ISP/ASP、CAD/CAM 行业、中小型企业，以及视频制作、政府、医疗、教育行业等。

哪些行业适合使用 NAS 设备呢？可以从以下三个方面考虑：

- 单位的核心业务是否建立在某种信息系统上且对数据的安全性要求比较高？
- 该信息系统是否已经有或者将会有海量的数据需要保存，并且对数据管理程度要求较高？
- 网络中是否有异构平台，或者将来会不会用到？

如果上述有一个问题的答案是肯定的，那么就有必要重点考虑使用 NAS 设备。NAS 在下述领域有较好的应用前景，并且已在某些领域取得了很好的应用效果。

1. 办公自动化 NAS 解决方案

办公自动化（OA）系统是政府机构和企业信息化建设的重点。现代企事业单位的管理和运作是离不开计算机和局域网的，企业在利用网络进行日常办公管理和运作时，将产生日常办公文件、图纸文件、ERP 等企业业务数据资料以及个人的许多文档资料。传统的内部局域网内一般都没有文件服务器，上述数据一般都存放在员工的计算机和服务器上，没有一个合适的设备作为其备份和存储的应用。由于个人计算机的安全级别很低，员工的安全意识参差不齐，重要资料很容易被窃取、恶意破坏或者由于硬盘故障而丢失。

从对企事业单位数据存储的分析中可以看出，要使整个企事业单位内部的数据得到统一管理和安全应用，就必须有一个安全、性价比高、应用方便、管理简单的物理介质来存储和备份企业内部的数据资料。NAS 网络存储服务器是一款特殊设计的文件存储和备份的服务器，它能够将网络中的数据资料合理有效、安全地管理起来，并且可以作为备份设备将数据库和其他的应用数据自动备份到 NAS 上。

2. 税务 NAS 解决方案

税务行业需要的是集业务、信息、决策支持为一体的综合系统。该行业业务系统主要是税收征管信息系统、税务业务信息、通用业务信息等。整个系统将行政办公信息、辅助决策信息与业务系统结合起来，组成一个通用的综合系统平台，从而形成一个完整、集成、一体化的税务业务管理系统。

税务行业的业务数据资料、日常办公文件资料及数据邮件系统非常重要，一旦数据资料丢失将会给日常工作和整个地区的税收工作带来麻烦。保证整个数据资料的安全运行及应用成为税务行业中一个必须解决的现实问题。解决这个问题的办法就是将这些数据资料存储或备份到一个安全、快速、方便的应用环境中，以此来保证税务行业数据的安全运行。

为合理解决数据业务资料备份和存储的问题，可以使用一台 NAS 网络存储服务器来存储和备份业务数据资料以及日常办公数据。在业务主机内，数据库里的信息资料直接通过数据增量备份功能备份到 NAS 中。连同局域网内部的业务资料以及工作人员的日常办公文件资料或基于光盘的数据资料，都可以存储到 NAS 服务器上，以便工作人员随时使用和浏览这些数据资料。使用 NAS 后，管理员能够有效、合理地安排和管理其内部数据资料，使数据文件从其他网络机器上分离出来，实现数据资料的分散存储、统一管理数据资料环境系统。

3. 广告 NAS 解决方案

广告设计行业是集市场调研、行销策略、创意生产、设计执行、后期制作和媒介发布为一体的综合服务行业。

现在很多广告公司的数据存储模式比较落后，成本较高且效率低下，主要问题在于数据安全性差；整体数据量大以及原有大量陈旧的数据难以存储管理；存在多操作系统平台、设备繁杂导致存放的数据难以共享和管理，造成效率低下；广告设计人员的离职造成设计资料丢失。采用 NAS 存储和备份广告设计行业网络中的业务数据资料，实现数据的集中存储、备份、分析与共享，依据设计研究单位对不同数据的不同要求，充分利用现有数据，合理构建广告设计行业的数据存储平台，从而提高了信息资料的传送速度，节省了时间，提高了工作效率。

4. 教育 NAS 解决方案

自提出"校校通"工程后，各个学校都在积极建设自己的校园网，以便将来能及时适应信息时代的发展。随着"校校通"工程逐步到位，"资源通"成为下一步信息化建设的重点，具体体现在学校需要大量的资源信息以满足学生与教师的需求。随着校园内数据资源不断增加，需要存储数据的物理介质具有大容量的存储空间和安全性，并要求非常快的传输速率，确保整个数据资料的安全、快速存取。

目前，在校园网建设过程中偏重于网络系统的建设，在网络上配备了大量先进设备，但网络上的教学应用资源却相对匮乏。原有的存储模式在增加教学资源时会显现很多弊病：由于学校传统的网络应用中所有教育资源都存放在一台服务器上，具有高性能与高扩展能力的服务器成本较高；教学资源的访问服务会与应用服务争夺系统资源，造成系统服务效率的大幅下降；应用服务器的系统故障将直接影响资源数据的安全性和可用性，给学校的教学工作带来不便。

针对这些问题，可以引入 NAS 设备来实现集中存储与备份。NAS 可提供的资源包括：

- 高效、低成本的资源应用系统。由于 NAS 本身就是一套独立的网络服务器，可以灵活地布置在校园网络的任意网段上，提高了资源信息服务的效率和安全性，同时具有良好的可扩展性，且成本低廉。
- 灵活的个人磁盘空间服务。NAS 可以为每个学生用户创建个人磁盘使用空间，方便师生查找和修改自己创建的数据资料。
- 数据在线备份的环境。NAS 支持外接的磁带机，它能有效地将数据从服务器传送到外挂的磁带机上，保证数据安全、快捷备份。
- 有效保护资源数据。NAS 具有自动日志功能，可自动记录所有用户的访问信息。嵌入式操作管理系统能够保证系统永不崩溃，以保证连续的资源服务，并有效保护资源数据的安全。

5. 医疗数据存储 NAS 解决方案

医院作为社会的医疗服务机构，病人的病例档案资料管理是非常重要的。基于 CT 和 X 光的胶片要通过胶片数字化仪转化为数字信息存储起来，以方便日后查找。这些片子的数据量非常大而且十分重要，对这些片子的安全存储、管理数据与信息的快速访问以及有效利用，是提高工作效率的重要因素，更是医院信息化建设的重点问题。据调查，一所医院一年的数据量将近 400GB，这么大的数据量仅靠计算机存储是胜任不了的，有的医院会使用刻录机将过去的数据图片刻录到光盘上进行存储，但这种存储解决方式比较费时，且工作效率不高。医院需要一种容量大、安全性高、管理方便、数据查询快捷的物理介质来安全、有效地存储和管理这些数据。使用 NAS 解决方案可以将医院放射科内的这些数字化图片安全、方便、有效地存储和管理起来，从而缩短了数据存储、查找的时间，提高了工作效率。

6. 制造业 NAS 解决方案

对于制造业来说，各种市场数据、客户数据、交易历史数据、社会综合数据都是公司至关重要的资产，是企业运行的命脉。在企业数据电子化的基础上，保护企业的关键数据并加以合理利用已成为企业成功的关键因素。因此，应对制造行业的各种数据进行集中存储、管理与备份，依据企业对不同数据的不同要求，从而合理构建企业数据存储平台。采用 NAS 的存储方式是比较适合的，可以实现数据的集中存储、备份、分析与共享，并在此基础上充分利用现有数据，以适应市场需要，提高自身竞争力。

综上所述，在数据管理方面，NAS 具有很大优势，在某些数据膨胀较快、对数据安全要求较高、异构平台应用的网络环境中更能充分体现其价值。另外，NAS 的性价比极高，广泛适合从中小企业到大中型企业的各种应用环境。

7. 个人、家庭与工作室解决方案

对于个人、家庭与工作室来说，NAS 操作简单、功能丰富，可实现多元化网络分享、

多媒体档案分享、打印机分享、网络下载、多重网站架设、办公室邮件服务器、网络监控及数据备份。

4.3.5　NAS 与 DAS 的比较

对于 DAS 方案与 NAS 方案的选择，一直都是企业在做存储系统之前所要考虑的问题，到底哪种方案更适合现如今的存储环境，更适合企业本身的发展呢？以下一起来看看 NAS 与 DAS 之间的性能对比。

1. 数据存储与备份能力分析

存储系统最主要的工作就是数据存储与文件备份。为此，在比较这两个方案的优劣时，首先就从这个主要矛盾抓起。一般来说，NAS 在数据存储与文件备份上具有比较大的优势。这是因为，DAS 产品采用的大多是台式机的 CPU 作为中央处理器，而 NAS 产品则基本上采用的都是低能耗的、嵌入式专用 CPU。同等情况下，专用 CPU 要比台式机的 CPU 工作效率更高，如数据转换比较快。所以说，在类似的应用环境中，NAS 数据存储效率比较高。特别是有海量数据要存储而且数据存储与读取的频率比较高时，采用 NAS 可提高数据处理的效率。

在数据备份上，NAS 也有比较出色的表现。这主要是因为主流的 NAS 产品采用的都是专业的备份软件。为此在数据备份的效率、安全性上会更有保障，而且灵活性也比较高，如可以实现不同设备之间的数据备份等。而 DAS 一般需要用户自己去选择第三方的备份工具，或者采用 RAID 磁盘阵列的方式实现数据的冗余备份。这种方式在安全性上或许可以保证，但是在备份效率与灵活性是很难与专业备份软件相比的。

从上述分析中可以看出，如果企业存储的数据量比较多或者说频率比较高，那么最好采用 NAS 设备。相反，如果存储的数据量不是很大，如只是用来一般文件的备份，那么采用 DAS 也可以应付。

2. 数据安全性分析

在 NAS 实现方案中，服务器与存储设备是独立的。在硬盘等存储设备与客户端之间存在着一个网络以连接存储服务器。如果服务器出现故障的话，NAS 存储方案中仍然可以通过其他可用的主机来读取存储设备中的数据。而如果采用 DAS 方案的话，就没有这么简单。在 DAS 方案中，服务器与磁盘阵列柜通常是在一起的。磁盘阵列柜依赖于服务器的设备。此时如果服务器发生故障的话，必须要等服务器修复后才能够使用存储设备。由于 NAS 中服务器与存储设备独立并通过网络连接，连接关系相对松散，不如 DAS 与服务器那样紧密，NAS 的安全性会更加有保障。虽然在 DAS 方案中，也可以通过服务器冗余等方式来提高整个系统的可用性，但成本较高，服务器冗余的方案只有在可靠性要求很高的应用中采用。

在数据安全性方面，容灾功能是另外一个需要考虑的因素。对于容灾而言，NAS 和 DAS 方案各有特色。在 NAS 存储方案中，远程容灾备份方面有出色的表现。采用 NAS 存储时，不需要采用专门的光纤网络，而且可以允许两端采用不同的存储设备，如一端采用硬盘，另一端则采用磁盘阵列或磁带等。所以，采用 NAS 方案时可以更加容易、更加简便地实现远程容灾备份。不过在局域网内实现异地备份的话，NAS 并没有多大的优势。相反，由于 DAS 采用磁盘阵列技术，本身就可以在一定程度上实现容灾的要求。如在磁盘阵列中，即使损坏一块硬盘，服务器仍然可以根据一定的规则自动修复数据，而不会导致数据的丢失。因此，如果在本地容灾备份，DAS 比 NAS 的优势更加明显。如果单从安全性方面来考虑的话，可以从是否需要远程容灾备份为选择依据。如果需要的话，则采用 NAS 方案为好；否则 DAS 也是不错的选择。

3. 跨平台性能的分析

随着应用领域的扩展，很多企业现在已经不是清一色的 Windows 系统。Linux 等开源系统相比 Windows 系统来说，虽然操作起来有点复杂，但是性能要比 Windows 操作系统要好，而且比较稳定，不容易受病毒的感染。最重要的是它是免费的。现在越来越多的企业开始推广 Linux 操作系统。这对存储产品也提出了一个新的要求，即要求同一个存储设备能够支持来自不同操作系统的数据存储，而不会产生不兼容的现象。

跨平台性能是 NAS 最出色的优点之一。NAS 在处理异构操作系统平台方面，相比传统的磁盘阵列来说具有绝对的优势。NAS 服务器支持多种操作系统访问。即使在同一个网络下，NAS 也可以存储来自多个操作系统的数据，而不需要做任何的数据转换处理，也不需要为不同的操作系统设置多个 NAS 服务器系统。而 DAS 在跨平台性能上表现弱势。虽然很多磁盘阵列产品可以支持不同的操作系统，但是在存储数据时却只支持一种客户端。如果有多个客户端同时向一个 DAS 设备中存储数据的话，处理会比较麻烦。一般来说，还需要经过特殊的处理，或者采用虚拟机等中间设备才可以实现。这不仅增加了额外的成本与管理难度，而且还会导致数据的存储能力下降。

为此企业如果需要支持异构的操作系统平台，那么最好在一开始就选择 NAS，免得带来后续额外的工作量。

4. 部署成本的分析

DAS 中的 RAID 主要有软件 RAID 和硬件 RAID 两种。而硬件 RAID 又分为独立的硬件 RAID 与内置卡式硬件 RAID。所采用的 RAID 不同，其成本会相差很大。而 NAS 本身就是一台独立的功能够强大的硬件 RAID，成本也比较高。从目前市场上主流的产品来看，NAS 存储产品的购买价格要比软件 RAID 与内置式硬件 RAID 要高，但是比独立的硬件 RAID 要低。

独立的硬件 RAID 无论从性能、安全性还是存储容量上来说，都要比 NAS 存储设备或者软件 RAID 要高。一般来说，独立的硬件 RAID 主要用来做一些大规模中心存储，如银行总部的存储与备份机构。但是对于中小企业而言，独立的硬件 RAID 的成本偏高。

如果单从成本上来考虑，对于小型企业来说，使用软件 RAID 或者内置式 RAID 的 DAS 方案即可。而对于中型企业，只要其资金允许最好还是采用 NAS 方案。对于数据量比较大的企业，可以适当增加硬盘的容量。一些集团企业下面的子公司的存储设备也可以采用 NAS。对于大型集团，特别是银行等金融设备来说，中心存储服务器或者集中的备份设备还是采用独立的硬件 RAID 为好，以提供更高的数据吞吐量、更高的数据安全性。

从以上的分析中可以看出，NAS 与 DAS 存储方案各有千秋。企业可根据实际情况选择。如对于小型企业 DAS 可能是首选，但是作为大型企业的存储设备，选择 NAS 更合适。

同理，将独立的大规模硬件 RAID 用到一般的中型企业中又可能造成资源的浪费。

4.3.6 NAS 的选购要点

1. 选购 NAS 前需考虑的问题

为了选择最合适的 NAS 设备，我们需要仔细考虑真正的需求以及有哪些产品可供我们选择。对于中小企业而言，企业的 IT 环境决定是否需要采购 NAS 系统以及该怎样选择 NAS 系统。

以下六个问题可供中小企业 IT 人员参考。

目前企业需要的存储空间有多大？

这是决定在当前的数据存储环境中添加 NAS 设备之前应该问的第一个问题。更换 NAS 设备的原因是希望替换目前所有的存储还是用 NAS 设备增加整体的存储容量，或者仅仅是为其中某一个应用增加存储空间？试着回答如上问题，这样能帮助我们了解关于 NAS 方面的基本需求。

在未来两年的时间里需要多大存储空间？

在估算需要购买多大存储空间的时候，诀窍在于能准确估算在未来的一段时间内（比如两年）需要增加多少存储空间，以及确保即将购买的 NAS 系统能满足数据量增长的需求。从 1TB 容量的设备到 1PB 以上的大型系统，NAS 具有不同的规模。

建议在购买 NAS 存储设备前，首先估算存储增长的情况，尽量选择那些易于扩展且符合增长速度的 NAS 系统。可以先查看一下相关的日志，然后看看在过去的一年左右的时间里存储需求增长的情况。规划一下，比例大约设置在多于预期增长空间的 20% 左右。

大多数时候最好的选择是能够购买那些易于扩展的 NAS 设备，不管是在设备上增加磁盘或者在外接阵列上增加存储空间。

用于 NAS 的网络带宽如何？

从 NAS 本身的角度考虑，NAS 需要在 NAS 设备和用户之间传输数据而会对 LAN 造成一定程度的负载。如果目前网络负载情况已经让人担忧的话，那么即使使用了速度最快的 NAS 设备，其性能也会受到很大影响。

需要多大的带宽决定于当前网络负载情况，以及 NAS 设备将会给网络带来的新增负载。而这里提到的新增负载又决定于是否使用 NAS 设备。通常来说，NAS 设备更适合于传输大量的中小文件而不适合传输大文件。比如说，如果在最快网络响应的情况下传输大图片文件将会比传输中小文件占用更多的带宽。

一个很好的判断目前是不是拥有足够带宽的方法是查看 LAN 的日志文件。通过查看 LAN 的日志文件，可以了解到当前 LAN 上的负载情况，以及推断出能承受使用 NAS 传输文件的文件大小以及数量。

除非环境很小情况下的安装部署，一般使用的至少是千兆网络。同样的道理，如果使用路由器或者网关，也尽可能地在拓扑上让 NAS 设备离终端用户更近一些。

如何将 NAS 存储和当前的数据存储管理很好地整合在一起？

一般来说，数据存储管理软件都会声称至少支持一些 NAS 设备，然而它们中很少能对市场上的一些 NAS 设备实现支持。因此，你必须了解现有的或者即将购买的存储管理软件是不是能支持所有的存储设备。至少存储管理服务应能发现网络上的 NAS 设备，并能配置好而且可以对所有的 NAS 用户提供一个合理的安全级别。

同样，确保环境的兼容也包括与 NAS 厂商以及软件厂商确认你所期望的兼容性。

NAS 设备可以支持集群（cluster）吗？

NAS 上集群的概念是说将 NAS 设备都挂载好这样它们可以共同工作，这可以实现通过将负载分散到不同的 NAS 设备上从而提高整体性能。集群同时也提高了更好的可扩展性、负载均衡以及改善了 NAS 设备和网络之间的带宽。

需要知道的是，虽说大多数中型或者所有高端 NAS 设备都支持集群，但并不是所有 NAS 设备都能支持集群。如果说你的存储空间扩展计划中要求大量增加 NAS 的容量，比如，让 NAS 存储容量增加一倍或者更多，那么集群能在提供可靠的冗余以及日益提高的整体性能上做出贡献。

NAS 设备可以支持计划备份吗？

NAS 设备作为数据存储架构中核心组件的一部分，应该具备根据用户安排实现自动数据备份的能力。一般拥有这些特性的设备都可以通过 USB 接口备份到外部磁盘上或者通过网络备份在其他磁盘或者阵列上。这个特性在除了最小的 NAS 设备上都能实现。一般来说，NAS 设备都会配备可以设置备份时间以及管理备份的工具。同样，这些也能在数据存储管理软件里进行配置。

选择购买 NAS 设备的过程并不会特别复杂。关键就是需要考虑现在的需求以及未来的需求。一般来说，今天增加的数据存储空间大小将会决定需要花费多少时间和精力来选择一个 NAS 设备。

2. NAS 的采购

对于准备组建网络的用户来说，由于 NAS 已经是一部性能优越的文件服务器了，在网络中使用 NAS 设备意味着不必再购买传统意义上的文件服务器，这可以大幅降低用户的总体拥有成本。同时，NAS 设备还可以与应用服务器进行很好的配合，达到提升网络整体性能的效果。

对于已经建立网络的用户来说，NAS 设备可以与原有的文件服务器配合使用，极大地保护用户前期投资。NAS 也可以与多功能服务器配合使用，这样可以减轻服务器的工作压力，节省更多的资源进行其他应用，从而提高网络的性能。

一旦用户确定了存储系统基本架构之后，就需要进行产品的选型。容量与价格当然是要考虑的要点之一，只是要注意既不让投资设备闲置，又留有一定升级空间。产品采购的真正难点在于考察其内在性能与功能，包括数据安全性、性能、管理性和附加功能等多个方面。

数据安全性是指在存储设备的设计方面，对各种偶然性错误和意外情况的预期，以及采取的预防或补救措施。用户需要注意的是，存储系统是一个软、硬件结合的复杂系统，所以，对数据保护能力的评价应当考虑到整个系统。

对 NAS 产品来说，主要性能指数是 OPS 和 ORT，分别代表每秒可响应的并发请求数和每个请求的平均反应时间。测试表明，NAS 在 Web、E-mail、数据库等小文件频繁读写的环境下性能优秀。

管理性是任何 IT 产品都必须具备的重要特性之一。用户应首先考虑产品所提供的管理功能或方式是否实用可靠，如远程 Web 管理、自动报警等。

协同工作能力这一点对于 NAS 来说并不是一个问题，因为 NAS 设备只是附加设备。但用户还是应该仔细考虑这一问题，尤其是系统安全性较高而又充满了各种安全认证机制时。

以某一大型商业零售集团为例。该集团下属的每个商场 MIS 系统中均配备两台主机，一台主管前台系统，主要负责处理收款机的数据访问，另一台主管后台系统。在 MIS 系统中，两台主机上的数据存储问题是核心，数据的稳定性最为重要。为了确保数据的安全及稳定，同时提升系统的处理能力，商场决定使用 NAS 升级网络系统。方案的优点如下：

- 在保证系统的可用性和稳定性的同时降低成本。
- 由于网络产品提供了设备升级的高扩展性，可以满足数据增长迅速的需求。
- 扩展不需要中断网络正常工作，满足了商业零售企业 24 小时运转的要求。

NAS 是真正即插即用的产品，并且物理位置灵活，可放置工作组内，也可放在混合环境中，如混合了 UNIX/Windows NT 局域网的环境中，而无需对网络环境进行任何修改。NAS 产品直接通过网络接口连接到网络上，只需配置好 IP 地址就可以被网络上的用户所共享。

4.4 SAN

4.4.1 SAN 技术的产生

1. SAN 技术的出现

各类应用对存储提出可靠性、可用性、性能、动态可扩展性、可维护性和开放性等众多方面的需求，给现有的存储技术提出了挑战，并推动了各种存储新技术的发展。存储器件和设备级的性能提高，对存储系统的性能提升效果显著，但难以满足应用对存储系统的多方面需求，这就引发了存储系统体系结构的创新探索。

从企业角度看，为了进一步改进生产效率和客户服务，多数企业都在部署数据密集型的企业应用，如企业资源规划、客户关系管理（CRM）和 E-mail 等。这些应用引起了数据量的激增，给存储带来了严峻挑战，使制定完善的存储战略成为一项日益重要的任务。要确保存储系统有效地支持重要的应用，关键是选择一种集成了先进技术、可以满足用户不同应用需求的统一存储体系结构。

由于存储和管理大量数据的挑战日益加剧，企业目前纷纷转向网络存储，利用网络技术和存储技术的结合有效地部署兼具灵活性和智能性的存储技术基础设施。

在三种典型的存储技术中，DAS 是传统的直连存储方式，不直接支持多机共享存储。NAS 主要针对文件共享和文件备份等应用，不适合事务处理和数据库等应用。根据目前数据爆炸式增长的趋势，SAN 是人们公认的最具有发展潜力的存储技术方案，未来的大规模网络存储将以 SAN 存储方式为主。

SAN 作为网络存储的突出代表，可有效解决当今企业面临的四大数据难题：①如何保护并访问重要数据；②如何更高效地利用计算资源；③如何有效扩展系统规模；④如何确保最高水平的业务连续性。

SAN 是通过专用高速网将一个或多个网络存储设备连接在一起，并与服务器连接起来的专用存储系统。SAN 以数据存储为中心，将数据存储管理集中在相对独立的存储区域网内，可采用光纤通道（FC）、IP/Ethernet、InfiniBand 等互联技术来构建 SAN，分别称为 FC-SAN、iSCSI-SAN、InfiniBand-SAN。

不管采用何种互联技术，SAN 的互联网络顶层均采用 SCSI 协议，RAID 等存储设备与主机的接口均为 SCSI 命令接口，并以数据块（Data Block）的形式进行存储访问。

2. SAN 技术的优势

由于 SAN 能够对关键任务数据进行有效部署，可管理，易扩展，因此能够为企业解决许多令人头痛的问题。与其他网络存储技术相比，SAN 降低了企业的总体拥有成本（TCO），成为满足高级存储需求的最佳解决方案。

SAN 的基本定义：SAN 是一种专门用于存储的联网存储基础设施环境，旨在提供一个可扩展的、可靠的 IT 基础设施。SAN 通常由两部分组成，即存储系统和一个逻辑上独立的网络。存储系统包括磁盘存储、磁带库和 SAN 管理软件。网络包括适配器、布线和交换机。主机总线适配器将服务器和外设与网络中的布线相连接，交换机则提供了中央连接点和路由功能，类似于一个 LAN 集线器或交换机。

SAN 是在存储行业力图解决数据的大规模增长和数据管理成本上升的过程中产生的。SAN 是第一个用于网络化和集中存储的开放标准平台，能够提高系统的可用性，同时通过更高的连通性实现了更出色的数据可访问性，提供了一个能够有效满足未来增长需求的可扩展的灵活结构。

传统的做法是，企业使用标准的直连存储（DAS）系统管理存储和数据共享。DAS 的访问通常仅限于单个主机（处理器）；有时可供小型集群（故障接替或故障恢复）配置中的两台主机访问。随着基础设施扩展到多个主机，更多的 DAS 系统将连接到主机，这样从每个用户或部门的角度看，似乎成本比较低。但是，从整个企业的角度看，DAS 的 TCO 要比联网方案高得多。

最重要的是，IT 管理人员发现他们越来越难以管理多个物理和虚拟地点的大型分立式存储孤岛，这也导致了高成本、复杂的备份和维护。此外，灾难恢复计划也几乎不可能系统地实施。DAS 系统不允许有效地与其他主机共享未被使用的容量，这对于一个或两个主机也许不是问题，但一旦企业的 IT 基础设施达到一定的规模，这一问题就会变得难以控制。因此，在业务流程中集成 SAN 成为经济、有效的选择。

SAN 的优点可归结为以下几点：

较低的 TCO。SAN 的最大优点之一是能够大幅度降低总体存储与运行成本。实际上，SAN 节约的成本通常比 DAS 环境高出 50%。这种成本优势主要源自于集中式的存储和管理的简化，这也是 DAS 环境中成本最高的领域。一项 IT 相关调查显示，SAN 能够将管理成本降到只占总存储成本的 15%，而在 DAS 环境中，这个比例是 55%。SAN 比 DAS 更易于管理，因为 SAN 提供了一个面向监控、备份、复制和配置的简化的集中控制点。

存储空间利用率高。SAN 还实现了服务器到任意节点的访问，实现了存储系统与服务器之间的无阻塞连通性。因此，服务器能够更好地与未被充分使用的存储子空间交互，从而使总体容量利用率得到提高。由于每年需要增加的磁盘数量减少，因此节省了将来的子系统购买成本。例如，在 DAS 环境中，可用数据存储空间 50% 的利用率已被视为较为可观。这就意味着如果需要存储 20TB 数据，那么实际上需要购买 40TB 的磁盘。SAN 在这方面具有明显的优势，实现了 70% 到 85% 的利用率，也就是说针对上述需求只需要购买 24 ~ 29TB 的磁盘。

高可用性与业务连续性。SAN 能够实现更灵活、更完善的业务连续性与灾难恢复规划。因为 SAN 没有直连要求的地理限制，因此 SAN 不仅能够远程复制一个存储子系统，还能够复制整个数据中心。SAN 的高可用性并不仅仅意味着系统永远处于运行状态，还意味着可以按需提供带宽。此外，目前许多大型公司拥有分布在多个地理区域的数据中心，即使是在主网络完全停运的情况下，主用和备用网络之间的故障切换在几个小时之内即可完成。如果没有联网存储功能，如此快速地转换到一个完全可用的网络是不可能的。

通常，许多企业需要 99.999% 或更高的运行时间，这就需要在服务器与存储系统之间配置多条冗余的路径，以便以一种易于扩展的方式在所有存储系统之间进行自动故障接替。对于依赖电子商务开展某些业务的企业，存储故障导致的企业系统中断将直接导致收入损失。即使对于非电子商务交易，对于重要客户信息（如航空公司的机票预定时间安排）的访问也应该是 24 × 7 小时的。存储联网能够将现有 IT 基础设施的可用性至少提高到 5 个 "9"，这对于一个永远连接、永续运行的企业的盈利或亏损起到关键的作用。

但是，SAN 技术实施比较复杂，并非所有的厂商都具有强大的技术力量。为了充分发挥 SAN 部署的优势，选择正确的解决方案很重要，选择有资质的厂商同样重要。下一代 SAN 技术的前提要求是：高效的集中管理、智能存储网络服务、真正强大灵活的平台和全球范围的 24 × 7 小时服务与支持。任何包含异构选项的解决方案，不管是协议、厂商或设备，都只能是暂时性方案，战略价值非常有限。最佳的 SAN 解决方案将拥有一个强大的高性能体系结构，该结构不但能在性能上不断创新，还能保护原有的资源投资，能适应新技术发展趋势，可根据应用需求扩展系统规模。

4.4.2　SAN 的结构与工作原理

SAN 提供计算机系统和目标磁盘系统之间面向数据块的 I/O。SAN 可以使用光纤通道或以太网（iSCSI）实现主机和存储设备之间的连接。在这两种情况下，存储设备在物理上从主机分离。存储设备和主机现在成为附接到一个共同的 SAN 架构的对等体，可提供高带宽、更长的连接距离、共享资源的能力、增强的可用性，以及合并存储的其他好处。

图 4-8 给出了一个典型的 SAN 网络的一个例子。通常 SAN 建立在专用网络结构上，该网络结构与 LAN 网络分离，以确保对延迟敏感的块 I/O SAN 流量不会干扰 LAN 网络上的流量。这个例子显示了一个专用的 SAN 网络一侧上连接多个应用服务器、数据库服务器、NAS 文件管理器，另一方连接了多个磁盘系统和磁带驱动系统。上述服务器和存储设备通过 SAN 作为对等体互连。SAN 架构保证了对等体之间的高可靠、低延时的数据交换。

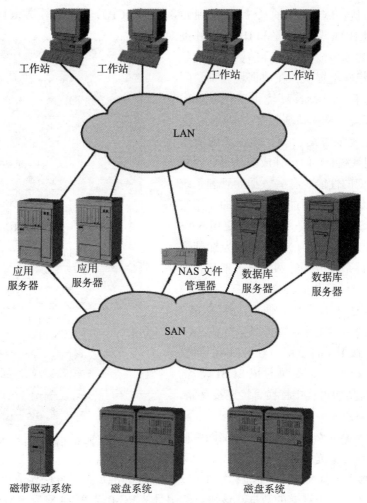

图 4-8　一个典型的 SAN 网络

　　虽然在 iSCSI 环境中有可能在 LAN 和 SAN 之间共享网络基础设施，但也有若干理由表明，保持分离更好。首先，LAN 和 SAN 网络经常存在于企业网络中不同的物理部分。SAN 网络常被限制为连接到在集中式环境中彼此接近的服务器和存储设备。而 LAN 常常覆盖服务器、台式工作站或个人计算机之间的连接，这些设备分布在企业中更广泛的领域。其次，LAN 和 SAN 上的业务流量以及服务质量要求是不同的。SAN 的流量通常要求较高的专用带宽和更高的可用性、更低的延迟，这在 LAN 网络中是很难保证的。此外，对于诸如备份和镜像等应用，SAN 可能在持续时间段内产生更高带宽的需求，当它们与 LAN 共享公共网络资源时，很容易损害局域网流量的性能。最后，SAN 网络通常建立在一个不同的网络协议上，如光纤信道（FC)，这与流行的以太网 LAN 协议不同。即使当 iSCSI SAN 在以太网技术中运行，SAN 仍然可能与 LAN 网络从物理上或逻辑上经由 VLAN 分离，以确保 SAN 通信的安全和服务质量（QoS）指标。

　　计算机系统（服务器）端所需要的 SAN 软件体系结构如图 4-9 所示，实质上与 DAS 系统的软件结构相同。这里的主要区别是磁盘控制器驱动程序替换成光纤通道协议栈或 iSCSI/TCP/IP 栈，以便通过 SAN 网络提供到远程磁盘系统的块 I/O 命令的传输功能。以使用光纤通道为例,I/O SCSI 命令被映射到 FC-4 层(FCP)上的光纤通道帧。FC-2 层和 FC-1 层则通过 HBA 驱动程序和 HBA 硬件提供帧的信号和物理传输。由于存储资源的抽象可以在数据块级别上提供,在数据块级别访问数据的应用程序,在 SAN 环境中工作时就像它们在 DAS 环境一样。该属性是 SAN 模型优于 NAS 的一个重要方面,一些高性能的应用(如数据库管理系统)专门设计成按块级访问数据,以提高它们的性能。有些数据库管理系统甚至使用针对数据库应用进行了优化的专用文件系统。对于这些应用环境,很难使用 NAS 作为存储解决方案,因为 NAS 只能为标准文件系统提供文件系统级别的网络资源抽象,而数据库管理系统可能与此类文件系统不兼容。但是,这样的应用程序可以方便地迁移到 SAN 模型中,其中的专用文件系统可以运行在 SAN 网络支持的块级 I/O 的顶层。在 SAN 存储模型中,操作系统把存储资源看成 SCSI 设备。因此,SAN 基础架构可直接替换直接连接存储,操作系统不需要做太多的改动。

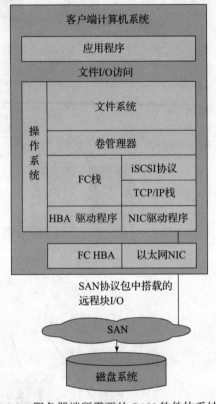

图 4-9 服务器端所需要的 SAN 软件体系结构

光纤通道是第一个可实现块级存储网络应用的网络体系结构。光纤通道标准由美国国家工业技术标准委员会(NCITS)T11 标准组织开发。该标准定义了分层体系结构,用于通过网络基础设施传输块级存储的数据。该协议的编号从 FC-0 至 FC-4 对应于 OSI 分层网络模型的前四层:物理层(FC-0),数据链路层(FC-1,FC-2),网络层(FC-3),以及传输层(FC-4)。各层的定义如下:

FC-0:定义了规范的媒体类型、距离和信号的电气和光学特性。FC-0 是光纤通道的最底层物理层,包括传送介质、发射机、接收机和接口,一般支持以电缆或者光缆连接,规定的传送速率为 1.0625Gbit/s 的倍数关系,如 1/4、1/2 倍和 2 倍(2.125G bit/s)、4 倍(4.25G bit/s)乃至 8 倍速率,要求的误码率为 10^{-12} 以下。对于光纤通道,它的主要用途是选择协议操作的不同物理介质和数据速率,这种方式确保系统具有最大限度的灵活性,为光纤通道提供点到点的物理层端口连接。在光信号中逻辑"1"代表光功率大的状态,在同轴电缆中高电平代表"1"。

FC-1:定义了编码/解码数据的机制,用于在预定的媒体上传输,以及用于访问介质的命令的结构,主要包括 8B/10B 编码、CRC 校验和复用。字节编码采用 8B/10B 传输编码来避免连续的直流电平状态,10 位字符中不可能有超过 6 个的"1"或"0",特殊字符可以实现字节对齐,同时编码还可以作为数据传输和接受错误检测机制,8B/10B 编码降低了部件设计成本并维持良好的传输密度,且易于时钟恢复。它可以保证在低成本的电路上实现 10^{-12} 比特误码率,FC-1 层还能从 10B 编码中识别数据字符和特殊字符,并交给相应的处理层。

FC-2：定义了数据块如何被分段成帧、这些帧是如何根据服务等级加以处理、用于流控的机制，以及确保帧的数据完整性的机制。该层是信令协议层，规定了传送块数据的规则和流量控制，包括数据分组、排序、检错、传送数据的分段和重组。其基本组成单元为物理模型、带宽和通信开销、基本组成部分和层次、基本和扩展的链路服务命令。

FC-3：定义为数据加密和压缩的功能。本层定义包括多条通道传输数据、多点传送和查寻组等先进功能，当 FC-2 为单一端口定义功能时，FC-3 层可以为跨端口定义功能。用于提供一个成帧协议和对一个节点上的多个 N 端口进行操作管理的相关服务。

FC-4：负责映射 SCSI-3 协议和其他高层协议 / 服务整合到光纤通道命令中。FC-4 是高层协议映射，提供光纤通路功能到更上层协议的映射，包括 IP（因特网协议）、SCSI（小型计算机系统接口）、FICON（单字节命令编码集成 ESCON）或 ATM 等协议，目前的主流上层协议是 IP 和 SCSI，同时还有基于 IP 的 SCSI 协议，即 iSCSI。

总之，FC 协议提供了一个专用的机制，有效地以千兆位速度在网络上传输块级的存储数据。由于 SAN 模型可以不改变操作系统而替换 DAS 存储，而光纤通道的出现使快速部署 SAN 系统成为可能。但是，光纤通道是一种新的基础网络技术，它的部署面临挑战，需要兴建专门的、新的网络基础架构用于存储应用。正如任何新的网络技术一样，光纤通道网络产品也有不断完善的过程，要达到成熟和全面的互操作性还有很多工作要做。在此之前，光纤通道的早期采用者对这种互操作性困难做了大量努力。除此之外，光纤通道协议引进一套新的概念、术语和管理问题，网络管理员（或用户）将不得不学习。总的来说，这些因素使光纤通道难以形成大规模的普及应用。因此，光纤通道部署限于迫切要求更高性能的最大公司，这些公司还应当可以承受光纤通道的高价格。随着技术和产品逐步达到较高的成熟度、经济性和可用性，光纤通道将朝着更多的主流应用扩展。

4.4.3　SAN 的应用

由于 SAN 具有的优势，SAN 在多个领域得到了应用。

1. SAN 连接的主要方式

SAN 连接的主要方式有三种，即点对点的 SAN、光纤通道仲裁环（FC-AL）、交换网（Switch Fabric）。

（1）点对点的 SAN

点对点的 SAN 即两个设备间简单的专用连接，一般用于一台服务器和一台存储设备。这种连接适用于极小的服务器 / 存储设备的配置。一般情况下，点对点连接不使用可以在设备间传输一组光纤通道协议的集线器，而是直接通过介质 / 铜缆或光纤从一个设备连接到另一个设备。如图 4-10 所示。

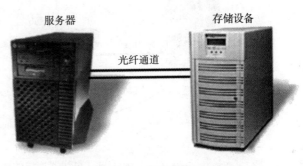

图 4-10　点对点的 SAN

点对点连接是 SAN 的一种特殊形式，也是一种最简单的结构。两个节点之间传输速度可达千兆，不需要额外的软件支持。由于传输介质是独享的，甚至不需要专用的协议来协调设备间的操作，可以保证最大的传输率和可靠性。

如果有多个设备需要连接在一起，如两台服务器、三个磁盘阵列，需要对上述连接方案进行扩展。由于多个设备的引入，介质不再是受两个节点设备控制的独享介质，而是多个设备的共享介质，所以必须使用某种协议来进行协调。

（2）光纤通道仲裁环（FC-AL）——星形连接的 SAN

SAN 的基本形式是光纤通道仲裁环（Fibre Channel Arbitrated Loop，FC-AL），它是一个具有千兆位传输速率的可共享介质，它可以连接多达 127 个节点，每个节点也可以连接到交换网上。

仲裁环（AL）类似于令牌环或 FDDI，在该环（Loop）中通信的两个节点只在数据交换的时候共享介质，然后将控制权交给其他节点。仲裁环上的节点通过使用一组光纤通道命令子集来控制与环的对话，并且使用特殊的序列来给节点分配仲裁环口地址（AL_PA）。

在节点之间，仲裁环将收发接口连接起来，这些节点组成了一个可扩展的环形拓扑结构。但是，这种连接方式不可避免地要面对在点对点 LAN 拓扑结构中所面对的同样问题。在点对点链上任意一点的损坏将使整个网络瘫痪，并且在环形结构中很难排除这种故障。由于对一个节点来说，从另一个节点来的线，需要通过该节点到第三个节点，所以环形布线对于分布在不同位置的节点来说是比较麻烦的。如同在 LAN 中的集线器（Hub）一样，仲裁环集线器将仲裁环的网口集中起来，实现了仲裁环的星形连接。

典型的仲裁环集线器提供 7 ～ 12 个网口，并可通过级联建立大型仲裁环。就像在以太网和令牌网中所使用的集线器一样，仲裁环集线器提供更大的灵活性、可管理性和可靠性。仲裁环集线器在每个接口上使用了旁路电路，以便隔离损坏的节点，以避免损坏的节点干扰整个仲裁环的数据通信。

一些集线器在每一个接口上提供了状态和诊断指示灯，并且提供了复杂的环的完整性及 SNMP 管理。仲裁环在其节点之间共享千兆光纤通道速率。为确保速度和可靠性，一般在一个环上应保持 10 个节点以下。图 4-11 给出了一个用集线器连接起来的仲裁环SAN。

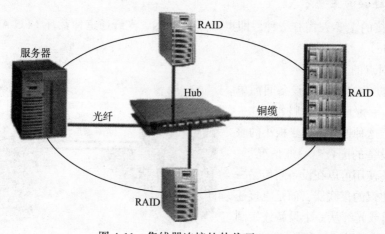

图 4-11 集线器连接的仲裁环 SAN

（3）交换网（Switch Fabric）——网状连接的 SAN

一个复杂的 SAN 可以是由多个光纤通道交换器 Switch、Hub 和 Bridge 互连起来的网络。Switch Fabric 是一个具有交换功能的、网口和网口之间并行进行千兆传输的控制器。它类似于 LAN 中使用的交换机。

一个典型的光纤通道交换器（FC Switch）提供 8 ~ 16 个网口，并且每个网口是完全的千兆位速度。同以前用的以太网交换器（Ethernet Switch）建立的模式相仿，一个光纤通道交换器的网口可以支持一个包含单个节点或多个节点的共享环。由于一个交换器需要正确地路由每一个网口的信息帧，因此需要更强的处理能力、大内存和微代码。多个交换器连接起来形成了一个大交换网。如图 4-12 所示。

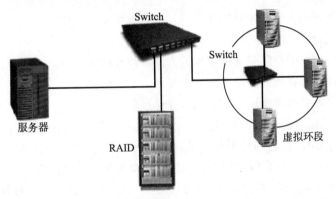

图 4-12　交换网

在 127 个仲裁环节点地址中，一个地址被保留用于连接仲裁环到光纤通道交换器上。所以一个仲裁环可以加入一个更大的网络中或是由多个交换器和仲裁环建立的网络上。仲裁环和交换器的结合在分配带宽和设计存储网络分区上提供很大灵活性。如图 4-13 所示。

一个交换器通过管理一个或多个仲裁环分区（AL segment）的地址空间，来建立更大型的逻辑环。这样允许在物理上分离的环上节点可以透明地与另一个节点通信，而保持了每一个环上的高可用带宽。交换器优化和扩充了仲裁环的性能以及价格优势，它还显现一些网络交换的优点。交换集线器在多个物理仲裁环上提供了并行的千兆位存取。

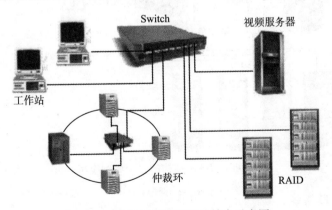

图 4-13　仲裁环和交换器的结合示意图

所谓存储网络分区，如同建立虚拟专用网络，在网口的基础上将一些网口和另一些网口分开，这样可以用一个交换器使得一个服务器共享一些资源，而另一个服务器共享另一些资源。同时也可以使两个服务器共享一些资源，而相互之间不受干扰。这一特点在大型存储网络使用中有很高的实用价值。

2. SAN 的一个典型应用

SAN 的一个典型应用如图 4-14 所示。从图中可以看到，一个计算机网络系统中并存着两个网络：一个是 LAN/WAN，另一个是 SAN。SAN 由 FC-AL 的交换集线器、FC-SCSI 的 Bridge、光纤磁盘阵列、SCSI 磁盘阵列、服务器的 HBA（Host Bus Adapter）等关键设备组成。该系统具有以下特点：

- 允许多种不同的平台（不同厂商的硬件平台和操作系统）共享数据。
- 一台机器处理的大量数据对需要它的其他计算机也是可用的。
- 在不影响 LAN 性能的情况下进行系统备份和恢复。
- 提供简单的共享磁盘阵列和磁带库的方法，建立两者之间的高速连接。
- 应用程序在网上移动数据的速度大为提高。
- 在计算机上可以高速使用更多的磁盘存储设备。
- 在 SAN 上的磁盘阵列可以很容易实现容量的扩充及容量的动态分配。
- 减少了通过 LAN 进行的跨平台大量数据交换，避免了 LAN 性能的下降。
- 更方便设备分布，具有较高的系统伸缩性、高可靠性和可用性。
- 系统扩充很方便——共享磁盘阵列的扩充、多种平台的扩充、数据保护级的扩充、管理和升级的扩充。
- 结合 SAN 的管理软件，提供了 SAN 的全面解决方案。

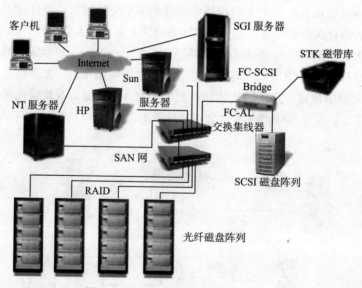

图 4-14　SAN 结构的一个典型应用

3. SAN 的应用领域

SAN 应用领域主要有以下三个方面：

- 高性能备份。多个服务器用 SAN 把数据备份到共享的后备资源。

- 存储整合和扩展：
  - 整合存储，以易于管理。
  - 伸缩存储，以满足业务需要。
- 灾难防护：
  - 系统集群，用于容错。
  - 远程实时数据镜像。

用户已充分意识到需要存储的数据量、访问数据的速度都在增长，也意识到了数据需要保持在线的时间量呈指数增加。这为保护数据带来了若干挑战。作为防护的第一道防线正经历着越来越大的压力，这些压力来自在备份窗口内的数据损坏，以及不断增长的时间要求。这促使一些企业创建所谓的磁带或后备区域网。这实际上从 LAN 上消除了后备的流量要求。

除了备份和恢复以外，以经济、有效的方法扩展存储的能力已成为一个主要的挑战。许多企业因难以扩展局域连接的存储或一个机柜内的存储而陷入尴尬境地：它们往往在一些机器上存储容量过剩，而在另外一些机器上存储又相对不足。这就造成经济上的极大浪费。

企业要面对的另一个领域是灾难规划。之前的方法是创建每晚的备份磁带，并脱机存放。这种后备方案难以满足实时或每分钟级别的备份。目前企业正在寻求服务器集群化和远程数据镜像的方法，而且全以实时方式实现。

在 SAN 中，RAID 级别的选择关系到磁盘阵列性能的充分发挥，关系到提高应用程序的效率。RAID 级别的选择依据主要有：

- 对于 OLTP 这类小 I/O 的数据库应用，如 Oracle、ERP 等，建议采用 RAID10。
- 大型文件存储、流媒体、数据仓库，如视频编辑、医疗 PACS 系统等，建议采用 RAID5。
- 若要求两块硬盘同时故障而无数据丢失，则采用 RAID6。

4. SAN 的设计实例

（1）SAN 在数据库备份中的设计

在大型数据库应用中，以前是分布式数据库，数据存放在不同服务器的本地硬盘上，或是同服务器连接的外接磁盘阵列上，有一个磁带库连接在一台服务器上用于每天备份数据库，如图 4-15 所示。用户通过网络来享受服务器提供的数据服务。由于业务量的增长和数据库中越来越多的图片和图像的存在，使得硬盘的存储容量不断增长，目前已达到数百 GB 甚至几 TB 级别。由于用户数据的重要性，不得不每天备份数据以防系统出现故障。

如果一个服务器备份系统需要数个小时或十几个小时，LAN 的负载会很大并影响多个服务器的访问。面对这样的应用采用 SAN 解决方案是非常理想的，如采用 FC Switch 将服务器、磁盘阵列及磁带库连接起来，通过管理软件对 SAN 结构进行配置和管理。这样不但使得服务器具有很高的磁盘阵列访问带宽，而且可以共享磁带库；提供了不占用 LAN 带宽的备份，即 LAN Free 备份，释放了 LAN 的带宽，使用户可通过 LAN 访问服务器。如图 4-16 所示。

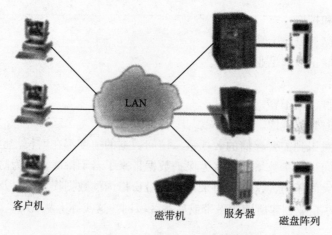

图 4-15 采用 SAN 之前：备份时需要通过 LAN

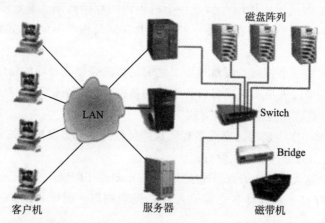

图 4-16 采用 SAN 连接服务器和存储设备：可实现 LAN Free 备份

（2）SAN 用于集群系统共享存储设备

在集群系统应用中，有多个 Windows NT 服务器。服务器 1 提供 A 服务，服务器 2 提供 B 服务，服务器 3 提供 C 服务，服务器 4 提供 D 服务。以前是在不同的地点（1公里以内）单独提供服务。用户要求将这四台计算机互为备份，以便减少宕机时间。

采用 SAN 和集群 HA 软件及管理软件可以提供比较理想的解决方案，如图 4-17 所示。磁盘阵列（RAID）可以在 SAN 中集中管理。单模光纤通道提供了长距离存储设备共享，如果采用两个 Switch 建立两个环，还可以进一步提高 SAN 的可用性。以太网和共享磁盘可以提供心跳链路。一旦一台服务器出现故障，集群应用会按优先级将故障机的服务切换到另外一台服务器上。这样，只要有一台服务器工作就可提供用户全方位的服务。

（3）SAN 提供跨平台数据共享

如果设计一个视频编辑和后期制作系统，视频处理专业服务器提供了理想的工作平台，但是由于其价格等原因不可能所有人员都采用高价的专用工作站，大部分人员还是采用 Windows NT 等，另一部分人采用 Macintosh 工作站。这些工作站要完成图形图像处理、声音处理、特技效果、剪辑等。如何将这些工作站的存储设备连接起来是该系统设计的最大难题。

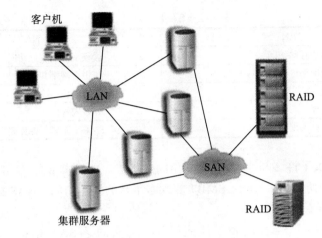

图 4-17　SAN 用于集群系统应用

　　由于数据量非常大，如果每个工作站配一个磁盘阵列是不现实的。不只是价格问题，进行大数据量复制也存在问题。一个人做出的效果其他人不知道，而直到合成时才能发现问题；多个复制的数据对于版本管理会出现麻烦，要清楚某存储设备上的某一个文件是哪一个版本，管理起来比较复杂。存储网络 SAN 和跨平台管理软件提供了针对这种应用的理想解决方案，如图 4-18 所示。可以按用户的设备位置安排所使用的光缆或铜缆。在网络上共享磁盘阵列数据，避免了数据重复带来的浪费。所有人员可以共享一个文件系统，并可以分别处理不同的文件，如一个人处理图片、一个人处理声音。一旦一个人完成了他的制作，其他人就可以实时看到其效果，便于及时采用。

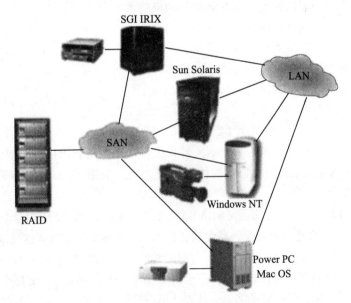

图 4-18　SAN 在视频处理中的应用

4.4.4　NAS 与 SAN 的比较

　　表 4-2 对 SAN 与 NAS 做了简单的比较，可以从中看出各自特色。

表 4-2 SAN 与 NAS 比较

SAN	NAS
远程数据块存储访问	远程文件级存储访问
存储专用网络	与用户网络共享
存储协议	网络协议
集中式管理	分布式管理
适用于保存大规模数据库	适用于简单、可伸缩文件共享

NAS 技术提供了许多与小规模 SAN 相同的优势。NAS 提供了专用于 LAN 连接的存储设备，可用高层协议（如 NFS、SMB）实现多平台的共享访问。NAS 技术更加成熟，比 SAN 更容易适应现有的环境。

虽然 NAS 提供了 SAN 的若干性能好处，但它缺乏 SAN 拓扑的其他好处。LAN 仍然是分布式存储，也不能用集中式的工具加以管理。同时 NAS 确实加速了大数据块的传输，但它并没有像 SAN 那样从 LAN 卸掉负载。大多数存储设备并不能直接插入千兆位网并共享数据。这要求有一个专用的文件服务器，所支持的设备种类也受到诸多限制。

作为一种成熟的技术，NAS 已建立了多种协议，用于实现搜索、访问控制，以及名字服务等功能。这些功能目前只在点对点的 SAN 中可用。

NAS 和 SAN 都可以接入一个网络，并实现无处不在的访问，但访问特性主要取决于网络的类型。

相比较而言，SAN 还是有许多优势：

- SAN 充分利用了高性能、高互联性的网络技术。
- SAN 容易与快速成长的存储需求保持同步。
- SAN 允许任一服务器访问任一数据。
- SAN 有助于实现存储资源的集中式管理。
- SAN 减少了总体拥有成本。

4.4.5 融合 NAS 的 SAN 的发展趋势

SAN 技术发展迅速，但 NAS 和 SAN 各具优势，二者之间难以完全取代对方。通过优势互补，NAS 和 SAN 的融合成为新的技术发展方向。采用 NAS 与 SAN 融合的方法，主要特性体现在以下各方面。

可扩展性。以光纤为接口的存储网络 SAN 提供一个高扩展性、高性能的网络存储机制。光纤交换机、光纤存储阵列同时提供高性能和更大的服务器扩展空间，这是以 SCSI 为基础的系统所缺乏的。NAS 可以是已经配置好的、完整的并可追加至数 TB 至数十 TB 的网络存储设备。由于 NAS 设备基于目前的 TCP/IP 网络，完全可以实现远距离存储。一套融合 SAN 和 NAS 的解决方案全面获得应用光纤通道的能力，从而让用户获得更大的扩展性、远程存储和高性能等优点。

存储管理。SAN 提供一个存储系统、备份设备和服务器相互连接的结构，它们之间的数据不再在以太网上传输，从而大大缓解了 NAS 以太网中的拥塞。由于存储设备与服务器分离，用户可以独立实施存储管理，不用再像以前那样把数据管理与服务器管理混在一起，企业的数据和存储可进行专业的管理，提高了管理效率。复制、备份、恢复数据和安全的管理可以集中统一实施。此外，用高速网络连接不同的存储设备，用户可以方便地访问所需的数据，并获得更高的数据完整性。

可用性。SAN 的高可用性是基于它高效的在线备份和灾难恢复能力。NAS 应用成熟的网络结构提供快速的文件存取和高可用性，数据复制（在存储系统层面）等功能可以保护和提供稳固的文件级存储。一个融合 SAN 和 NAS 技术的存储解决方案全面提供一套在以块（Block）和文件（File）I/O 为基础的高效率平衡方案，从而显著增强数据的可用性。应用光纤通道的 SAN 和 NAS 的整个存储方案提供对主机的多层面存储连接，实现高性能、高可用和易维护的网络存储。

提高了存储空间利用率。在一个 SAN 系统中，服务器连接到数据网络，实现了用户对共有存储阵列的全面连接，用户可以获得更高的存储空间利用率。对 NAS 系统而言，NAS 服务器包含文件系统，通过以太网连接到服务器，各用户可通过以太网使用联网的存储空间。由于服务器的增长和存储的增长不一样，开放的服务器可以根据应用的需求增配，不受存储限制。一套融合 SAN 和 NAS 的存储系统可全面提高 UNIX 和 Windows 服务器对存储设备的使用率，达到 75% 或者更高。

推动 NAS 和 SAN 融合的其他因素还包括：一些分布式的应用和用户要求访问共享的数据；对提供更高的性能、更高可靠性和更低的 TCO 的专有功能系统的要求；以成熟和习惯的网络标准（包括 TCP/IP、NFS 和 CIFS）为基础的操作；一个全面降低管理成本和复杂性的需求；一个不需要增加任何人员的高扩展存储系统的需求；一套可以通过重构以保护投资者价值的系统的需求。

典型的 NAS 和 SAN 融合的解决方案的逻辑拓扑如图 4-19 所示。

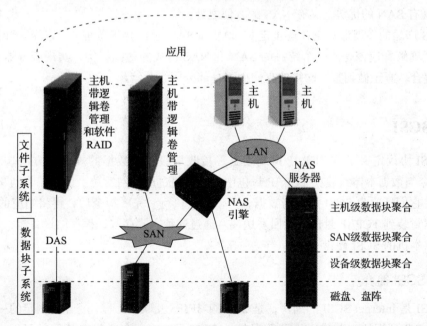

图 4-19　典型的 NAS 和 SAN 融合的解决方案

在 NAS 与 SAN 融合的过程中，"NAS 引擎"主要的工作在 NAS 一端，NAS 产品增加了可与 SAN 相连的"接口",在融合的方案中"既有 NAS,又有 SAN"。

SAN 系统是以块(Block)级的方式操作,而 NAS 系统是以文件(File)级的方式表达。这意味着 NAS 系统对于文件级的服务有着更高效和快速的性能。而应用数据块的数据库应用和大数据块的 I/O 操作则以 SAN 为优先。

NAS 引擎系统提供一个对存储进行文件访问的简单和开放的协议。这个做法可以通过 NAS 系统的文件层缓存提高性能和数据响应时间。很多旧式的服务器基本上已经处在瓶颈的边缘。增加一块光纤通道 HBA 卡或一个共享 PCI 总线的 SAN 存储设备,不一定能缓解这个瓶颈问题,或者只能增加一个非常有限的 I/O 能力。再者,很多旧式的服务器根本不能支持 SAN 接口,这就只能依靠 NAS 引擎提供一个 SAN 的后方连接。

很多用户把 NAS 设备连接到光纤交换机,以融合它的存储资源到一个存储池中。文件类型和不同的服务种类可以通过 NAS 和光纤交换机提供,并在以后支持 FCIP 和 iSCSI。NAS 设备和 NAS 服务器可以连接到光纤交换机并与在这个光纤网络中的其他服务器一样,共享和访问存储资源。NAS 服务器可以直接连接到存储阵列,大容量管理和备份程序可以适用所有存储资源。服务器可以有多于一个的访问方式,包括从光纤交换机中的一些卷和 NFS 挂进去访问数据。服务类型可以被定义为满足某一些性能、可用性和成本目标,从而利用 SAN 和 NAS 两个技术的好处使利益最大化。

人们越来越认可 NAS 和 SAN 可以满足用户不同的需求,越来越多的企业或部门开始采用 NAS 和 SAN 融合的解决方案。NAS 和 SAN 融合的产品为用户带来显著的优势:

- 为用户提供 File 和 Block 级这两种存储空间,满足用户的各种需求。
- 为 NAS 提供高性能、高可用性的存储网络,为 SAN 提供更广阔的应用空间。
- 便于集中的管理和维护。
- 既有 SAN 的优势,又有 NAS 的方便之处。

NAS 产品的发展形势正在逐步走向 NAS 和 SAN 融合的新局面,可以说,"网络存储"概念的正确解释应该是"一个统一的 SAN 和 NAS 组成的基础架构,实现服务器、存储和人员的整合,真正做到整个网络的存储而不是部分网络存储"。

4.5 iSCSI

iSCSI 协议定义了在 TCP/IP 网络发送、接收块级存储数据的规则与方法。发送端将 SCSI 指令与数据本体封装在 TCP/IP 封包中,然后通过以太网发送。接收端收到 TCP/IP 封包后,将它们还原为 SCSI 指令与数据,并依指令执行。完成指令后,再将响应的 SCSI 指令与数据封装到 TCP/IP 封包,发回发送端。通过这种方式存取远程存储设备时,就如同在本地存取本机的 SCSI 硬盘一样。

4.5.1 iSCSI 简介

iSCSI 是 internet SCSI 的缩写,是 2003 年 IEIF(互联网工程任务组)制定的一项标准,用于将 SCSI 数据块封装成以太网数据包。iSCSI 是一个供硬件设备使用的可以在 IP 协议的上层运行的 SCSI 指令集,这种指令集合可以实现在 IP 网络上运行 SCSI 协议,使其能够在诸如高速千兆位以太网上进行路由选择。iSCSI 技术是一种新存储技术,该技术是将现有 SCSI 接口与以太网（Ethernet）技术结合，使服务器可与使用 IP 网络的存储装置互相交换资料。

基于光纤通道的 SAN 技术虽然具有很多优势，但是光纤通道费用昂贵、结构复杂，许多小型办公室和大多数中小企业一直无法采用。他们往往采用 DAS 和 NAS 等存储产品。然而，设计人员开始认识到，以太网 LAN 的速度达千兆位，成本低廉，应用广泛，而且能够访问全球 WAN（尤其是互联网）。2003 年，互联网工程任务组（IETF）批准了 iSCSI（互联网 SCSI）协议后，很多人开始将以太网作为分块存储网络使用（称为"基于 IP 的存储"）。一直以来，人们采用 iFCP 和 FCIP 等现有协议发送基于 IP 的 SCSI 命令行，主要允许 FC 存储区域网络（SAN）通过 IP 交换数据。凭借 iSCSI，SCSI 命令行可以"端对端"地传送到世界各地的以太网中。

iSCSI SAN 的主要优点在于简洁、成本低廉、使用范围广泛。光纤通道技术除了价格昂贵以外，还需要专业技术人员才能正确安装和配置，而 iSCSI SAN 只需利用普通的以太网界面卡（NIC）和交换机就能实现。因此，获取、扩展和更新以太网 LAN 的费用都相对较低。这就使得公司很容易为 iSCSI SAN 添加更多的存储服务器，而要为 FC SAN 添加服务器既贵又困难。以太网已经成功地在中小型公司中建立、使用，用户也熟悉以太网的设置和配置，其使用范围就会更加广泛。

除了要求苛刻的事务应用程序外，iSCSI 的性能均能满足要求。以太网会发生网络堵塞和延迟，1Gbit/s 的以太网网络带宽小于 2G bit/s 的光纤通道 SAN。不过，以太网性能较差、不可靠等缺点目前已经不存在了，iSCSI 能实现与光纤通道一样的性能。

但是，iSCSI 也存在一些用户应该考虑的问题。首先，iSCSI SAN 应该包括优化性能、减少延迟的措施。这些措施包括采用具有 TCP/IP 卸载引擎（TOE）的高性能 NIC，以及提供低延迟端口的交换机。然而，这些措施都会增加 iSCSI 的部署费用。iSCSI Initiator 软件的性能和稳定性可能截然不同，所以可以采用另外一种方法优化每台主机的 iSCSI Initiator 软件性能。iSCSI 目标措施可能更多地依赖硬件 NIC 的选择。

iSCSI 优化措施也应该避免以太网交换机端口的"超额认购"。传统上，以太网没有填充整个通道带宽，因此在以太网设备之间共享端口是很常见的方法，但是如果多个设备同时通过交换机带宽，可能就会出现堵塞的危险。这种堵塞很容易降低流量，引起不必要的延迟。在虚拟的服务器环境中部署 iSCSI 时，应仔细评价 iSCSI 行为和性能。

人们普遍认为，iSCSI 的安全性不如光纤通道，但这并非真实情况。事实上，iSCSI 采用先进的身份验证技术，设置安全措施，如 CHAP（Challenge Handshake Authentication Protocol，挑战握手验证协议，用于远程登录的身份验证协议，通过三次握手周期性地校验对方的身份，在初始链路建立时完成，可以在链路建立之后的任何时候重复进行），在 IP 网络已经使用很多年了。光纤通道的用户通常利用 FC 架构和复杂分区 / 掩码规则的差异来保证安全。iSCSI 安全的一个重要内容在于将 iSCSI SAN 数据与主要用户 SAN 隔离，这可以通过创建和运行物理隔离区 LAN 得以实现，但更多的情况是在虚拟 LAN（VLAN）中运行 iSCSI SAN 实现隔离。

4.5.2　iSCSI 协议及实现

因为 iSCSI 源自 SCSI，因此本小节在介绍 SCSI 相关概念和缺点的基础上，侧重介绍

iSCSI 的工作过程和优点。

1. SCSI 的相关概念

- 启动设备（initiator）：发起 I/O 请求的设备。
- 目标设备（target）：响应请求执行实际 I/O 操作的设备。
- 命令描述块（CDB）。SCSI 的命令及参数是填充在一定长度的数据块内传输的。

在启动设备和目标设备建立连接后，目标设备在操作中作为主设备控制整个工作过程。一般情况下主机适配器 HBA 作为启动设备，磁盘 / 磁带作为目标设备。

2. SCSI 的缺点

SCSI 是点对点的、直接相连的计算机到存储器的设备接口，不适用于主机到存储器的存储网络通信。

SCSI 总线的长度被限制在 25 米以内，对于 Ultra SCSI 长度限制为 12 米，不适于构造各种网络拓扑结构。

SCSI 总线上设备数限制为 15，不适用于多服务器对多存储设备的网络结构。

3. iSCSI 的工作过程及优势

iSCSI 是一种基于 TCP/IP 的协议，用来建立和管理 IP 存储设备、主机和客户机等之间的相互连接，并创建 SAN。SAN 使得 SCSI 协议应用于高速数据传输网络成为可能，这种传输以数据块级别（block-level）在多个数据存储网络间进行。

iSCSI 的主要功能是在 TCP/IP 网络上的主机系统（启动器 initiator）和存储设备（目标器 target）之间进行大量数据的封装和可靠传输过程。此外，iSCSI 提供了在 IP 网络封装 SCSI 命令，且运行在 TCP 上。

这与传统的 SCSI 结构不同。SCSI 结构基于客户 / 服务器模式，其通常应用环境是：设备互相靠近，并且这些设备由 SCSI 总线连接。

iSCSI 为 SAN 的实现提供了便利的途径。SAN 实现的功能可归结为：①数据存储系统的合并；②数据备份；③服务器群集；④复制；⑤紧急情况下的数据恢复。另外，SAN 可能分布在不同地理位置的多个 LAN 和 WAN 中。必须确保所有 SAN 操作安全进行并符合服务质量（QoS）要求，而 iSCSI 则被设计用来在 TCP/IP 网络上实现以上这些功能。

从根本上说，iSCSI 协议是一种利用 IP 网络来传输潜伏时间短的 SCSI 数据块的方法，iSCSI 使用以太网协议传送 SCSI 命令、响应和数据。iSCSI 可以用我们已经熟悉和每天都在使用的以太网来构建 IP 存储局域网。通过这种方法，iSCSI 克服了直接连接存储的局限性，使我们可以跨不同服务器共享存储资源，并可以在在线状态下扩充存储容量。

iSCSI 的工作过程：当 iSCSI 主机应用程序发出数据读写请求后，操作系统会生成一个相应的 SCSI 命令，该 SCSI 命令在 iSCSI initiator 层被封装成 iSCSI 消息包，并通过 TCP/IP 传送到设备侧，设备侧的 iSCSI target 层会解开 iSCSI 消息包，得到 SCSI 命令的内容，然后传送给 iSCSI 设备执行；设备执行 SCSI 命令后的响应在经过设备侧 iSCSI target 层时被封装成 iSCSI 响应 PDU，通过 TCP/IP 网络传送给主机的 iSCSI initiator 层，iSCSI initiator 会从 iSCSI 响应 PDU 里解析出 SCSI 响应并传送给操作系统，操作系统再响应给应用程序。

这几年来，iSCSI 存储技术得到了快速发展。iSCSI 的最大好处是能提供快速的网络环境，虽然其性能和带宽跟光纤网络还有一些差距，但能节省企业约 30% ~ 40% 的成本。

iSCSI 技术优点和成本优势主要体现在以下几个方面：

- 硬件成本低：构建 iSCSI 存储网络，除了存储设备外，交换机、线缆、接口卡都是标准的以太网配件，价格相对来说比较低廉。同时，iSCSI 还可以在现有的网络上直接安装，并不需要更改企业的网络体系，这样可以最大程度地节约投入。
- 操作简单，维护方便：对 iSCSI 存储网络的管理实际上就是对以太网设备的管理，只需花费少量的资金培训 iSCSI 存储网络管理员。当 iSCSI 存储网络出现故障时，问题定位及解决也会因为以太网的普及而变得容易。
- 扩充性强：对于已经构建的 iSCSI 存储网络来说，增加 iSCSI 存储设备和服务器都将变得简单且无需改变网络的体系结构。
- 带宽和性能：iSCSI 存储网络的访问带宽依赖以太网带宽。随着千兆位以太网的普及和万兆位以太网的应用，iSCSI 存储网络会达到甚至超过 FC 存储网络的带宽和性能。
- 突破距离限制：iSCSI 存储网络使用的是以太网，因而在服务器和存储设备的空间布局上的限制就会少了很多，甚至可以跨越地区和国家。

iSCSI 技术是存储界最热门的技术之一，各存储设备厂商都纷纷推出 iSCSI 设备（企业级别或家用级别），iSCSI 存储设备的销量也在快速增长。

4. iSCSI 的发现机制

启动设备可以通过下列方法发现目标设备：

- 在启动设备上设置目标设备的地址。
- 在启动设备上设置默认目标设备地址，启动设备可通过 "SendTargets" 命令从默认目标设备上获取 iSCSI 名字列表。
- 发出服务定位协议（SLP）广播请求，等待目标设备回应。
- 查询存储设备名字服务器获取可访问的目标设备列表。

5. iSCSI 会话

启动设备和目标设备之间的 TCP 连接构成一次会话（session）。一个会话包含一个或多个 TCP 连接。会话由会话号区分，会话号中包括启动设备部分和目标设备部分。会话中包含的 TCP 连接可以增加也可以删除，这些连接由连接号（CID）区分。

6. 命令编号

从启动设备到目标设备 iSCSI 层的命令由 iSCSI 编号，该号码由 iSCSI 协议数据单元中的命令序列号（CmdSN）携带。目标设备的 iSCSI 层必须按命令序列号的顺序把命令传递给 SCSI 层。目标设备的 SCSI 层接收到命令后该命令序列号即失效。命令序列号也能被用来进行命令的流量控制。

7. iSCSI 登录和协商

iSCSI 登录是用来在启动设备和目标设备之间建立 TCP 连接的机制。登录的作用包括鉴别通信双方、协商会话参数、打开相关安全协议并且给属于该会话的连接做标记。登录过程完成后，iSCSI 会话进入全功能相（full feature phase），这时启动设备就能通过 iSCSI 协议访问目标设备的各逻辑单元了。

8. 响应 / 状态编号

从目标设备到启动设备的响应由 iSCSI 编号，在 iSCSI 协议数据单元中用状态序列号（StatSN）表示。启动设备提供期望状态序列号 ExpStatSN 来确认状态。如果状态序列号和期望状态序列号不同则意味着连接出现了错误。

表 4-3 为 iSCSI 启动设备命令基本首部。

表 4-3　iSCSI 启动设备命令基本首部（BHS）

Byte	0	1	2	3
0	Opcode	Opcode —— specific fields		Reserved
4	Logical Unit Number（LUN）			
8				
12	Initiator Task Tag			
16	Expected Data Transfer Length			
20	CmdSN			
24	ExpStatSN or EndDataSN			
28	SCSI Command Descriptor Block（CDB）			
+				
44				

4.5.3　iSCSI 的性能

iSCSI 的一些新特性与 IP 协议的性质密切相关。FC 协议适合于连接服务器和阵列的网络，是专用的存储网络。基于 IP 协议的 iSCSI 可能会与非存储 IP 竞争流量。为了减少 IP 流量拥塞带来的不利影响，数据中心的管理员应该通过专用 iSCSI 网络分离 iSCSI 流量和非存储流量，因为专用 iSCSI 网络与网络其他部分没有物理连接，或者采用访问控制清单、虚拟局域网（VLAN）等以太网隔离技术。为了避免内部 LAN 产生干涉，有的数据中心采用在 48 端口以太网交换机中独立运行 iSCSI 网络，使得 iSCSI 协议的性能得到保障。

尽管物理隔离和虚拟隔离技术大大提高了安全和性能，存储管理员仍然需要在网络交换机和适配器中利用以太网巨帧和流量控制等先进技术缓减阻塞、优化吞吐量。当一条千兆链路的网络带宽不够用时，可以利用以太网链路聚合技术将多条链路连接成一条聚合链路，这样就不必部署价格昂贵的 10Gb 以太网基础设施，又能克服网络带宽的限制。

在主机方面，TCP 卸载引擎（TOE）和 iSCSI HBA 可以有效节省 CPU 周期，尤其对速度较慢但注重性能的应用程序服务器而言。尽管 TCP 和 iSCSI 的传输速率为 1Gbit/s，不足最先进服务器硬件速率的 10%，而 85% 的 iSCSI 在部署过程中只采用 iSCSI Initiator 软件，但是一旦 10Gb iSCSI 得到普及，TOE 和 iSCSI HBA 的作用就会越来越大。除了改善 I/O 性能，iSCSI HBA 还会增加从 SAN 启动和加密等服务。

在多协议环境中，存储管理员需要注意以太网的特性，如以太网交换机和网络接口卡（NIC）之间的容错速度 / 方式会产生自适应问题，可能对 iSCSI 网络的性能产生不利影响。为了降低自适应问题发生的概率，应对所有交换机和服务器以太网端口设置不可更改的编码。

4.5.4　iSCSI 的安全性问题

iSCSI 和 FC 采用不同的方法保证存储访问的安全，这是多协议存储设计师必须解决的最大问题。FC 利用 FC 交换机实行分区，通过全局名称排列 LUN 编号和主机标识，而 iSCSI 采用隔离 iSCSI 的物理和虚拟方法，通过 IP 地址、主机系统和存储设备的名称、内部 / 外部 CHAP 身份验证等方式限制访问，从而保证存储安全。

实行多种 iSCSI 身份验证方式看起来似乎很难，其实规则并不复杂。对基于 IP 实现隔离的 iSCSI 网络，主机系统和存储设备的名称就已经足够验证用户身份。在 iSCSI 与 LAN 之间存在物理连接的情况下，应该部署更加严密的 CHAP 身份验证方式，消除 IP 地址访问 iSCSI LUN 时带来的外部影响。当环境中拥有大量 iSCSI 设备时，可以采用 Radius 服务（Remote Authentication Dial In User Service，远端用户拨入验证服务）实现集中验证，这样就不需要在 iSCSI 的存储设备中管理用户证书，Radius 服务是一个 AAA 协议，是同时兼顾验证（authentication）、授权（authorization）及计费（accounting）三种服务的一种网络传输协议，通常用于网络存取或流动 IP 服务，适用于局域网及漫游服务。Radius 服务器负责接收客户的连接请求、认证客户，然后返回客户机所有必要的配置信息以将服务发送到客户。

集成 iSCSI 和 FC 的最大好处在于：支持 IP 协议中的 IPsec 加密协议。IP 流量出现故障时都应该集成 iSCSI 和 FC。但是当服务器处于繁忙状态时，IPsec 加密协议的开销非常大。在采用 IPsec 协议的环境中，服务器和网络带宽匮乏的计算机都应该借助于硬件加密技术，配备 iSCSI HBA 或 NIC。

存储管理接口很容易受到安全漏洞的攻击，但是在存储设计过程中又通常遭到忽视。不设密码、所有存储设备只设一个密码或者从不更改密码，都会使设计良好的 SAN 面临危险。只有特定系统和密码策略非常有效的 VLAN 才能访问管理接口，在具有大量 IP 设备的环境中采用集中化的 Radius 身份验证服务器，这些措施可以降低未获认证的管理变化带来的风险。

4.5.5　iSCSI 的可用性问题

可用性是包括 iSCSI SAN 在内的 SAN 最重要的性能需求，需要在服务器、网络和阵列等层面上进行部署。在网络层面上，可以成对部署交换机，采用生成树状动态路由等以太网故障转移技术实现冗余容错。在服务器层面上，通过双连服务器和以太网交换机实现高可用性。凭借 2005 年发布的 iSCSI Initiator 2.0 版，多路径 IO（MPIO）使主机能够与 iSCSI 网络实现冗余连接。

iSCSI 存储设备的冗余选项根据供应商和产品种类而定。iSCSI 网关产品、智能存储交换机和基于服务器的 iSCSI 存储设备都可以在群集配置中见到，所谓群集配置是指两套设备以双机互备份（active-active）模式或双机热备份（active-passive）模式运行。一些中端存储阵列产品支持 iSCSI，可以通过双控制器架构提供冗余。高端阵列只是简单地添加多个 iSCSI 刀片就能实现冗余。

iSCSI 集成选项将 iSCSI 集成到 FC SAN 中的方法多样、程度不一，取决于现有的存储环境和集成目的。一方面，存储设计师有各自的目标，如通过 iSCSI 访问所有的 FC 存储。另一方面，存储管理员也有各自的目标，如完全实施 iSCSI，不再使用 FC SAN。另外，还可以同时运行 FC 和 iSCSI SAN。

若同时运行 FC 和 iSCSI SAN，设计时需要考虑的关键因素是 iSCSI 和 FC SAN 集成的程度。在多协议环境中，存储设计师往往部署 iSCSI SAN，并使其与现有的 FC 架构同时运行，独立管理，以避免产生复杂的集成问题。大多数客户独立运行 iSCSI SAN 和 FC SAN。iSCSI LUN 和 FC LUN 采用不同的安全模式，要将其匹配不是一件容易的事，对许多存储设计师而言，就算集成好处再多，如果会增加系统复杂性也就不值得了。

对于由一个供应商提供的多协议存储阵列，可以统一管理 iSCSI 和 FC SAN。在某些情况下还可以管理 NAS。有些公司提供的 iSCSI 虚拟化产品也可以实现统一存储管理。存储管理员若要将 iSCSI 集成到现有的 SAN 中，需要考虑以下集成问题：

- iSCSI 网关。
- 支持 iSCSI 的 FC 交换机和导向器。
- 智能存储交换机和网关。
- 基于阵列的 iSCSI 集成方式。
- 基于服务器的 iSCSI 集成方式。
- 支持 iSCSI 的 FC 交换机。

iSCSI 网关可以转换协议，将 iSCSI 协议转化为 FC 协议，反之亦然。通常，iSCSI 网关至少具有两个 FC 端口，可以连接到终端 FC 存储设备；至少具有两个 1Gb 以太网端口，与服务器进行 IP 连接。iSCSI 网关把 FC LUN 作为 iSCSI 的存储设备，通过 IP 就可以访问 FC 存储，无需在服务器中设置 FC HBA。

在 SAN 中利用 iSCSI 网关产品实现存储需要两大步骤。首先，FC 存储管理员为 iSCSI 网关提供 LUN；然后在 iSCSI 网关限制 iSCSI 对 FC LUN 的访问，只有特定的 IP 地址、主机系统和存储设备或者 CHAP 证书才能访问 LUN。一旦完成这些设置，并且在 iSCSI 客户机上正确配置 iSCSI 存储设备，就可以在本地磁盘驱动器列表中看到指定存储。

iSCSI 网关的主要好处就是，可以十分容易、毫无故障地将其添加到现有的 FC SAN 中。iSCSI 网关不需要 FC 网络改变架构，只需简单地配置 iSCSI Initiator 软件，服务器就能访问 FC 存储。但是 iSCSI 网关价格较贵，一套 iSCSI 网关产品的市场价大约为 10 000 美元。Windows 系统和 Linux 系统的 FC HBA 至少需要花费 400 美元，因此有必要分析成本与收益：只有当大量服务器采用 iSCSI 网关时才比较合算。服务器数量较少时，可以在服务器中添加 FC HBA，直接连到 FC SAN，这样显得更合算。至少需要拥有 100 台服务器，才能看到 iSCSI 网关的性价优势。

iSCSI 网关受到协议转换的限制，而智能交换机和网关却能提供虚拟化、快照、复制、镜像等存储服务。智能交换机和网关类似于多协议存储阵列，只是它们没有连接存储设备而已。

智能交换机和网关可以帮助存储设计师管理现有存储，添加多协议支持（包括 iSCSI），并且在单方管理协议下提供虚拟化、存储管理。

4.5.6　基于 iSCSI 的存储系统

市场有很多不同型号的 iSCSI 存储设备，设备的型号和参数也有很多不同，厂商在做市场宣传的时候也经常采用不同的口号或噱头，标榜自己的产品有各种各样不同的功能和优势。

实际上，当我们对 iSCSI 设备的结构进行深入研究时就会发现，iSCSI 从结构上可以分为 4 种类型。

1. 控制器架构

iSCSI 的核心处理单元采用与 FC 光纤存储设备相同的结构，即采用专用的数据传输芯片、专用的 RAID 数据校验芯片、专用的高性能 Cache 缓存和专用的嵌入式系统平台。在设备机箱中可以看到，iSCSI 设备内部采用无线缆的背板结构，所有部件与背板之间通过标准的插槽连接在一起，而不是普通 PC 中的多种不同型号和规格的线缆连接。

这种类型的 iSCSI 存储设备核心处理单元采用高性能的硬件处理芯片，每个芯片功能单一，因此处理效率较高。操作系统是嵌入式设计，与其他类型的操作系统相比，嵌入式操作系统具有体积小、高稳定性、强实时性、固化代码以及操作方便简单等特点。因此，控制器架构的 iSCSI 存储设备具有很高的稳定性和安全性。

控制器架构 iSCSI 存储内部基于无线缆的背板连接方式，完全消除了连接上的单点故障，因此系统更安全，性能更稳定。一般可用于对稳定性和可用性具有较高要求的在线存储系统，如中小型数据库系统、大型数据库的备份系统、远程容灾系统、网站、电力或非线性编辑制作网等。

控制器架构的 iSCSI 设备由于核心处理器全部采用硬件，制造成本较高，因此一般销售价格较高。

区分一个设备是否是控制器架构，可从以下几个方面考虑：

- 是否双控：除了一些早期型号或低端型号外，高性能的 iSCSI 存储一般都会采用 active-active 的双控制器工作方式。控制器为模块化设计，并安装在同一个机箱内，非两个独立机箱的控制器。
- 缓存：有双控制器缓存镜像、缓存断电保护功能。
- 数据校验：采用专用硬件校验和数据传输芯片，非依靠普通 CPU 的软件校验，或普通 RAID 卡。
- 内部结构：打开控制器架构的设备，内部全部为无线缆的背板式连接方式，各硬件模块连接在背板的各个插槽上。

2. iSCSI 连接桥架构

整个 iSCSI 存储分为两个部分，一部分是前端协议转换设备，另一部分是后端存储。

结构上类似 NAS 网关及其后端存储设备。

前端协议转换部分一般为硬件设备，主机接口为千兆位以太网接口，磁盘接口一般为 SCSI 接口或 FC 接口，可连接 SCSI 磁盘阵列和 FC 存储设备。通过千兆位以太网主机接口对外提供 iSCSI 数据传输协议。

后端存储一般采用 SCSI 磁盘阵列和 FC 存储设备，将 SCSI 磁盘阵列和 FC 存储设备的主机接口直接连接到 iSCSI 桥的磁盘接口上。

iSCSI 连接桥架构设备本身只有协议转换功能，没有 RAID 校验和快照、卷复制等功能。创建 RAID 组、创建 LUN 等操作必须在存储设备上完成，存储设备有什么功能整个 iSCSI 设备就具有什么样的功能。

3. PC 架构

所谓 PC 架构是指存储设备建立在 PC 服务器的基础上。即，选择一个普通的、性能优良的、可支持多块磁盘的 PC（一般为 PC 服务器和工控服务器），选择一款相对成熟稳定的 iSCSI Target 软件，将 iSCSI Target 软件安装在 PC 服务器上，使普通的 PC 服务器转变成一台 iSCSI 存储设备，并通过 PC 服务器的以太网卡对外提供 iSCSI 数据传输协议。

常见的 iSCSI Target 软件多半由商业软件厂商提供，如 SANmelody、iSCSI Server for Windows 和 WinTarget 等。这些软件都只能运行在 Windows 操作系统平台上。

在 PC 架构的 iSCSI 存储设备上，所有的 RAID 组校验、逻辑卷管理、iSCSI 运算、TCP/IP 运算等都是以纯软件方式实现，因此对 PC 的 CPU 和内存的性能要求较高。另外 iSCSI 存储设备的性能极容易受 PC 服务器运行状态的影响。

由于 PC 架构的 iSCSI 存储设备的研发、生产、安装、使用相对简单，硬件和软件成本相对较低，因此市场上常见的基于 PC 架构的 iSCSI 设备的价格都比较低，在一些对性能稳定性要求较低的系统中具有较大的优势。

4. PC + NIC 架构

PC + iSCSI Target 软件方式是一种低价格的解决方案，另外还有一种基于 PC + NIC 的高效 iSCSI 方案。

如果只是将高速 Ethernet 用于存储网络化过于可惜，因此众多厂商发起了 iWARP，不仅可实现存储网络化，也能实现 I/O 的网络化。通过 RDMA（Remote Direct Memory Access）机制简化网络两端的内存数据交换程序，从而加速数据传输效率。

4.5.7　iSCSI 的应用

当多数企业面对 SAN 的优势和 Fiber Channel 的高成本而对 SAN 犹豫不决时，iSCSI 技术的出现立即引起了许多人的极大兴趣。大多数中小企业都以 TCP/IP 协议为基础建立了网络环境，对于他们来说，投入巨资利用 FC 建设 SAN 系统既不现实，也无必要。但在信息时代，信息的采集与处理将成为决定企业生存与发展的关键，面对海量数据，许多企业已感到力不从心。iSCSI 的实现可以在 IP 网络上应用 SCSI 的功能，充分利用了现有 IP 网络的成熟性和普及性等优势，允许用户通过 TCP/IP 网络来构建存储区域网（SAN），为众多中小企业对经济合理和便于管理的存储设备提供了直接访问的能力。

除此之外，iSCSI 技术主要用于解决远程存储问题，具体如下。

实现异地数据交换。许多公司利用光纤交换技术实施了自己的本地存储区域网（SAN），但如果企业有异地存储要求时，如何完成异地间的数据交换则成为问题。设想一下，一家公司在相隔很远的地方有分公司，而且两地各有自己的基于光纤的存储网络，那么如何将两个网络连接起来？用光纤吗？工程巨大，就是采取租用形式其费用也相当高昂。

幸运的是，iSCSI 是基于 IP 协议的，它能容纳所有 IP 协议网中的部件，如果将 FC 转换成 IP 协议下的数据，这些数据就可以通过传统 IP 协议网传输，解决了远程传输的问题，而到达另一端时，再将 IP 协议的数据转换到当地的、基于 FC 的存储网络。这样，通过 iSCSI 使两个光纤网络能够在低成本投入的前提下连接起来，实现异地间的数据交换。

异地数据备份。通过 iSCSI，用户可以穿越标准的以太网线缆在任何地方创建实际的 SAN，而不再必须要求专门的光纤通道网络在服务器和存储设备之间传送数据。iSCSI 让远程镜像和备份成为可能，因为没有了光纤通道的距离限制，使用标准的 TCP/IP 协议，数据就可以在以太网上进行传输。

另外，从数据传输的速度上看，多数 iSCSI 的网络传输带宽为千兆位，即 1Gbit/s，如果实现全双工能够达到 2Gbit/s，第二代产品能够达到 2Gbit/s 带宽，在第三代通用 iSCSI 标准中带宽将达到 10Gbit/s，也就是说，采用 iSCSI 构建远程异地容灾系统已不存在任何问题。

4.5.8　iSCSI 磁盘阵列产品选购要点

在决定采用 iSCSI 方案后，就可以开始选购支持 iSCSI 的磁盘阵列产品。目前，市场上的 iSCSI 磁盘阵列品牌众多，价格从几万到几十万不等，可供选择的余地非常大。

用户在选购 iSCSI 磁盘阵列时应考虑如下内容：

主要应用。为什么要购买新的磁盘阵列设备？它的主要用途是什么？以一款容量为 3TB 的磁盘阵列为例，是打算将它当作基于磁盘的目标备份设备来使用，还是仅仅用于存放新的 Exchange 服务器或 SQL Server 集群软件？现有的系统环境实际情况如何？是只有几台服务器，还是为了应付网络服务器或终端服务器的巨大访问量而部署了上百台刀片服务器？将这些问题的答案一一写下来，就应该知道哪种类型的 iSCSI 磁盘阵列才是最能满足服务器要求的。

磁盘容量。磁盘容量是关键指标，如果购买新的磁盘阵列设备只是为了搭建一套基于磁盘的备份系统，那么容量大小将是你首要考虑的因素。通常可选的基本的磁盘阵列，将磁盘阵列作为 iSCSI 的逻辑单元（LUN），以增加 iSCSI 逻辑单元的数量，从而达到扩展存储空间的目的。

磁盘系统的智能化程度。智能化程度较高的磁盘系统可允许用户自行创建一个或多个 RAID 集，然后再将它们从逻辑上切割成许多 LUN。比如说，可以使用 7 块容量为 250GB 的磁盘构筑一个总容量为 1.5TB 的 RAID5 集，然后将其中 50GB 的磁盘空间分配给一台服务器，再将 800GB 的磁盘空间分配给另一台服务器，剩余的存储资源暂时闲置在一边，以应付日后的不时之需，比如说接入新的服务器、扩展服务器的容量，等等。因此，用户在挑选磁盘阵列产品时，一定要事先预计一下需要连接的服务器数量。

充分利用快照复制功能。推荐使用 Exchange、SQL Server 及其他事务处理系统的用户部署 SAN 系统；因为，SAN 磁盘阵列自带的快照复制（snapshot）功能非常实用。一旦发生服务器系统崩溃或数据库结构受损的灾难，在短短的几分钟之内就可以让服务器恢复到最近一次制作快照备份的"时间点"时的状态了。否则，哪怕用户使用的是基于磁盘的备份系统，修复一个大型的数据库至少需要花费数个小时的时间。此外，建议用户将磁盘阵列设置成"当系统处于激活状态时，每隔一小时制作一份快照备份"，这样一来，即使出现数据损耗，或是根据日志将数据库前滚（roll-forward）到故障发生前一刻的状态，损失也不会很大。

预测系统架构在未来一段时间内的成长需求。下一步就是考虑磁盘阵列产品的扩展性能。传统的磁盘系统允许用户在控制器机柜内加设磁盘槽位，并将更多的磁盘接入阵列中，藉此达到扩展系统整体存储容量的目的，久而久之，当机柜内无法再容纳下多余的磁盘时，用户仍然免不了重新购买一套更大型的控制器。有的产品允许用户将多个磁盘阵列和控制器连接在一起，整合成一个庞大的虚拟共享阵列。用户一方面可以将更多的磁盘接入到阵列当中，另一方面可以增加系统内部控制器的数量，随着缓存容量和千兆级以太网端口不断地累积递增，系统的性能也将跟着大幅提升，效果不错。这类产品的起点都比较低，用户可以在使用过程中慢慢地将磁盘系统的容量扩充至 100TB 甚至更大。

系统整合的一个新热点是搭建一套 NAS/iSCSI 混合系统。NAS 设备用来存放文件，iSCSI 设备用来处理数据块存储。业界资深人士认为，iSCSI 网络存储系统的数据通道应该与普通网络隔离，这样才能确保混合式存储系统拥有足够多的千兆级以太网端口，有能力为两种网络提供所需级别的冗余保护。

磁盘阵列的复制功能。最后需要考评的是 iSCSI 磁盘阵列的复制功能。目前市场上有一些 iSCSI 磁盘阵列具备快照复制的高级存储功能，用户可将主站点的磁盘系统设置成"定期为存放敏感数据的逻辑单元制作快照备份"，系统将会拣出继上一次备份之后出现变更的数据块，将其复制到容灾备份站点的磁盘阵列上。此外，还有一类产品可支持同步复制功能，主磁盘阵列上的任何数据变更将会被实时写入磁盘阵列对应的副本内。

目前市场上出售的 iSCSI 磁盘阵列设备种类繁多，选择的关键是用户必须认清自己的实际需求，加强与存储厂商之间的交流沟通，并综合对比各厂商的设备性能指标，这样挑选出来的产品一定是令人满意的。

4.5.9　iSCSI 的发展趋势

由于 iSCSI 结合了业内 SCSI 和 TCP/IP 两个最通用的协议，这给实施和使用带来了极大的便利，也大大增加了存储设备的资源利用率，所以必将会继续发展。基于 PCI 接口的

iSCSI 网卡的出现为降低 iSCSI 的应用成本、促进 iSCSI 的应用起到了极大的推动作用。一款具有两个 iSCSI 接口的双口 PCI iSCSI 网卡如图 4-20 所示。

随着 iSCSI 技术的应用，存储业界必然会发生一些变化，这些变化包括：

- 对文件服务器方式（NAS）的替换：随着 iSCSI 技术的完善，数据块级的存储应用将变得更为普遍，存储资源的通用性、数据共享能力都将大大增强，并且更加易于管理。以往使用 NAS 的地方会更多地被替换为 iSCSI 块级存储设备。

图 4-20　双口 PCI iSCSI 网卡

- 备份镜像中大量使用 iSCSI 设备：因为 iSCSI 本身无地理限制的特性和完善的互联网，必将导致在数据备份镜像中大量使用 iSCSI 设备。
- 改变企业存储设施的布局：由于 IP 网本身的特点，企业在进行存储设备布局时，会把不同的 iSCSI 存储设备分散放置到不同的地方，而不是 FC SAN 所使用的相对集中的布局方式。
- IP SAN 和 FC SAN 的融合：通过 IP SAN 和 FC SAN 路由器，把 IP SAN 和 FC SAN 融合起来，让 IP SAN 和 FC SAN 在各自完成不同功能的同时，又能够相互进行数据共享、备份镜像。

随着千兆位以太网的成熟以及万兆位以太网的开发，iSCSI 必然凭借其性价比、通用性、无地理限制等优势而快速发展，iSCSI 技术将联合 SCSI、TCP/IP 共同开创网络存储的新局面。

4.6　云存储技术

云是一种能使用户便捷、随需应变地对共享的可配置资源共享池（如网络、服务器、存储器、应用程序和服务）进行网络访问的模型。该模型可在最少的管理投入或服务供应商介入的情况下快速实现资源的提供与发布。与计算相关的云技术即云计算，而与存储相关的就是云存储。

云存储是在云计算概念上延伸和发展出来的一个新的概念，是指通过集群应用、网格技术或分布式文件系统等功能，将网络中大量各种不同类型的存储设备通过应用软件集合起来协同工作，共同对外提供数据存储和业务访问功能的一个系统。

云存储是一种网络在线存储模式，即把数据存放在通常由第三方代管的多台服务器上。代管公司营运大型的数据中心，需要数据存储代管的客户则通过向其购买或租赁存储空间的方式，来满足数据存储的需求。数据中心营运商根据客户的需求，在后端准备存储虚拟化的资源，并将其以存储资源池的方式提供，客户便可自行使用此存储资源池来存放数据或文件。实际上，这些资源可能被分布在众多的存储设备上。云存储服务通过 Web 服务应用程序接口（API）实现。

云存储具有显著的优点，但也存在一些问题。

云存储的优点如下：

- 用户只需要为实际使用的存储容量付费。
- 用户不需要在他们自己的数据中心或者办公环境中安装物理存储设备，这减少了 IT 和托管成本。
- 存储维护工作（例如备份、数据复制和采购额外存储）转移至服务提供商，让企业机构把精力集中在他们的核心业务上。

云存储的潜在问题如下：

- 当在云存储提供商那里保存敏感数据时，数据安全就成为一个潜在隐患。
- 性能也许低于本地存储。
- 可靠性和可用性取决于 WAN 的可用性以及服务提供商所采取的预防措施等级。
- 具有特定记录保留需求的用户，例如必须保留电子记录的公共机构，可能会在采用云计算和云存储的过程中遇到一些复杂问题。

本节主要介绍云存储的基本概念、基本原理、管理方法、安全备份等。

4.6.1 概述

1. 云模式的兴起

云模式具有资源虚拟化、管理自动化、扩展能力强等优势，近几年取得了迅速发展。各种云概念不断涌现，如云计算、云存储、云搜索、云商务等。图 4-21 显示了云模式与传统模式的区别。

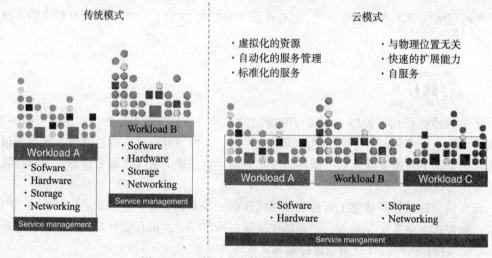

图 4-21　云模式与传统模式的对比示意图

在传统模式中，负载 A（Workload A）拥有软件（Software）、硬件（Hardware）、存储（Storage）、网络（Networking）资源，负载 B（Workload B）也同样拥有独立的资源，它们互相独立。而在云模式下，这些资源完全共享，组合成更强大的平台，可服务更多的负载，大大提高了资源的利用率。

2. 云模式的基本特征

- 快速伸缩。伸缩性是指根据需要向上或向下扩展资源的能力。对用户来说，云的资源数量没有界限，他们可按照需求购买任何数量的资源。

- 服务可度量。在可度量服务下，由云供应商控制和监测云服务的各方面使用情况，这对于计费、访问控制、资源优化、容量规划和其他任务具有重要的意义。
- 按需自助服务。云的按需服务和自助服务意味着用户可以在需要时直接使用云服务，而不必与服务供应商进行人工交互。
- 无所不在的网络访问。这意味着供应商的资源可以通过网络获取，并可以通过瘦客户端或富客户端以标准机制访问。
- 资源池。资源池允许云供应商通过多用户共享模式服务于用户，物理和虚拟资源可根据用户需求进行分配和重新分配。

3. 云的交付模型

云是一种公共服务的模式，云的交付模型有以下三种：

- 软件即服务（SaaS）。包括应用、流程和信息服务。
- 平台即服务（PaaS）。提供的是优化的中间件，包括应用服务器、数据库服务器、portal 服务器。
- 基础架构即服务（IaaS）。提供的是虚拟化服务器、存储服务器及网络资源。

4. 云给用户带来的价值

云给用户带来的价值是十分明显的，主要体现在以下三个方面：

- 虚拟化。更高的性价比，更高的利用，扩展的经济性，低资源费用。
- 标准化。更好的服务质量，更易使用，灵活的价格，反复利用和共享，更易集成。
- 自动化。更好的敏捷性和降低风险，更短的周期，更低的操作成本，更优化的使用，更强的法规遵从，更优的安全性，更好的用户体验。

4.6.2　云存储的模型与应用

云存储是云运行模式在存储中的体现。本小节讨论实现云存储的技术前提、云存储的结构模型及其面临的挑战等内容。

1. 云存储的技术前提

云存储技术的发展离不开下列技术的支持。这些技术包括：

宽带网络技术。真正的云存储系统将会是一个多区域分布、遍布全国甚至于遍布全球的庞大公用系统，使用者需要通过 ADSL、DDN 等宽带接入设备来连接云存储，而不是通过 FC、SCSI 或以太网线缆直接连接在一台独立的、私有的存储设备上。只有宽带网络得到充足的发展，使用者才有可能获得足够大的数据传输带宽，实现大容量数据的传输，真正享受到云存储服务，否则只能是空谈。

Web 2.0 技术。Web 2.0 技术的核心是分享。只有通过 Web 2.0 技术，云存储的使用者才有可能通过 PC、手机、移动多媒体等多种设备，实现数据、文档、图片和视音频等内容的集中存储和资料共享。Web 2.0 技术的发展使得使用者的应用方式和可得服务更加灵活和多样。

应用存储技术。云存储不仅仅是存储，更多的是应用。应用存储是一种在存储设备中集成了应用软件功能的存储设备，它不仅具有数据存储功能，还具有应用软件功能，可以看作服务器和存储设备的集合体。应用存储技术的发展可以大量减少云存储中服务器的数量，从而降低系统建设成本，减少系统中由服务器造成单点故障和性能瓶颈，减少数据传输环节，提供系统性能和效率，保证整个系统的高效稳定运行。

集群技术、网格技术和分布式文件系统。云存储系统是一个多存储设备、多应用、多服务协同工作的集合体，任何一个单点的存储系统都不是云存储。既然是由多个存储设备构成的，不同存储设备之间就需要通过集群技术、分布式文件系统和网格计算等技术，实现多个存储设备之间的协同工作，使多个存储设备可以对外提供同一种服务，并提供更大、更强、更好的数据访问性能。如果没有这些技术的存在，云存储就不可能真正实现，所谓的云存储只能是一个一个的独立系统，不能形成云状结构。

CDN 内容分发、P2P 技术、数据压缩技术、重复数据删除技术、数据加密技术。CDN 内容分发系统、数据加密技术保证云存储中的数据不会被未授权的用户所访问，同时通过各种数据备份和容灾技术保证云存储中的数据不会丢失，保证云存储自身的安全和稳定。

存储虚拟化技术、存储网络化管理技术。云存储中的存储设备数量庞大且分布在不同地域，需要利用存储虚拟化技术实现不同厂商、不同型号甚至于不同类型（如 FC 存储和 IP 存储）的多台设备之间的逻辑卷管理若多设备管理问题得不到解决，存储设备就会是整个云存储系统的性能瓶颈，结构上也无法形成一个整体，而且还会带来后期容量和性能扩展难等问题。

云存储中的另外一个问题就是存储设备运营管理问题。对于云存储的运营单位来讲，必须要通过有效的手段来解决集中管理难、状态监控难、故障维护难、人力成本高等问题。因此，云存储必须要具有一个高效的类似于网络管理软件一样的集中管理平台，可实现云存储系统中所有存储设备、服务器和网络设备的集中管理和状态监控。

2. 云存储系统的结构模型

与传统的存储设备相比，云存储不仅仅是一个硬件，而是一个集成了网络设备、存储设备、服务器、应用软件、公用访问接口、接入网和客户端程序等多个部分的复杂系统。各部分以存储设备为核心，通过应用软件来对外提供数据存储和业务访问服务。云存储系统的结构模型如图 4-22 所示。

云存储系统的结构模型由 4 层组成：

存储层。存储层是云存储最基础的部分。存储设备可以是 FC 光纤通道存储设备，可以是 NAS 和 iSCSI 等 IP 存储设备，也可以是 SCSI 或 SAS 等 DAS 存储设备。云存储中的存储设备往往数量庞大且分布于不同地域，彼此之间通过广域网、互联网或者 FC 光纤通道网络连接在一起。

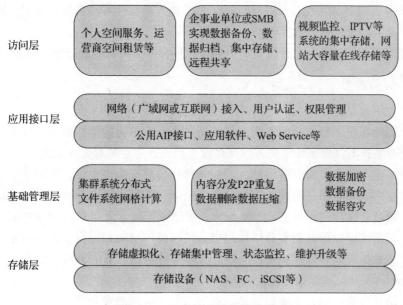

图 4-22　云存储系统的结构模型

存储设备之上是一个统一存储设备管理系统，可以实现存储设备的逻辑虚拟化管理、多链路冗余管理，以及硬件设备的状态监控和故障维护。

基础管理层。基础管理层是云存储最核心的部分，也是云存储中最难以实现的部分。基础管理层通过集群、分布式文件系统和网格计算等技术，实现云存储中多个存储设备之间的协同工作，使多个的存储设备可以对外提供同一种服务。

CDN 内容分发系统、数据加密技术保证云存储中的数据不会被未授权的用户所访问，同时，通过各种数据备份、容灾技术和措施可以保证云存储中的数据不会丢失，保证云存储自身的安全和稳定。

应用接口层。应用接口层是云存储最灵活多变的部分。不同的云存储运营单位可以根据实际业务类型开发不同的应用服务接口，提供不同的应用服务。比如视频监控应用平台、IPTV 和视频点播应用平台、网络硬盘应用平台、远程数据备份应用平台等。

访问层。任何一个授权用户都可以通过标准的公用应用接口来登录云存储系统，享受云存储服务。云存储运营单位不同，云存储提供的访问类型和访问手段也不同。

3. 云存储的功能

- 支持任何类型数据（文本、多媒体、日志、二进制等）的上传和下载。
- 提供强大的元信息机制，开发者可以使用通用和自定义的元信息机制实现定义资源属性。
- 超大的容量。云存储支持 0 ~ 2TB 的单文件数据容量，同时对于 object 的个数也没有限制。利用云存储的 superfile 接口可以实现 2TB 文件的上传和下载。
- 提供断点上传和断点下载功能。该功能在网络不稳定的环境下有非常好的表现。
- Restful 风格的 HTTP 接口。Restful 风格的 API 可以极大地提高开发者的开发效率。
- 基于公钥和密钥的认证方案可以适应灵活的业务需求。

- 强大的 ACL 权限控制。可以通过 ACL 设置资源为公有、私有；也可以授权特定的用户具有特定的权限。
- 功能完善的管理平台。开发者可以通过该平台对所有资源进行统一管理。

4. 云存储的应用

（1）企业级云存储

存储空间的租赁。信息化的不断发展使得各企业、单位的信息数据量呈几何曲线性增长。数据量的增长不仅仅意味着更多的硬件设备投入，还意味着更多的机房环境设备投入，以及运行维护成本和人力成本的增加。即使是现在仍然有很多单位，特别是中小企业没有资金购买独立的、私有的存储设备，更没有存储技术工程师可以有效地完成存储设备的管理和维护。通过高性能、大容量云存储系统，数据业务运营商和 IDC 数据中心可以为无法单独购买大容量存储设备的企事业单位提供方便快捷的空间租赁服务，满足企事业单位不断增加的业务数据存储和管理服务，同时，大量专业技术人员的日常管理和维护可以保障云存储系统运行安全，确保数据不会丢失。

数据备份和容灾。随着企业数据量的不断增加，数据的安全性要求也在不断增加。企业中的数据不仅要有足够的容量空间存储，还需要实现数据的安全备份和远程容灾。不仅要保证本地数据的安全性，还要保证当本地发生重大的灾难时，可通过远程备份或远程容灾系统进行快速恢复。通过高性能、大容量云存储系统和远程数据备份软件，数据业务运营商和 IDC 数据中心可以为所有需要远程数据备份和容灾的企事业单位提供空间租赁和备份业务租赁服务，普通的企事业单位、中小企业可租用 IDC 数据中心提供的空间服务和远程数据备份服务功能建立自己的远程备份和容灾系统。

视频监控系统。近几年来，电信、联通、网通在全国各地建设了很多不同规模的"全球眼"、"宽视界"网络视频监控系统。"全球眼"或"宽视界"系统的终极目标是建设一个类似话音网络和数据服务网络的、遍布全国的视频监控系统，为所有用户提供远程（城区内的或异地的）的实时视频监控和视频回放功能，并通过服务来收取费用。但由于目前城市内部和城市之间网络条件限制、视频监控系统存储设备规模的限制，"全球眼"或"宽视界"一般都只能在一个城市内部，甚至一个城市的某一个区县内部来建设。假设我们有一个遍布全国的云存储系统，并在这个云存储系统中内嵌视频监控平台管理软件，无疑将有助建设"全球眼"或"宽视界"系统。

系统的建设者只需要考虑摄像头和编码器等前端设备，为每一个编码器、IP 摄像头分配一个足够带宽的接入网链路，通过接入网与云存储系统连接，实时的视频图像就可以很方便地保存到云存储中，并通过视频监控平台管理软件实现图像的管理和调用。用户不仅可以通过电视墙或 PC 来监看图像信号，还可以通过手机来远程观看实时图像。

（2）个人级云存储

网络磁盘。相信很多人都使用过百度云盘、华为云盘等网上常见的"网络磁盘"服务。网络磁盘是一个在线存储服务，使用者可通过 Web 访问方式来上传和下载文件，实现个人重要数据的存储和网络化备份。高级的网络磁盘可以提供 Web 页面和客户端软件等两种访问方式。网络磁盘的容量空间一般取决于服务商的服务策略，或取决于使用者向服务商支付的费用。

在线文档编辑。相比较传统的文档编辑软件，类似 Google Docs 软件的出现将会使我们的使用习惯发生巨大转变。今后，我们也许不再需要在个人 PC 上安装 Office 等软件，只需要打开 Google Docs 网页，通过 Google Docs 就可以进行文档编辑和修改（使用云计算系统），并将编辑完成的文档保存在 Google Docs 服务所提供的个人存储空间中（使用云存储系统）。

无论走到哪里，都可以再次登录 Google Docs，打开保存在云存储系统中的文档。通过云存储系统的权限管理功能，还能轻松实现文档的共享、传送以及版权管理。

在线网络游戏。近年来，网络游戏越来越受到年轻人的喜爱，魔兽、武林三国等各种不同主题和风格的游戏层出不穷，网络游戏公司也使出浑身解数来吸引玩家。但很多玩家都会发现一个很重要的问题：那就是由于带宽和单台服务器的性能限制。要满足成千上万个玩家上线，网络游戏公司就需要在全国不同地区建设很多个游戏服务器，而这些游戏服务器上的玩家相互之间是完全隔离的，不同服务器上的玩家根本不可能在游戏中见面，更不用说一起组队来完成游戏任务。所以，我们可以通过云计算和云存储系统来构建一个庞大的、超能的游戏服务器群，这个服务器群系统对于游戏玩家来讲，就如同一台服务器，所有玩家在一起进行竞争。云计算和云存储的应用可以代替现有的多服务器架构，使所有玩家都能集中在一个游戏服务器组的管理之下。

所有玩家聚集在一起，这将会使游戏变得更加精彩，竞争变得更加激烈。同时，云计算和云存储系统的使用可在最大限度上提升游戏服务器的性能，实现更多的功能；各玩家除了不再需要下载、安装大容量的游戏程序外，更免除了需要定期进行游戏升级等问题。

5. 云存储的挑战

云存储的存储设备、服务器之多，技术之复杂，进而把这些整合在一起更是一项艰巨的工程。从客户的桌面虚拟化到云端的服务器虚拟化、存储虚拟化、云存储的发展还有很长的路要走。

对于云存储提供商，主要挑战有以下三个方面：

- 云存储的数据安全和保密。数据安全和保密是云存储首先面临的严峻挑战，如何在复杂的网络环境中确保用户数据的安全极为重要。
- 数据的管理。云存储本身就是海量数据，对这些数据进行管理将会是一个大难题。
- 云存储方案的合理规范化部署一个优秀的云存储方案将为以后的云存储业务开展提供良好的平台。

4.6.3 云存储的分类和管理工具

1. 云存储的分类

按照云存储的不同布局，可把云存储分为三类：公共云、私有云和混合云存储。

公共云存储是云存储提供商推出的付费使用的存储工具。云存储服务提供商建设并管理存储基础设施，集中空间来满足多用户需求，所有的组件放置在共享的基础存储设施里，设置在用户端的防火墙外部，用户直接通过安全的互联网连接访问。在公共云存储中，通过为存储池增加服务器，可以很快、很容易地实现存储空间增长。

公共云存储服务多是收费的，如亚马逊等公司都提供云存储服务，通常是根据存储空间来收取使用费。用户只需开通账号使用，不需了解任何云存储方面的软硬件知识或掌握相关技能。

私有云存储是独享的云存储服务，为某一企业或社会团体独有。私有云存储建立在用户端的防火墙内部，并使用其所拥有或授权的硬件和软件。企业的所有数据保存在内部并且被内部 IT 员工完全掌握，这些员工可以集中存储空间来实现不同部门的访问或被企业内部的不同项目团队使用，无论其物理位置在哪。

私有云存储可由企业自行建立并管理，也可有专门的私有云服务公司根据企业的需要提供解决方案，协助建立并管理。

私有云存储的使用成本较高，企业需要配置专门的服务器获得云存储系统及相关应用的使用授权，同时还需支付系统的维护费用。

混合云存储把公共云存储和私有云存储整合成更具功能性的解决方案。而混合云存储的"秘诀"就是处于中间的连接技术。为了更加高效地连接外部云和内部云的计算和存储环境，混合云解决方案需要提供企业级的安全性、跨云平台的可管理性、负载 / 数据的可移植性以及互操作性。

混合云存储主要用于按客户要求的访问，特别是需要临时配置容量的时候。从公共云上划出一部分容量配置一种私有或内部云对公司面对迅速增长的负载波动或高峰时很有帮助。尽管如此，混合云存储带来了跨公共云和私有云分配应用的复杂性。

2. 云存储的管理工具

无论使用的是公共云、混合云或是私有云存储，都需要运用各类工具来管理、监控存储中的数据，并且能够对这些数据进行追踪。

当谈及存储话题时，软件即服务、基础架构即服务和平台即服务领域的供应商们通常所提及的也不过是按容量使用（尤其是在付费情况下）和在线服务水平协议（简称 SLA）等。即便供应商可以提供更高级的报告功能，他们的整体环境对于用户单位自身的 IT 资产而言，仍是完全隔离的。想要优化成本，改善部署效率或提高架构的清晰度似乎都必须全部手动执行。而不得不管理多种应用部署的这种模式，又进一步妨碍了 IT 的一项关键特性：灵活度。

（1）全新的存储管理模式

虽说关注物理属性的低层次存储管理是不可或缺的，不过将私有（内部）存储的部署和云部署关联起来，却需要对不同的资源具有更高水准的管理视角。在公共云环境中，IT 经理人无法控制特定的配置，只有供应商所提供的服务水平协议。这就需要他们有能力从集成业务层面的视角控制部署方式，比如认证授权、变更管理以及审计和合规管理等。私有云、混合云或专用于备份恢复的部署方式中都会有不同的特殊要求，而其解决方案亦取决于部署是由内部的 IT 部门完成还是交给云供应商。

BMC 公司为混合云使用环境提供了两种不同而又互补的方案：云生命周期管理（CLM）和云操作管理。

CLM 用于提供应用程序工作负载管理，而非单纯的系统和存储管理。核心在于其策略引擎能够为决策支持提供依据。策略引擎中的参数包括性能需求、安全性要求、容量、物理位置和生命周期阶段（例如开发或生产）。其推导的结果能够为用户选择合适的平台进行最优部署提供"知情选择"。

为了在混合云环境中实现 CLM 功能，针对第三方云平台提供 API 接口。所支持的环境有 Amazon 的 Web Service、CenturyLink 以及 Microsoft 的 Azure。通过这些 API，企业可以全面地解其整体云计算环境。同样这也有助于理解数据在点到点之间是如何迁移的，以及工作负载的运行情况。

云操作管理提供"云环境的底层环境视角"，包括存储以及其他基础架构和应用程序堆栈，有助于实现底层的原因分析、性能分析、容量规划及预测。如果 IT 经理人缺乏对整体 IT 环境的了解，就需要运用多种工具，手动地关联各种事件和趋势。

从流程的角度看，BMC 工具能够帮助 IT 经理人将云端的操作纳入信息技术基础架构库（ITIL）和 IT 服务管理（ITSM）的合规规范，用以在各资产之间有效管理变更控制、路径管理和审计，无须理会基础架构是私有的还是托管的。

（2）关注内容共享

内容共享是混合云存储环境中另一种流行的应用案例。选择内容共享服务商的企业需要确保其服务商能够满足企业级数据管理的需求。Box 公司就是定位于企业级内容共享市场的一个案例。Box 公司所提供的产品包含以下四个方面：

- 最终用户：属性、访问模式和安全性。
- 设备装置：精简设备、外带设备和移动设备。
- 应用程序：升级控制和租赁。
- 人工智能：报告功能。

Box 环境内置了文件共享的基本功能，包括集成动态目录，以及单点登录和双重认证。通过"行为模式"的安全模式来检测可疑行为，这样进一步增强了安全性。当检测到这种行为时，会增加额外的验证步骤。行为报告能够帮助存储管理员更高效地管理环境。

Box 公司同样关注数据管理的整体生态环境，利用其他企业产品的相应功能模块可集成数据防丢失产品，比如 CipherCloud 的 Box 版、Code Green Network 的 Cloud Content Control 和 Proofpoint Data Loss Prevention；以及集成移动设备管理，比如 Airwatch、Good Technology 以及 IBM 的 Fiberlink MaaS360 等。这帮助 IT 部门集成并管理多方面的内容协作。

（3）提供云端控制的传统存储供应商

BMC 和 Box 是两家广义上的云管理产品厂商，而传统存储供应商则利用其传统存储管理领域的经验来解决云端的存储管理。它们定位于提供"与云端相似的体验"，这代表着要降低复杂度，提供更加快速的资源供应，而且与云的类型无关。如 ViPR 软件可以在统一的界面中管理公共云和私有云。更为重要的是，能够在一个存储资源池内管理不同厂商的磁盘阵列。存储资源池作为容量供给和规划时的单个实体，而底层的存储仍保留原有的状态。目前的第三方接口已经可以支持包括 Amazon S3、OpenStack Swift 和其他支持 REST 的 API，其余部分将在不久的将来进行规划。

（4）云存储管理功能小结

混合云：

- 除了单纯的存储以外，可对云环境内资产提供整体视角。
- 对不同基础架构提供服务管理视角。
- 可以集成认证、安全以及更广泛的管理功能。

公共云和私有云：

- 可提供存储部署方面的特殊视角。
- 比混合云更关注底层。
- 在公共云和私有云之间提供用传统方式解决存储管理问题。

备份与恢复：

- 可提供特定的云部署模式，简化数据的备份与恢复。
- 定位于企业 IT 部分的外延。

对于绝大多数企业而言，数据仍将是最为核心的企业资产。随着云存储市场的日益成熟，企业必须理解数据的管理之道，而非单纯地相信云服务商会做好一切事情。虽然绝大多数的云供应商确实是值得相信的，仍须通过一系列手段避免意外产生。而云存储管理工具是帮助用户起到控制作用的重要工具。

4.6.4　基于云存储技术实现在线备份的安全

与传统的在线备份相比，云存储不仅是一个简单的数据存储空间，还集成了基于虚拟化技术和云存储管理平台的资源动态扩展能力和资源池共享架构。基于云存储的在线备份是由存储设备、网络设备、集群中间件、虚拟服务器、业务管理、公用访问接口以及相应协议标准等多个部件协同作用共同组成的复杂系统。各部分以存储设备为核心，通过应用软件来对外提供数据存储备份等服务。

1. 基于云存储的在线备份系统分层模型

根据各部分逻辑功能的不同，基于云存储的在线备份系统由 4 层组成，如图 4-23 所示。

存储资源层。它是基于云存储的在线备份最基础的部分。存储设备可以是 FC 光纤通道存储设备、NAS 和 iSCSI 等 IP 存储设备，也可以是 SCSI 或 SAS 等 DAS 存储设备。这些存储设备数量庞大且分布在多个不同地域，彼此之间通过广域网、互联网或者 FC 光纤通道网络连接在一起，提供存储、网络，安全的基本设备包括硬件和相关基础软件。

资源配置层。它是基于云存储的在线备份的最核心部分，通过集群、分布式文件系统和虚拟化等技术，实现云存储中多个存储设备之间的协同工作，并提供更强、更灵活的数据访问性能。

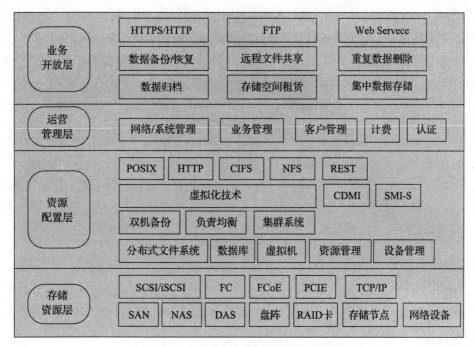

图 4-23　基于云存储的在线备份系统

运营管理层。通过对虚拟系统的管理以及业务的部署管理，实现了基于云存储的备份服务的可管可控，并可根据需要进行计费、审计等工作，为云存储的在线备份服务的运营提供支撑。

业务开放层。它是在运营管理层基础上提供基于云存储的在线备份服务。包括数据备份与应急恢复、远程文件共享、集中存储、空间租赁、数据归档等。所有符合业务开放标准的授权用户都可以通过标准的公用接口来使用云备份服务。公用接口可以采用 HTTP、FTP、Web Service 等协议。

2. 基于分层模型的安全技术分析

在基于云存储的在线备份安全分层模型中，每一层都有相应的安全机制，共同实现基于云存储的在线备份的数据安全保护。这些安全机制可从安全保护层次上划分为 4 个层次。

第一个层次为基础安全防护。这层包括病毒查杀、防火墙、入侵检测、系统加固、设备加锁等安全技术，主要目标是保护提供的备份服务免遭人为干扰或恶意破坏。

第二个层次是服务限制。这部分包括多个层次采用的身份认证和访问控制技术，即对不同身份的在线备份服务申请者分别建立不同存取权限。并通过设定不同访问控制策略，确保在线备份服务仅为合法用户在允许的范围内（包括时间、空间等）获得。

第三个层次则为数据保护，即通过各种加密技术实现对数据的主动保护，包括数据加密、传输加密、磁盘加密、主机加密、交换机加密等技术。主要目标是减轻存储数据和存储介质遗失造成的损失。

第四个层次是应急服务。主要包括日志审计、设备冗余及配置备份技术，提供对安全事件发生后的追踪查证以及应急补救能力。

病毒查杀、防火墙、IPS、系统加固等基础安全防护服务是基于云存储的在线备份的数据安全基础，身份认证、访问控制及各类加密技术则是服务及数据安全的核心机制，而日志审计、冗余备份等机制则为确保数据可用性及不可抵赖性提供了安全保护能力。

从上述分析可以看出。基于云存储的在线备份安全分层模型覆盖了备份系统安全防护、服务访问控制、应用数据保护、应急服务等多层面的安全机制，涉及数据从生成、传输、存储到访问的一系列安全保护技术，确保数据的保密性、完整性、可用性以及不可抵赖性。

在线备份技术是一个随互联网应用发展而发展起来的技术，基于云存储的在线备份则是一个随云技术而兴起的解决方案，其中包含了很多新的技术。由于其作为互联网应用的特殊性和作为云服务模式的基础地位，它对数据的安全性有着极大的依赖。同时，随着云计算应用领域的不断扩大，作为应用核心的云存储的数据安全问题也会越来越突出。因此，对基于云存储的在线备份安全性不仅要深入分析传统备份系统和技术的安全机制，还要充分考虑云存储架构设计特点及新技术的引入可能引发的新安全问题和挑战。

4.6.5 基于云的灾难恢复功能

毫无疑问，每个企业都想保护自己的业务正常运行，以免停机和数据丢失。但是，许多公司没有内部的专业知识或预算来实现他们所需要的灾难恢复计划。传统的灾难恢复解决方案通常成本太高；太复杂；并且并不总是可靠。

基于云的灾难恢复系统（云灾难恢复系统）提供了简单而安全的异步复制和故障转移功能。在使用基于云的灾难恢复方案前，企业要考虑如下问题：

易于入门。部署和管理一个传统的灾难恢复计划可能是复杂的，需要时间、预算和工作人员，一般的企业可能没有。而云灾难恢复系统提供了一种简单的方法实现有效的灾难恢复计划，无需投资任何硬件，也不必投资建设第二个场地。该系统提供了一个简单的、安全的、自动化的过程，在本地发生灾害或破坏性事件的情况下，用于复制和恢复应用程序和数据。

灵活、成本较低的方案。传统的灾难恢复解决方案的高成本让企业不得不在"能负担得起的保护"和"真正需要的保护"之间艰难抉择，这往往使得企业难以得到充分的保障。云灾难恢复系统以远远低于传统的内部灾难恢复方案的成本，解决了不断变化的功能需求，这些功能在支持常见的灾难恢复时是需要的，如复制、故障切换、恢复。企业在满足变化的要求中，具有灵活的选择能力，只需支付你所需要的部分，可供选择的余地很大。

简化的环境。创建一个全面的灾难恢复计划可能会很复杂，无论企业靠自身实施，或选择托管服务提供商实施。云灾难恢复系统能整合数据中心、混合云和灾难恢复计划的所有 IT 需求。这意味着企业可以利用已经在使用的工具、技能和流程，就可获得高可靠性、高安全性和所需的技术支持。

管理一致性。日常维护灾难恢复解决方案和监测可能需要新的培训和技能，并介绍耗时的手动流程。云灾难恢复系统提供了一个单一的界面，便于操作和管理。

自助式保护。云灾难恢复系统可实现对每个虚拟机的自助式保护、全面的故障切换和故障恢复流程。管理人员可以控制保护内容和保护时间，可以设置自定义的恢复点目标（RPO）、基于业务应用程序的优先级重复频率，可以对每个虚拟机进行细粒度控制。采用单一工具可实现最佳的客户服务和测试支持。

综上所述，采用基于云的灾难恢复解决方案，企业将受益于更低的价格、更灵活的保护项目，以及随需求的变化而增长的可扩展性。云灾难恢复系统提高业务灵活性的同时，以最少的投资保护应用程序。

4.7 本章小结与扩展阅读

1. 本章小结

本章在简要介绍网络存储技术的基础上，对网络存储的概念、工作原理、体系结构、系统管理、应用等做深入的介绍，内容包括 DAS、NAS、SAN、iSCSI 和云存储等。

2. 扩展阅读

［1］ 云存储：技术、平台还是服务？http://storage.chinabyte.com/170/8820670.shtml。本文对云存储的本质做了深入探讨，分析云存储技术的架构和模型。

［2］ Watchstor 存储论坛 – 中文企业级存储技术论坛，http://bbs.watchstor.com/。中文企业级存储技术论坛发表了大量与存储相关的资讯、产品信息、技术分析等，栏目内容丰富，是学习、研究、应用存储技术的一个优异的学术交流网站。

思考题

1. 按照连接方式的不同，网络存储分为哪三种结构？
2. 什么是 NAS？NAS 存储方案有什么优缺点？
3. NAS 和 DAS 的性能可从哪些方面进行对比分析？
4. SAN 的基本定义是什么？SAN 有什么优点？
5. SAN 和 NAS 相比，各有什么特色？
6. 为什么要采用基于 iSCSI 的存储技术？
7. 选购支持 iSCSI 的磁盘阵列产品需要考虑哪些因素？
8. 什么是云存储技术？云存储技术的优势与潜在问题是什么？
9. 云存储技术的发展得益于哪些支撑技术的进步？
10. 云存储面临的挑战有哪些？
11. 云存储系统的结构模型由哪几个功能层组成？
12. 按照云存储的不同布局，可把云存储分为哪三类？

参考文献

［1］ NAS 技术的深入分析［EB/OL］.http://wenku.baidu.com/view/e43cdebdfd0a79563d1e7200.html.

［2］ 面向海量数据的云存储技术研究［EB/OL］.http://storage.chinabyte.com/216/12815216.shtml.

［3］ SAN 技术和 NAS 技术的优劣势对比分析［EB/OL］.http://storage.it168.com/a2012/0709/1369/000001369461.shtml.

［4］ 云存储管理之道［J］.存储经理人，2014.

第 5 章 海量存储系统的体系结构与管理

人们对存储系统高速度、大容量、低成本的追求始终没有停止过，但这三者之间是有矛盾的。在追求单个存储器高性能的同时，通过先进的体系结构技术，可构建出性价比最优的复合存储系统。因此，海量存储系统的研究目标是，通过软硬件结合、本地与网络结合的方法，研究新型体系结构技术，设计出性能优化的存储系统。

5.1 海量存储系统的体系结构

海量存储系统的体系结构是指将各种不同存储容量、不同存取速度和不同价格的存储器按层次结构组成多层的海量存储器系统，并通过管理软件和支持硬件有机地组合成统一的整体，使所存放的程序和数据按层次分布在各种存储器中，达到最优化的性能价格比。从 CPU 角度看，该多级存储系统具有与最快存储器的速度相当，而容量相当于最大的存储器。例如，CPU 可以使用速度接近高速缓存、容量相当于磁盘的高速、大容量存储器，而每字节成本接近磁盘。

5.1.1 多级存储层次的基本概念

传统的计算机系统通常采用三级层次结构来构成存储系统，即由高速缓存（Cache，SRAM 组成）、主存储器（DRAM 组成）和辅助存储器（Disk 组成）组成，如图 5-1 所示。

在存储系统多级层次结构中，由上至下分三级，其容量逐级增大，速度逐级降低，单位成本则逐级减少。整个结构又可以看成两个层次：它们分别是 Cache - 主存层

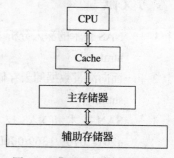

图 5-1 典型的三级存储系统

次和主存－辅存层次。这个层次系统中的每一种存储器都不再是孤立的存储器，而是一个有机的整体。

Cache－主存层次：由于Cache的存取速度可以与CPU的工作速度相匹配，故Cache－主存层次可以缩小CPU和主存之间的速度差距，从整体上提高存储器系统的存取速度，从而提高CPU处理数据的速度。尽管Cache成本高，但由于容量较小，故不会使存储系统的整体价格增加很多。

主存－辅存层次：在支持硬件和计算机操作系统的管理下，可把主存－辅存层次作为一个存储整体，形成的可寻址存储空间比主存储器空间大得多。由于辅存容量大、价格低，使得存储系统的整体平均价格降低。

综上所述，一个较大的存储系统是由各种不同类型的存储设备构成，是一个具有多级层次结构的存储系统。该系统既有与CPU相近的速度，又有极大的容量，而成本又是较低的。其中高速缓存解决了存储系统的速度问题，辅助存储器则解决了存储系统的容量问题。采用多级层次结构的存储器系统可以有效地解决存储器的速度、容量和价格之间的矛盾。

为了进一步发挥多级存储的性能优势，新型计算机系统中常把存储层次细分，分成如图5-2所示的6层存储体系结构。先进的CPU内部含有三级存储体系，分别是寄存器、L1 Cache、L2 Cache，处理性能进一步得到优化。

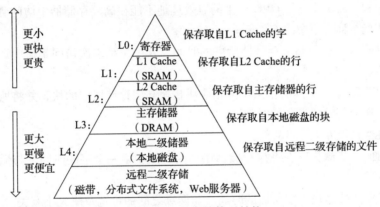

图5-2　6层存储体系结构

多级结构存储系统服从两个基本原则，即一致性原则和包含性原则。

一致性原则：同一个信息会同时存放在几个级别的存储器中，此时，这一信息在几个级别的存储器中必须保持相同的值。

包含性原则：处于内层（更靠近CPU）存储器中的信息一定被包含在各外层的存储器中，即内层存储器的全部信息一定是各外层存储器中所存信息中一小部分的副本。

例如，高速缓冲存储器中的信息肯定也存放在主存中，还存放在虚拟存储器中，但主存储器中非常多的信息不会同时存放在高速缓冲存储器中，虚拟存储器中的更多信息也不会同时出现在主存储器中。

存储层次结构的有效性基于时间局部性、空间局部性两个局部性原理。

时间局部性（Temporal Locality）：如果某个数据或指令被引用，那么地址邻近的数据或指令很可能不久也将被引用。将最近访问的数据项保存在离微处理器最接近的地方，最近的时间范围内被使用的可能性很大。

空间局部性（Spatial Locality）：如果某个数据或指令被引用，那么不久它可能还将再次被引用。以由地址连续的若干个字构成的块为单位，从低层复制到上一层，它们被使用的概率极大。

对于多级不同类型的存储器构成，如 M_1、$\cdots$、M_{n-1}、M_n，离 CPU 越近的容量越小，速度越快，价格越高。第 i 级信息是第 $i + 1$ 级信息的子集（时间局部性），两级之间传输以块为单位（空间局部性）。各级存储器借助软硬件构成一个整体，使该系统具有接近于第 1 级的速度、第 n 级的容量和单位价格。多级存储系统的抽象示意图如图5-3 所示。

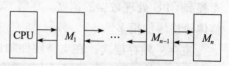

图 5-3　多级存储系统的抽象示意图

5.1.2　多级存储层次的性能分析

为分析多级存储的性能，需要定义如下术语：

- 块（Block）：相邻两级间数据交换的单位。
- 命中和命中率 h：CPU 产生的有效地址可以直接在高层存储器中访问到，称为命中，其概率称为命中率。
- 不命中和不命中率 m：CPU 产生的有效地址不能在高层存储器中访问到，称为不命中，其概率称为不命中率，$m = 1 - h$。
- 命中时间 t_h：访问高层存储器所需的时间，其中包括本次访问是命中还是缺失的判定时间。
- 不命中时间 t_m：用低层存储器中相应块替换高层存储器中的块，并将所访问的数据传送到请求访问的设备的时间。

t_m 由访问时间和传送时间两部分组成：

- 访问时间：指缺失时在低层存储器中访问到块中第一个字的时间，与低层存储器的延迟有关。
- 传送时间：传送块内字所需的时间，与两级之间的带宽及块大小有关。

由于命中率与硬件速度无关，而与应用程序的行为特性有关，所以采用以下参数来评价存储器层次结构的性能：

平均存储访问时间 (t_{am}) = 命中时间 (t_h) + 不命中率 $(m) \times$ 不命中时间 (t_m)，即：

$$t_{am} = t_h + m \times t_m$$

块大小与不命中率、不命中时间、平均存储访问时间的关系如图 5-4 所示。

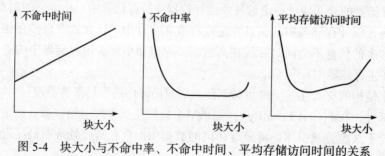

图 5-4　块大小与不命中率、不命中时间、平均存储访问时间的关系

由图可见：当块大小过小时，不命中率很高；当高层存储器容量不变时，不命中率有一最低值，在某一区间内，块大小的变化对不命中率没有影响；当块大小超过某定值后，不命中率呈现随块大小增加而上升的趋势；访问延迟与块大小无关，传送时间随块大小的增加而线性增加。

设计存储器层次结构的目标是为了减少执行时间，所以应确定一个平均存储时间最小的块大小。

下面以二级存储为例，分析各个参数之间的关系。假设采用二级存储 M_1 和 M_2，其中，M_1 为比 M_2 高一层的存储器。M_1 和 M_2 的价格、容量、访问时间分别为 c_1、s_1、t_{a1}、c_2、s_2、t_{a2}，则存储层次每位的平均价格 c 为：

$$c = (c_1 \times s_1 + c_2 \times s_2)/(s_1 + s_2)$$

命中率（hit ratio）

$$h = N_1/(N_1 + N_2)$$

表示存储器访问在较高层命中的比例。换言之，若一组程序对存储器进行访问，其中 N_1 次在 M_1 中找到所需数据，N_2 次在 M_2 中找到数据。

不命中率（miss ratio）为：

$$m = 1 - h = N_2/(N_1 + N_2)$$

命中时间 $t_h = t_{a1}$，访问较高层的时间，当存储器访问在 M_1 中命中时，访问时间为 t_{a1}。

不命中时的访问时间 t_m 为：

$$t_m = t_{a2} + t_b$$

其中，t_m 通常称为缺失开销。当在 M_1 中没有命中时，必须从 M_2 中将所访问的数据块搬到 M_1 中，然后 CPU 才能在 M_1 中访问。设传送一个数据块的时间为 tb，则不命中时的访问时间为：

$$(t_{a2} + t_b) + t_{a1} = t_m + t_{a1}$$

两边消去 t_{a1}，则得到 t_m 的表达式。

平均访存时间 T_A 为：

$$T_A = h t_{a1} + (1 - h)(t_{a1} + t_m) = t_{a1} + (1 - h)t_m$$

可见，命中率 h 越接近 1，平均访存的时间就越接近 t_{a1}。

5.2　分布式文件系统

5.2.1　分布式文件系统的基本概念

1. 文件

文件是具有符号名和一组数据项的有序序列。数据项是构成文件内容的基本单位。读指针用来记录数据项的读取位置，它指向下一个将要读取的数据项。写指针用来记录数据项的当前写入位置，它指向下一个将要写入的数据项的写入位置。

文件也可以定义为存储在外部存储介质上的数据的集合。文件是以大容量存储介质（如磁盘和磁带等）为载体，存储在计算机上的数据集合。文件可以是文本、图片、程序等。文件通常具有三个字母的文件扩展名，用于指示文件类型（例如，图片文件常常以 JPEG 格式保存，因而文件扩展名为".jpg"）。

按性质和用途，可把文件分为系统文件、用户文件；按文件的逻辑结构可把文件分为流式文件、记录式文件；按文件的保存期限可把文件分为临时文件、永久性文件、档案文件；按文件的物理结构可把文件分为顺序文件、链接文件、索引文件、Hash 文件、索引顺序文件；按文件的存取方式可把文件分为顺序存取文件、随机存取文件；UNIX 系统中文件分为普通文件、目录文件、特殊文件。

2. 文件系统

计算机操作系统中实现管理和存储文件信息的软件机构称为文件管理系统，简称文件系统。文件系统由三部分组成：实现文件统一管理的一组软件、被管理的文件，以及为实施文件管理所需要的一些数据结构。从系统角度来看，文件系统是对文件存储设备的空间进行组织和分配，实施文件存储，并对存入的文件进行保护和检索的系统。具体地说，它负责为用户建立文件，存入、读出、修改、转储文件，控制文件的存取，当用户不再使用时删除文件，等等。

文件系统是共享数据的主要方式之一，是操作系统在大容量存储设备上存储和检索数据的方法，这些存储设备可以是本地的，也可以是通过网络连接的（如 SAN）。本地文件系统，即文件系统管理的数据放置在本地物理设备，操作访问数据不需要连接网络。随着计算机技术和网络技术的发展、存储规模的扩大，推动了分布式技术的发展，出现了分布式文件系统（DFS），其用于管理分布在网络上的文件。分布式文件系统通过为一个或多个域中不同计算机上的共享数据创建一个单一的文件视图，提供一个统一文件接口，使用户在网上操作文件变得更容易。

3. 分布式文件系统

分布式文件系统的设计基于客户机 / 服务器模式。一个典型的网络可能包括多个供多用户访问的服务器。另外，对等特性允许一些系统扮演客户机和服务器的双重角色。例如，用户可以"发表"一个允许其他客户机访问的目录，一旦被访问，这个目录对客户机来说就如同使用本地驱动器一样。下面是三个基本的分布式文件系统。

（1）网络文件系统（NFS）

NFS 最早由 Sun 公司作为 TCP/IP 网上的文件共享系统开发。据估计至 2014 年 3 月大约有数百万个系统在运行 NFS，大到大型计算机、小至 PC，其中至少有 80% 的系统是非 Sun 平台。

NFS 是 FreeBSD 支持的文件系统中的一种，允许一个系统在网络上与他人共享目录和文件。通过使用 NFS，用户和程序可以像访问本地文件一样访问远端系统上的文件。

NFS 最明显的好处是：

- 本地工作站使用更少的磁盘空间，大部分数据可以存放在一台服务器上，可以通过网络访问到。
- 用户不必在每个机器里头都拥有一个 home 目录。home 目录可以放在 NFS 服务器上，并且在网络上处处可用。

- CDROM、磁带机等存储设备可通过网络被其他机器共享使用，这可以减少整个网络上可移动介质设备的数量。

（2）Andrew 文件系统（AFS）

AFS 是由 CMU 与 IBM 公司联合研制的的一种分布式文件系统，它的主要功能是用于管理分布在网络不同节点上的文件。AFS 3.0 是最高版本。AFS 的工作后来转移到 Transarc 公司，演变为 OSF 分布式计算环境（DCE）的分布式系统（DFS）组成部分。1998 年 IBM 公司收购了 Transarc，并使 AFS 成为一个开放源码产品，叫作 OpenAFS。同时，OpenAFS 衍生了其他分布式文件系统，如 Coda 和 Arla。

与普通文件系统相比，AFS 的主要特点在于三个方面：分布式、跨平台、高安全性。

分布式有两方面的含义：其一，AFS 是一种采用分布式结构的文件系统，AFS 的各个组件能够分布在网络中的不同机器上，并通过一定的机制协同工作。它并不是简单地 C/S 结构，也并不像 C/S 结构的客户端那样仅为服务器端提供接口，所有的功能都集中在服务器端。AFS 的各个组件都能够独立地完成某种功能，同时这些组件在一定的机制协调下又形成一个完整的系统。其二，AFS 是一种能够管理分布式文件数据的文件系统，它不但可以把分布在不同网络节点上的存储资源组织成一个虚拟的存储空间，而且能够提供跨平台的文件管理功能。

跨平台管理功能能够使用户方便、高效地共享分布在网络中的文件。用户并不需要考虑文件保存在什么地方，也不用考虑文件保存在哪种操作系统上，AFS 提供给用户的只是一个透明的、唯一的逻辑路径，通过这个逻辑路径，用户就像面对一个文件目录一样，这个目录下的内容无论是在什么地方访问都是一致的。因此，AFS 的这种功能往往被用于用户的 home 目录，以使得用户的 home 目录唯一，而且避免了数据的不一致性。

高安全性的实现是通过鉴权数据库与 ACL（Access Control List，访问控制列表）的配合，为用户提供更高的安全性。用户使用 AFS 时首先需要验证身份，只有合法的 AFS 用户才能够访问相应的 Cell（一个 Cell 就相当于一个 AFS 独立结构，该 Cell 具有 AFS 文件系统的全部功能）；其次，用户还需要在保护数据库中读取相应的 ACL 列表，以确定他是否有权力读写某一个文件。因此，AFS 提供了更优于传统 UNIX 系统的安全性能。

AFS 的目录结构是全球统一的。根据规定，AFS 的前两级目录必须由"/afs/cellname"组成，其中，cellname 可替换为不同单位的 Cell 名称。

AFS 的优势包括：

- 历史悠久，技术成熟。
- 有较强的安全性。
- 支持单一、共享的名字空间。
- 良好的客户端缓存管理极大地提高了文件操作的速度。

但以 AFS 作为集群中的共享文件系统也存在一些问题：

- 消息模型：与 NFS 一样，AFS 作为早期的分布式文件系统是基于消息传递模型的，为典型的 C/S 模式，客户端需要经过文件服务器才能访问存储设备，维护文件共享语义的开销往往很大。

- 性能方面：它使用本地文件系统来缓存最近被访问的文件块，但却需要一些附加的极为耗时的操作，结果要访问一个 AFS 文件要比访问一个本地文件多花一倍的时间。

- 吞吐能力：AFS 设计时考虑得更多的是数据的可靠性和文件系统的安全性，并没有为提高数据吞吐能力做优化，也没有良好地实现负载均衡；而当今互联网应用则经常面对海量数据的冲击，必须提高文件系统的 I/O 并行度，最大化数据吞吐率。

- 容错性较差：由于它采用有状态模型，在服务器崩溃、网络失效或者其他一些像磁盘满等错误时，都可能产生意料不到的后果。

- 写操作慢：AFS 为读操作做优化，写操作却很复杂，读快写慢的文件系统不能提供好的读、写并发能力。

由于对新文件系统的不断探索与改进，AFS 已经明显处于要退出的状态了，Coda 和 Arla 是两个代表性的新发展成果。

Coda 文件系统是改进原始的 AFS 系统的第一次尝试。1990 年前后，Coda 文件系统发布了一个不同的缓存管理器：Venus。Venus 支持 Coda 客户机的连续操作，即使客户机已经从分布式文件系统断开了。Venus 具有与 AFS Cache Manager 完全相同的功能，即把文件系统任务从内核内部取出。

Arla 是一个提供 OpenAFS 的 GPL（General Public License，通用性公开许可证）实现的瑞典项目，但是大部分的开发都发生在 1997 年以后。Arla 像 OpenAFS 一样，运行在所有的 BSD 系列、内核 V2.0x 版本以上的许多 Linux 内核以及 Sun Solaris 之上。Arla 确实为 AFS 实现了一个原本不在 AFS 代码中的功能：断开操作。但是具体情况可能会不同，开发人员也还没有完成测试。

至今，AFS 及其变种仍然活跃在分布式文件系统的研究和应用领域。

（3）分布式文件系统（DFS）

DFS 是 AFS 的一个版本，作为开放软件基金会（OSF）的分布式计算环境（DCE）中的文件系统部分，DFS 以透明方式链接文件服务器和共享文件夹，然后将其映射到单个层次结构，以便可以从一个位置对其进行访问，而实际上数据却分布在不同的位置。用户不必再转至网络上的多个位置以查找所需的信息，而只需连接到：\\DfsServer\Dfsroot。

用户在访问此共享中的文件夹时将被重定向到包含共享资源的网络位置。这样，用户只需知道 DFS 根目录共享即可访问整个企业的共享资源。

如果文件的访问仅限于一个用户，那么分布式文件系统就很容易实现。但在许多网络环境中这种限制是不现实的，必须采取并发控制来实现文件的多用户访问。并发控制表现为如下几个形式：

- 只读共享：任何客户机只能访问文件，而不能修改它，这实现起来比较简单。

- 受控写操作：采用这种方法，可有多个用户打开一个文件，但只有一个用户进行写修改。而该用户所做的修改并不一定出现在其他已打开此文件的用户的屏幕上。

- 并发写操作：这种方法允许多个用户同时读写一个文件。但这需要操作系统做大量的监控工作以防止文件重写，并保证用户能够看到最新信息。这种方法即使实现得很好，许多环境中的处理要求和网络通信量也可能使它变得不可接受。

5.2.2 分布式文件系统的关键技术

1. 统一名字空间

统一名字空间是指服务器上的每一个目录和文件在该文件系统中都有一个统一的、唯一的名字。统一的名字空间实现简单，便于管理。一般的分布式文件系统都是按这种方式实现。

对于名字空间服务器也就是元数据服务器来讲，要实现统一的名字空间必须有相应的固化数据，使得系统每次启动时服务器都能获得整个文件系统的目录树。这通常会在名字空间服务器的本地使用文件来进行存储。该文件按一定的格式记录了整个系统的目录树，也就是文件系统存储了哪些文件和这些文件的属性信息，最重要的是这些文件的存储服务器的位置。这样系统每次启动时就读取该配置文件，使用一定的算法在内存中形成名字空间的目录树，而每一个文件就是这棵树的一个叶节点，这样就可以保证名字空间的一致性。这也是众多分布式文件实现的方式，如 GFS、FastDFS、KFS 等。

2. 锁管理机制

分布式并行文件系统设计用于为多进程并行访问提供高速 I/O。这些进程往往分布在组成并行计算机或集群的大量节点或计算机上。与本地文件系统的锁管理机制不同，分布式文件系统的锁管理机制更为复杂。因为涉及多个应用也就是客户端对文件系统的访问更改。而且这些客户端来自不同的地址，也就是它们之间的连接必须通过网络传输，因此锁管理的实现对数据的一致性十分重要。为了保证多个计算节点共享系统中文件数据的一致性，系统必须同步多个节点对共享文件数据的访问。分布式锁管理（Distributed Lock Manager，DLM）为实现这种同步提供了一种有效手段。关于 DLM 已经有很多研究，很多商业应用中也都集成了分布式锁管理，如 RHGFS、GPFS、Lustre 等。

3. 副本管理机制

数学分析和副本机制是分布式文件系统的核心技术，作为商业的文件系统，必须具备良好的容错性，也就是一旦出现软硬件的差错导致数据丢失应该知道怎样处理。这种情况在生产环境中会经常出现。使用 RAID 进行数据备份，这不仅对硬件要求较高，并且对系统运行的性能也会产生一定影响。因此在分布式文件系统中实现了一种机制来达到容错性，这就是副本管理机制。通常在分布式文件系统中文件都被划分成多个块，而对于每一块，文件系统并不是只存储一个副本，而是可以根据用户的需要存储一块数据的多个副本，这样如果一个副本丢失，还可以使用其他副本代替，进而达到容错性的效果。副本机制中对于副本的管理是一个难点，一个良好的副本管理算法将有助于系统性能和可靠性的提高。副本的创建策略也很难事先确定，通常有两种解决办法，一是通过经验值实现确定文件的副本创建参数，这需要较多的运行数据作为参考；二是使用智能副本创建策略，也就是在需要创建副本的时候如某文件访问频率过大，造成系统热点时系统能够自动运行创建程序。同时副本创建在什么地方也是一个难点，通常文件块的几个副本应该尽量存储在不同的服务器上，从概率上减小该文件块丢失的可能性，而且副本的存放地点还要考虑到客户端的读取，应尽量分布在不同的数据中心，使得更多的客户端都可以读到离自己较近的数据块。

除此之外，副本复制的地点还应考虑服务器当时的运行状况和磁盘负载情况，总之以上情况都需要综合考虑，所以使得副本复制的地点选择十分复杂。同时副本的创建还要考虑时机的问题，当系统十分繁忙的时候，显然应该首先满足应用的访问需求，而降低副本复制的优先级。当系统空闲下来，就可以考虑进行副本复制。副本的读机制是副本机制的优势所在，在读其他节点上的文件时，如果本节点上有副本则直接从副本中读取，从而减少网络传送的开销，也分担文件访问的负载。在 Google 的分布式计算框架 MapReduce 中，将计算向数据迁徙就是读重定向的一个很好体现。

4. 数据存取方式

数据的存取主要涉及两个方面，一是文件的分块，二是文件的放置地点的选择。分布式文件系统的文件数据存储所关心的问题也是高效的数据分片技术和高效的数据放置方法。高效的数据分片技术可以提高文件数据存取的并发度，而高效的数据放置策略可以提高文件数据的高可靠性、I/O 服务器的负载平衡能力。多数文件系统采用的分块技术非常简单，就是将文件均分为大小相等的块，然后轮询地放置在所有服务器上，或者根据用户配额放置在指定的服务器上。而数据的放置策略，主要是涉及数据访问的"距离"，一个好的数据放置策略能够加快应用对数据的访问速度。研究表明，科学应用通常访问的是文件中许多小的不连续的数据区域。有文献的研究表明，80% 的并行文件访问使用一种跨越式文件访问模式。如果必须使用连续的 I/O 请求来执行这些数据访问的话，会产生大量的 I/O 请求处理开销，势必会影响应用程序的运行时间。目前对不连续访问模式问题的解决方案包括多重 I/O 请求方法和数据缝合 I/O 技术。

5. 安全机制

在传统的分布式文件系统中，所有对文件系统的操作都必须经过元数据服务器，因此整个文件系统的访问权限控制都在元数据服务器里实现。在这样的情况下，安全性比较容易实现，一般采用简单的身份验证和访问授权的形式。

6. 可扩展性

应用对分布式文件系统性能的要求在不断地增长。分布式文件系统通过扩充系统规模来取得更好的性能和更大的容量。不过分布式文件系统的扩充性也是有限的，这主要取决于系统的设计，采用单点服务器就容易限制系统的扩展性，如 HDFS 等。

除此之外，文件系统的快照和备份技术、热点文件处理技术、元数据集群的负载平衡技术、数据的缓冲和预取技术等，也是分布式文件系统领域的研究热点和难点。

5.2.3 Ceph：一个 Linux PB 级分布式文件系统

最初 Ceph 是一项关于存储系统的 PHD 研究项目，由 Sage Weil 在 UCSC（加州大学 Santa Cruz 分校）实施。不久以后，Ceph 就加到了 Linux 内核（从 2.6.34 版开始）。Ceph 目前还不适用于生产环境，但在测试中非常有用。本节介绍了 Ceph 文件系统及其独有的功能，这些功能让它成为可扩展分布式存储的最具吸引力的备选。

1. Ceph 的目标

Ceph 的目标设定为：

- 可轻松扩展到数 PB 级容量。
- 对多种工作负载的高性能（IOPS 和带宽）。
- 高可靠性。

这些目标之间会互相竞争，例如，可扩展性会降低或者抑制性能或者影响可靠性。Ceph 引入了动态元数据分区、数据分布和复制等概念。Ceph 的设计包括保护单一故障点的容错功能，它假设大规模（PB 级存储）存储故障是常见现象。它的设计并没有假设某种特殊工作负载，但是包括适应变化的工作负载。它利用 POSIX 的兼容性完成所有这些任务，允许它对当前依赖 POSIX 语义的应用进行透明的部署。最后，Ceph 是开源分布式存储，也是主线 Linux 内核（2.6.34）的一部分。

2. Ceph 的体系结构

Ceph 生态系统可以大致划分为四部分：客户端（数据用户）、元数据服务器（缓存和同步分布式元数据）、对象存储集群（将数据和元数据作为对象存储，执行其他关键职能），以及集群监视器（执行监视功能），如图 5-5 所示。

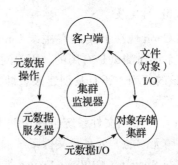

图 5-5　Ceph 生态系统的概念架构

由图 5-5 可知，客户端使用元数据服务器，执行"元数据操作"来确定数据位置。元数据服务器管理数据存放的位置。元数据存储在一个存储集群中，通过"元数据 I/O"进行访问。实际的文件 I/O 发生在客户端和对象存储集群之间。一般 POSIX 功能（如读、写）由对象存储集群直接管理，而更高层次的 POSIX 功能（如打开、关闭、重命名）就由元数据服务器管理。

Ceph 简 化 后 分 层 视 图 如 图 5-6 所示。多个服务器通过一个客户端接口访问 Ceph 生态系统，元数据服务器和对象存储器均可由 Ceph 客户端接口访问。对象

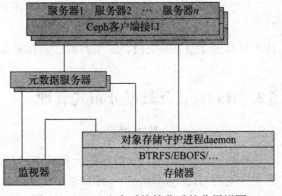

图 5-6　Ceph 生态系统简化后的分层视图

存储集群通过对象存储守护程序（Object storage daemon）与其他模块通信。存储设备的格式有 BTRFS（B-TRee File System）、EBOFS（Extent and B-tree-based Object File System），监视器用于识别组件故障。

3. Ceph 组件

Ceph 和传统文件系统的差异之一就是，它将智能都用在了生态环境而不是文件系统本身。

一个简单的 Ceph 生态系统包括：

- Ceph Client：Ceph 文件系统的客户。
- Ceph Metadata Daemon：提供了元数据服务器。
- Ceph Object Storage Daemon：提供了实际存储（包括数据和元数据两者）。
- Ceph Monitor：提供了集群管理。

Ceph 客户、对象存储端点、元数据服务器（根据文件系统的容量）可以有许多，而且至少有一对冗余的监视器。

如果文件系统的动态和自适应特性不够，Ceph 还执行一些用户可视的有用功能。例如，用户可以在 Ceph 的任何子目录上（包括所有内容）创建快照。文件和容量计算可以在子目录级别上执行，它报告一个给定子目录（以及其包含的内容）的存储大小和文件数量。

4. Ceph 的发展

虽然 Ceph 现在被集成在主线 Linux 内核中，但只是标识为实验性的。在这种状态下的文件系统对测试是有用的，但是对生产环境还没有做好准备。但是考虑到 Ceph 加入 Linux 内核的行列，还有其创建人想继续研发的动机，不久之后它应该就能用于解决海量存储需要了。

Ceph 在分布式文件系统空间中并不是唯一的，但它在管理大容量存储生态环境的方法上是独一无二的。分布式文件系统的其他例子包括 Google File System（GFS）、General Parallel File System（GPFS）、Lustre 等。Ceph 背后的想法为分布式文件系统提供了未来的发展空间，因为海量级别存储已成为存储领域的严峻挑战。

Ceph 不只是一个文件系统，还是一个有企业级功能的对象存储生态环境。在章末的"进一步阅读文献"中，"组建小型 Ceph 集群"介绍了如何构建一个 Ceph 集群。Ceph 填补了分布式存储中的空白，这个开源产品在未来如何演变也值得关注。

5.3　Hadoop 及数据分布式管理

5.3.1　Hadoop 的基本概念

Hadoop 是一个适合大数据的分布式存储和计算的平台。什么是分布式存储？这就是后面要介绍的 Hadoop 核心之一 HDFS；什么是分布式计算？这也是后面要介绍的 Hadoop 另外一个重要的核心 MapReduce。

Hadoop 的优点如下：

低成本。Hadoop 本身是运行在由普通 PC 服务器组成的集群中进行大数据的分发及处理工作的，这些服务器集群可以支持数千个节点。Hadoop 实现了一个分布式文件系统——Hadoop Distributed File System，简称 HDFS。HDFS 具备高容错性的特点，并且设计用来部署在低成本的硬件上。

高效性。这也是 Hadoop 的核心竞争优势所在，接收到客户的数据请求后，Hadoop 可以在数据所在的集群节点上并发处理。

可靠性。通过分布式存储，Hadoop 可以自动存储多份副本，当数据处理请求失败后会自动重新部署计算任务。

可扩展性。Hadoop 的分布式存储和分布式计算是在集群节点完成的，这也决定了 Hadoop 可以扩展至更多的集群节点。

Hadoop 安装方式只有三种：本地安装；伪分布安装；集群安装。

Hadoop 作为 Apache 基金会资助的开源项目，由 Doug Cutting 带领的团队进行开发，基于 Lucene 和 Nutch 等开源项目，实现了 Google 的 GFS 和 MapReduce 思想。2004 年，Doug Cutting 和 Mike Cafarella 实现了 Hadoop 分布式文件系统和 MapReduce，并发布了最初版；2005 年 12 月，Hadoop 已经可以稳定运行在由 20 个节点组成的集群上；2006 年 1 月，Doug Cutting 加入雅虎公司，同年 2 月 Apache Hadoop 项目正式支持 HDFS 和 MapReduce 的独立开发。2009 年，Doug Cutting 从雅虎跳槽到 Cloudera 这个新兴公司，为 Hadoop 提供了专业的商业支持，使企业可以更方便快速地安装。

Hadoop 是在 Internet 上对搜索关键字进行内容分类的最受欢迎的工具之一，但它也可以解决许多大规模的问题。例如，如果要 grep（global search regular expression and print out the line，全局搜索正则表达式并把行打印出来）一个 10TB 的巨型文件，在传统的系统上这将需要很长的时间。但是 Hadoop 在设计时就考虑到这些问题，它采用并行执行机制，因此能大大提高效率。

5.3.2　Hadoop 的实现

Hadoop 是项目的总称。主要是由 HDFS 和 MapReduce 组成。HDFS 是 Google File System（GFS）的开源实现。MapReduce 是 Google MapReduce 的开源实现。

Hadoop 的分布式框架很有创造性，而且可扩展性好，使得 Google 在系统吞吐量上有很大的竞争力。因此，Apache 基金会用 Java 实现了一个开源版本，支持 Fedora、Ubuntu 等 Linux 平台。雅虎和硅谷风险投资公司 Benchmark Capital 宣布，他们将联合成立一家名为 Hortonworks 的新公司，接管被广泛应用的数据分析软件 Hadoop 的开发工作。

Hadoop 实现了 HDFS 文件系统和 MapRecue。用户只要继承 MapReduceBase，提供分别实现 Map 和 Reduce 的两个类，并注册 Job 即可自动分布式运行。

HDFS 把节点分成两类：NameNode 和 DataNode。NameNode 是唯一的，程序与之通信，然后从 DataNode 上存取文件。这些操作是透明的，与普通的文件系统 API 没有区别。

MapReduce 则是以 JobTracker 节点为主，分配工作以及负责与用户程序通信。

HDFS 和 MapReduce 实现是完全分离的，并不是没有 HDFS 就不能进行 MapReduce 运算。

Hadoop 也跟其他云计算项目有共同点和目标：实现海量数据的计算。而进行海量计算需要一个稳定的、安全的数据容器，因此才有了 Hadoop 分布式文件系统（HDFS）。

HDFS 通信部分使用 org.apache.hadoop.ipc，可以很快使用 RPC.Server.start() 构造一个节点，具体业务功能还需自己实现。针对 HDFS 的业务则为数据流的读写、NameNode/DataNode 的通信等。

MapReduce 主要使用 org.apache.hadoop.mapred，实现提供的接口类，并完成节点通信（可以不是 Hadoop 通信接口），就能进行 MapReduce 运算。

5.3.3 Hadoop 的应用

Hadoop 最常见用法之一是 Web 搜索。作为一个并行数据处理引擎，它的表现非常突出。Hadoop 最有趣的方面之一是 Map and Reduce 流程，它受到 Google 开发的启发。这个流程称为创建索引，它将 Web 爬行器检索到的文本 Web 页面作为输入，并且将这些页面上的单词的频率报告作为结果，然后可以在整个 Web 搜索过程中使用这个结果从已定义的搜索参数中识别内容。

最简单的 MapReduce 应用程序至少包含 3 个部分：一个 Map 函数、一个 Reduce 函数和一个 main 函数。main 函数将作业控制和文件输入输出结合起来。在这点上，Hadoop 提供了大量的接口和抽象类，从而为 Hadoop 应用程序开发人员提供许多工具，可用于调试和性能度量等。

MapReduce 本身就是用于并行处理大数据集的软件框架。MapReduce 的根源是函数性编程中的 map 和 reduce 函数。它由两个可能包含许多实例（许多 Map 和 Reduce）的操作组成。Map 函数接收一组数据并将其转换为一个键 / 值对列表，输入域中的每个元素对应一个键 / 值对。Reduce 函数接收 Map 函数生成的列表，然后根据它们的键（为每个键生成一个键 / 值对）缩小键 / 值对列表。如图 5-7 所示。

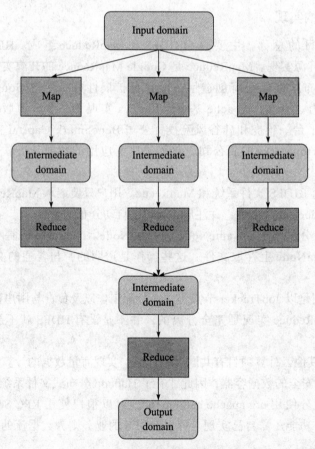

图 5-7　MapReduce 流程的概念流

假设输入域是 "one small step for man, one giant leap for mankind"。在这个域上运行

Map 函数将得出以下键 / 值对列表：

```
(one,1)(small,1)(step,1)(for,1)(man,1)(one,1)(giant,1)(leap,1)(for,1)
(mankind,1)
```

如果对这个键 / 值对列表应用 Reduce 函数，将得到以下一组键 / 值对：

```
(one,2)(small,1)(step,1)(for,2)(man,1)(giant,1)(leap,1)(mankind,1)
```

结果是对输入域中的单词进行计数，这无疑对处理索引十分有用。但是，假设有两个输入域，第一个是 "one small step for man"，第二个是 "one giant leap for mankind"。可以在每个域上执行 Map 函数和 Reduce 函数，然后将这两个键 / 值对列表应用到另一个 Reduce 函数，这时得到与前面一样的结果。换句话说，可以在输入域并行使用相同的操作，得到的结果是一样的，但速度更快。这便是 MapReduce 的威力；它的并行功能可在任意数量的系统上使用。

回到 Hadoop 上，它是如何实现这个功能的？一个代表客户机在单个主系统上启动的 MapReduce 应用程序称为 JobTracker。类似于 NameNode，它是 Hadoop 集群中唯一负责控制 MapReduce 应用程序的系统。在应用程序提交之后，将提供包含在 HDFS 中的输入和输出目录。JobTracker 使用文件块信息（物理量和位置）确定如何创建其他 TaskTracker 从属任务。MapReduce 应用程序被复制到每个出现输入文件块的节点，将为特定节点上的每个文件块创建一个唯一的从属任务。每个 TaskTracker 将状态和完成信息报告给 JobTracker。

Hadoop 的这个特点非常重要，因为它并没有将存储移动到某个位置以供处理，而是将处理移动到存储。这通过根据集群中的节点数调节处理，因此支持高效的数据处理。

5.4 海量传感数据管理系统的设计

5.4.1 海量传感数据管理系统的设计要求

海量传感数据管理系统需要满足以下功能要求：

传感数据上传功能。海量传感数据管理系统的传感数据上传功能要求无线传感器可以自动地采集传感数据后自行上传，可以通过汇聚节点连接的计算机经由 Internet 上传，也可以使用 Wi-Fi 经过 Internet 上传，这部分主要是硬件部分。

传感数据报警功能。海量传感数据管理系统的传感数据报警功能要求传感器在发现采集的数据超过阈值时，自动发出警鸣，并且在上传数据到云计算数据中心后，服务器通过短信、电话等方式向用户报告警报信息。

传感数据存储管理功能。海量传感数据管理系统的传感数据存储管理功能要求云计算数据中心将接收到的传感数据全部保存起来，方便用户查阅，也可以对海量数据进行分析研究。

传感数据查看功能。海量传感数据管理系统的传感数据查看功能要求系统将传感数据简单、直观、方便地呈现到用户面前，使用户可以通过网页浏览器或手机进行浏览查看。

5.4.2 海量传感数据管理系统的总体结构

海量传感数据管理系统将数据库部署在云端，可以同时接收成千上万传感器发来的数据，并进行存储管理。用户只需将传感器放在需要监测的地方，并有一台可以上网的计算机或拥有无线网络，即可通过因特网传入云计算数据中心，数据中心会根据用户设置的报警阈值对传入的数据进行监控，假如超过警报线就会以发送短信、电话、电子邮件等方式向用户通知报警事态。同时，用户可以通过网页浏览器和手机随时随地了解传感器的监控情况。其总体结构如图 5-8 所示。

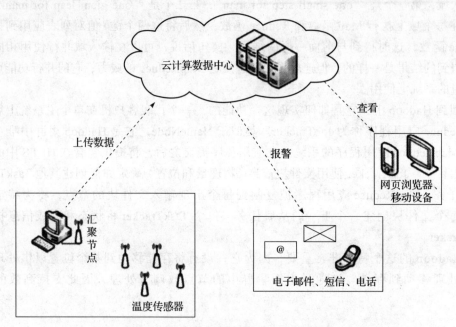

图 5-8　海量传感数据管理系统总体结构

5.4.3　HBase 数据库设计

本节设计的数据表以温度传感数据为例，可以根据实际需要添加湿度、光照等数据。

SensorInfo：这个表存放传感器的信息，可以包括传感器类型 type、观测的地点 location、所有者 owner 等信息。在 HBase 中存储时，行键是 sensorID，一个列族 info，其又包含 3 列，即 type、location、owner。

SensorData：这个表存放温度传感数据。行键是 sensorID 和逆序时间戳组成的组合键，这个表有一个列族 data，其包含一列 temp，其值为对应的传感器传入的温度值。

5.4.4　传感数据存储管理功能

创建表。数据表需要在 HBase Master 上提前建立，可以通过 HBase Shell 建立 SensorInfo 表和 SensorData 表。

```
create 'SensorInfo', 'info';
create 'SensorData', 'data';
```

删除表。同创建表一样，可以使用 HBase Shell 来操作，删除 SensorInfo 表的命令如下：

```
disable SensorInfo;
drop SensorInfo;
```

向 SensorData 表中插入数据。sensorID 为 998 的传感器向 SensorData 表插入采集到的温度数据 "26.345" 时，可以调用如下命令：

```
insertData("SensorData", new String[]{"998","data","temp", "26.345"});
```

向 SensorInfo 表中插入数据。与向 SensorData 表中插入数据操作相似，只不过不需要行键转换，直接把行键转化为字节数组即可。

5.4.5 传感数据查看功能

查询 SensorInfo 表中的数据。用户通过网站可以查询指定传感器 ID 的信息，使用 Java Servlet 查询 SensorInfo 表。查询 sensorID 为 998 的信息可以调用：

```
getSensorInfo("998");
返回结果为 { "998","temperature sensor"}。
```

查询 SensorData 表中的数据。用户通过网站也可以查询指定传感器 ID 采集的数据，使用 Java Servlet 查询 SensorData 表，由于其数据量比较大，采用 HBase 扫描器进行依次读取，每次最多读取 100 行。查询 sensorID 为 998 的数据可以调用：

```
getSensorData("998");
```

浏览表操作。为了方便管理员通过网站浏览所有传感器信息，使用 Java Servlet 进行遍历数据表的操作。查询 SensorInfo 表可以调用：

```
getAll("SensorInfo");
```

5.5 适应新型存储介质的存储体系结构

随着存储硬件技术的持续发展，性能更优的新型存储介质不断出现，原有的存储体系结构往往难以充分发挥新型存储介质的性能，因此，有必要研究存储体系结构如何满足新型存储介质对体系结构要求的问题。

5.5.1 存储体系结构的变化

根据 2013 年针对超大规模数据中心的总体结构、业界标准的服务器结构以及企业级存储系统结构进行的一项广泛调查，可以发现有两个主要的原因导致了存储结构的变革。

1. SSD 的应用增长迅速

随着 SSD 存储介质的容量增加、价格下降，SSD 应用急剧增长。图 5-9 为 IDC 对全球固态存储市场（2012 ~ 2017 年）的分析及预测报告。

	2012	2013	2014	2015	2016	2017	2012-2017 CAGR(%)
Shipments (000)							
Desktop PC	881.4	1505.6	2552.2	4579.2	7619.3	10 623.4	64.5
Portable PC	26 279.2	35 607.2	44 088.2	53 270.2	62 696.1	72 580.1	22.5
Dual-drive PC	6814.2	14 393.3	21 347.7	21 882.1	22 160.3	20 232.0	24.3
Consumer electronics	1653.1	5518.6	11 167.4	18 412.6	23 575.0	30 178.7	78.8
Enterprise MLC	2161.2	3446.7	5306.3	7694.2	10 143.9	12 922.4	43.0
Enterprise SLC	537.1	413.1	353.3	289.2	235.3	230.9	− 16.6
Enterprise DRAM	0.3	0.3	0.3	0.3	0.3	0.3	− 0.2
Industrial	7255.5	7511.5	7700.8	7859.1	8046.6	8388.6	2.9
Military	297.0	312.1	327.0	348.5	372.2	398.5	6.1
Total	45 915.0	68 708.4	92 843.2	114 335.5	134 849.1	155 555.0	27.6
Revenus ($M)	6784.4	8462.0	9936.6	11 612.7	12 923.6	14 206.2	15.9
ASP ($)	148	123	107	102	96	91	− 9.2
Capacity shipped (TB)	5 129 774	9 045 946	13 843 692	21 271 663	31 243 970	44 382 634	54.0

数据来源：IDC，2013

图 5-9　SSD 出货量预测

由图 5-9 可见，企业级 SSD 的出货量将在 2017 年超过 1300 万片。在读密集型应用中，大量 PC 级 SSD（非企业级）也将运用到服务器应用中，尤其在超大规模数据中心服务器中的运用更为广泛。这意味着平均每台服务器将会带有多于 1.5 个 SSD，而常见的数据中心服务器中 SSD 的数量更为可观。因此，SSD 的存储技术将会带来广泛的影响，不仅是在高性能服务器领域，同时也影响到主流的服务器。虽然 SSD 平均售价在逐年下降，但出货量和销售额都在迅速增长。

2. SSD 性能有显著提升

高端 HDD 与 SSD 的性能有何差异，图 5-10 给出了 SSD 与 HDD 的性能对比。从图 5-10 可以看出，SSD 能提供明显的性能提升：每秒 I/O 数提高 1965 倍，延迟有 100 倍以上的改进，带宽增加了 16 倍。

Property	15K RPM HDD	PCI SSD	Improvement
Transactions	400IOPs	785 000IOPs	+ 1965x
Latency	15 000us	50us	+ 100x
Bandwidth	200MB/s	3200MB/s	+ 16x

图 5-10　SSD 与 HDD 性能对比

性能上的巨大改善给现有的存储体系结构带来了前所未有的挑战，具体表现在：

IOPS 挑战。只需 1 ～ 2 个 SSD 就能让 SAS（Serial Attached SCSI，串行 SCSI）控制器的最大 IOPS 性能达到饱和。

吞吐量的挑战。只需 1 ～ 2 个 SSD 就能让 SAS 控制器的最大吞吐量性能达到饱和。

延迟的挑战。当前的 SAS I/O 架构并非针对延迟而优化，可能远远超出访问时间。主要的系统延迟形态为：

● 主机软件堆栈延迟：堆栈的优化目标是将寻道所用的 IOPS 降至最低。

- IOC 延迟：IOC 需要对主机请求进行语法分析，并将其转化为 SAS I/O，通常需要一个嵌入的 CPU 来运行固件，以处理 I/O 请求并做出响应。
- SAS 网格仲裁延迟：由于 SAS 协议中非抢占性连接主导的特性，网格仲裁延迟的变化范围很大。即便是最高优先级的 I/O 请求也需要等待正在进行中的连接完成数据传输并关闭，然后用于此高优先级 IO 请求的新连接才能建立起来。连接的持续时间则取决于 IO 的数据大小。

扇出与设备共享带来的挑战。由于 SSD 与 HDD 相比，带来了巨大的性能改善，对许多应用（如数据库应用）而言，系统的瓶颈可能就从 I/O 转移到了 CPU。HDD 作为存储设备时，常见的 I/O 密集型应用需要许多 HDD 来提供汇聚的 I/O 吞吐量及 IOPS，才能与一个 CPU/ 主板的处理能力相匹配。因此，当需要将一个主机与多个 HDD 相连（1:N 扇出）时，通常采用 SAS 技术来实现 I/O 扇出式的架构。而采用 SSD 时，存储与 CPU 的性能比反了过来。为了运行同一个应用，可能需要多个 CPU/ 主板来产生足够的 I/O 访问以充分利用单个 SSD。随着摩尔定律的失效，半导体性能的提升速度放缓，可以预见到 SSD IOPS 的提升将会快过 CPU 时钟频率的提升，因此 SSD 与 CPU 之间 IOPS 的差距预计将随着时间而持续增加。这就意味着更加均衡的设计需要有扇入式的 I/O 网格来连接多个主机，共享单个 SSD 的访问权（N:1 扇入）。此外，为了容量扩展的需要，此 I/O 架构还需要支持 N:M 扇入 / 共享的能力。

因此，必须研究新的存储体系结构以应对这些挑战。

另外一个重要的考虑依据是，SSD 是否会彻底取代 HDD 成为唯一的存储设备？图 5-11 给出了低容量盘（250GB 及 500GB）的 SSD/HDD 之间的历史价格对比。由此可见，对 500GB 盘而言，SSD/HDD 的价格比大约为 8：1，而对于 250GB 盘则是 4：1。对于更高容量的盘而言，价格比大概稳定在 10：1。其他更为复杂的研究也提供了设备密度提升的预测，基本上都归结到摩尔定律（每 18 个月集成电路上可容纳的晶体管数目会增加一倍）对半导体存储技术长期演进的推动，以及克莱德法则（每 13 ~ 18 个月同一价格的硬盘存储容量会翻一番）对磁盘密度的驱动。

这些研究带来的关键启示如下：

- 未来十年中，大容量盘仍然以 HDD 为主。目前基于 NAND 闪存的 SSD 技术不会超过 HDD 的密度。可能需要量产新非易失性存储技术来改变密度竞争的格局。
- 对低容量盘而言，SSD 与 HDD 之间的价格差距正在拉近，SSD 也许会与 HDD 的价格相近，在不久的将来成为主要的存储设备。
- 采用 NAND 及机械旋转机制来进行数据存储的混合盘可能会出现，成为中等容量区间中的主要存储设备。PC 用户已经在使用混合盘。但是，由于服务器可以在系统层面混合 SSD 和 HDD 并提供更加直接的控制，因此，融合 NAND 以及物理转盘的混合盘在企业级服务器 / 阵列及数据中心中的使用仍然不明朗。

因此，未来十年采用的存储体系结构必须为 SSD 与 HDD 的混合应用提供强有力的支持。

从磁盘接口协议的角度来看，目前低价 HDD 市场中主要采用 SATA 连接，而具备冗余访问的高性能 / 可靠性的 HDD 则采用 SAS 连接。两种协议都针对 HDD 的性能特性而进行优化。虽然 SATA 和 SAS 已经用作 SSD 的接口协议，但充分利用 PCIe 总线接口的低延迟以及高带宽的 SSD 新协议（如 NVMe 和 SCSIe）已经出现。

综上所述，SSD 的飞速发展为存储体系结构带来了前所未有的压力与挑战。在未来存储体系结构的构想中，SSD 的特性固然需要考虑在内，而 HDD 在容量及价格方面的持久优势也将赋予其持久的生命力。新结构不仅必须支持两者长期的共存，还必须为现有的各种磁盘接口协议（如 SATA/SAS/PCIe 等）提供原生支持。

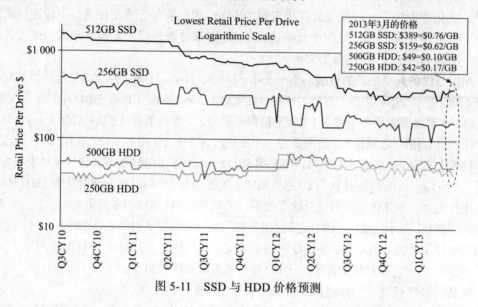

图 5-11 SSD 与 HDD 价格预测

5.5.2 面向新型存储介质的存储体系结构

1. 市场与技术角度的发展趋势

从市场角度看，多家大型互联网公司将现有运行在物理集群上的业务转移到虚拟化的云平台上。这些公司不断地将业务多样化，最引人注目的是许多家都已经公布了进军公共云服务的计划。这些举动将会产生大量互补的负载，可以在超大规模数据中心的基础设施上进行高效复用（空间及时间上），这将对存储系统的带宽提出挑战。研究新型存储体系结构，以充分发挥 SSD 等新型存储介质的优势，有利于改善系统的 TCO（Total Cost of Ownership，总拥有成本）及 ROI（Return on Investment，投资收益率）指标。

在技术层面，全球领先的数据中心运营者正在推动虚拟化存储的理念，开放式硬件供应链生态圈正采用 Facebook/Rackspace 提出的 OCP 项目（Open Compute Project，开放计算项目），BAT（百度、阿里巴巴、腾讯）正主导提出"天蝎计划"以及支持硬件资源池（亚马逊 AWS，CloudStack，OpenStack）调配的云平台开发等。这些趋势对存储体系结构提出了新的更高的要求。

2. 一种新的存储体系结构

基于存储市场和技术发展对新型存储体系结构的需求，结合现有技术，提出了一种基于 PCIe I/O 交换网的新型存储体系结构——汇聚型 PCIe I/O 存储体系结构。该结构如图 5-12 所示，可有效发挥 SSD 等各类存储设备的性能优势，应对来自各种应用对存储的挑战。

图 5-12 显示了一个基于 PCIe I/O 交换网（PCIe I/O Fabric）的汇聚式 I/O 体系结构，其中，交换网由网络管理器实施管理，用于连接多个主机 CPU 与多个存储设备、vNIC（虚拟以太网卡）设备，其间全部采用 PCIe 总线作为矩阵接口。vNIC 通过以太网连接以太网

交换网（Ethernet Fabric），实现与远程数据中心的连接。

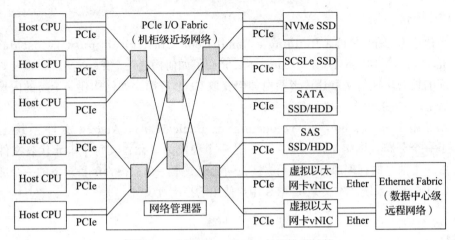

图 5-12　汇聚型 PCIe I/O 存储体系结构

汇聚型 PCIe I/O 存储体系结构主要有以下特性：

可扩展的 PCIe I/O 交换网。PCIe I/O 矩阵交换网基于 PCIe 技术，是用于包交换的一种近场交换网络，可以在主机 CPU（Host CPU）、SSD、HDD 等存储设备之间提供机架内部或者机架群之间的连接，而虚拟以太网卡提供与远程网络相连的接口。

该交换网由多台采用 PCIe 包作为交换单元的交换设备组成。该交换网能够支持生成树结构及其他包含多条路径的复杂物理拓扑形态来进行网络扩展。

支持动态拓扑组建。该交换网支持动态拓扑组建。交换网节点、主机 CPU 与存储设备可以动态地加入或退出交换网，形成新的物理拓扑。该交换网可自动组合，因此系统可以在拓扑改变后的现有物理资源条件下持续工作。

网络管理器实现资源管理。网络管理器可以动态地从分布的主机 CPU、交换网部件、存储节点中收集拓扑结构的信息。该管理器维护着一个全局资源配置图，其中包括一个全局 PCIe 地址空间，其间所有相连的资源都无竞争地得到了工作窗口。该管理员负责根据这一协调好的全局配置图，来管理系统中所有的 PCIe 设备。

虚拟化以太网卡 vNIC。vNIC 可向远程网络提供物理以太网接口，使得主机可以与不属于 PCIe I/O 交换网的外部网络进行通信。

新的存储体系结构涉及整个数据中心生态圈的各个方面。汇聚型 PCIe I/O 存储体系结构是在 PCIe 基础上结合了 SAS/SATA 的一些有利于存储业务的特性，在组网能力、系统可扩展性、设备虚拟化和共享管理等方面做了改进。改进后的存储体系结构将在市场和技术层面为提升数据中心的 TCO 和 ROI 提供灵活的基础设施上的支持。

5.6　本章小结与扩展阅读

1. 本章小结

本章介绍了海量存储系统体系结构及数据管理相关的内容，涉及多级存储层次存储结构、分布式文件系统、Hadoop 及数据分布式管理、海量传感数据管理系统的设计，以及适应新型存储介质的存储体系结构。

2. 扩展阅读

［ 1 ］ 组建小型 Ceph 集群（Building a Small Ceph Cluster），http://www.oschina.net/question/12_149364?sort = time。本文介绍了如何构建一个 Ceph 集群，以及资产分配的技巧。这篇文章让读者明白如何获取 Ceph 资源，如何构建一个新的内核，然后部署 Ceph 生态环境的各种要素。

［ 2 ］ AFS 用户指南，http://www.codeforge.cn/article/51283。Andrew 文件系统（AFS）是一个分布式网络文件系统。AFS 是一个稳定的单元，其每个单元代表文件空间中一个独立的管理部分。单元连接在一起组成了一个在根 /afs 目录下的一个庞大的 UNIX 文件系统。本文是供 AFS 用户使用的指南性文件。

思考题

1. 多级结构存储系统需要服从哪两个基本原则？
2. 存储层次结构的有效性基于哪两个局部性原理？
3. 什么是分布式文件系统？常见的分布式文件系统有哪些？
4. 分布式文件系统的关键技术是什么？
5. 什么是 Hadoop？ Hadoop 的优点是什么？
6. 海量传感数据管理系统在功能上需要满足什么要求？
7. SSD 等存储设备性能上的改善给现有的存储体系结构带来了哪些挑战？
8. 存储体系结构应当如何适应新型存储介质的发展？

参考文献

［ 1 ］ Ceph：一个 Linux PB 级分布式文件系统［EB/OL］.http://www.ibm.com/developerworks/cn/linux/l-ceph/index.html.

［ 2 ］ 分布式文件系统 DFS 使用方法总结［EB/OL］.http://wenku.baidu.com/view/33f054eef8c75fbfc77db2e9.html?re = view.

［ 3 ］ 分布式文件系统（DFS）［EB/OL］.http://wenku.baidu.com/view/4f039c02de80d4d8d15a4f56.html?re = view.

［ 4 ］ 龚高晟.通用分布式文件系统的研究与改进［D］.华南理工大学，2010.

［ 5 ］ Hadoop 集群安装部署［EB/OL］.http://wenku.baidu.com/view/259ef685e53a580216fcfe8d.html.

［ 6 ］ Michael G Noll.Running Hadoop on Ubuntu Linux（Single-Node Cluster）［EB/OL］.http://wenku.baidu.com/view/4b13d9d333d4b14e85246899.html?re = view.

［ 7 ］ 成飞龙.基于的海量传感数据管理系统［D］.南京理工大学，2013.

［ 8 ］ 廖恒.新型 IO 架构引领存储之变［EB/OL］.http://storage.chinabyte.com/223/12953223.shtml.

第 6 章　存储管理自动化与优化技术

随着数据量的剧增、存储系统规模的不断扩大，完全依靠人工将难以胜任日益复杂的存储系统管理任务，寻求自动管理的途径与存储管理的优化技术，是目前和将来存储管理人员面临的挑战。

6.1　存储管理的自动化与标准化

随着存储平台不断扩大，既需要高效管理这些来自不同厂家和不同型号的产品，又需要满足用户对存储容量、性能、可靠性的需求，存储管理面临严峻挑战。如何使存储系统的管理尽可能的自动化，减少人工干预，减少人员成本开销，是存储研究人员面临的重要课题。

管理一个大型的存储系统需要一个健壮的管理配置系统，强有力的监控能力对于集中管理的资源相当必要。存储资源管理是一类应用程序，它们管理和监控物理与逻辑层次上的存储资源。例如，CLI（命令行接口）是控制器端查询命令和配置命令的接口，是一个用户态可执行文件，拥有操作方便、效率高、速度快、安全性高等性能。

6.1.1　为什么需要存储管理自动化

据 Gartner 预计，每年需要管理的数据的增长幅度达到60% ~ 70%。来自大型数据中心的消息表明，Gartner 的预测结论可能还过于保守。但即使以这一增长幅度发展，也达到了爆炸性速度，而 IT 预算却没有相应增加。对削减预算的企业来说，管理人员增长速度甚至可能是负的。这两个数据带来的后果就是催生了存储管理自动化的迫切需求。

为什么需要存储管理自动化？可以从以下几个方面来说明：

容量扩展的需要。在这个数据大爆炸的时代，数据的增长速度接近疯狂，这是来自数据量的挑战。我们可以选择合适的存储来满足，比如现在热门的 scale-out 存储。其实存储厂商已经做了很多自动化的工作，比如自动分层技术、Thin Provisioning（精简

配置）技术等。

存储空间分配的需要。为用户分配存储空间是十分繁琐的事：创建 LUN、Zone、CIFS、NFS……这是最需要自动化也是最简单的环节。

减少存储预算的需要。虽然存储自动分层变得越来越流行，但很少有企业会有一个自动化流程能够区分和重新分配不再使用的资源。因此，需要不停地与用户确认是否有业务影响。通过自动区分和重新分配不再使用的资源，企业可以减少存储预算增加，并消除与过期数据相关的潜在安全风险。

遵守存储规范的需要。对于来自上级部门和行业的各种要求，管理人员需要把它们全部加到流程中，一旦侵犯后果严重。很难要求公司所有人都能遵守所有的规范，但自动化工具容易做到。

异构存储设备管理的需要。存储设备是分批购买的，这样就有不同厂商的 NAS、SAN、归档产品等。每个产品需要一个单独的文档、管理流程。每次一个新存储产品上线就需要培训，新加文档，不易管理。如果采用自动化管理，整个过程就会简单得多。

6.1.2 哪些存储管理工作可以自动化

一个存储设备从安装、上线到业务部门应用，再到生命周期结束，通常是这样一个流程：

1）存储厂商或者第三方公司负责第一步的安装与初始化工作。

2）存储管理部门做一些上线前的配置，比如用户验证与权限划分、SAN 的存储池（Pool）的建立、NAS 的加入域、存储资源的划分等。

3）业务部门会结合当前业务需求以及未来的发展，与存储管理部门一起制定存储需求与规划。当有了具体的存储需求时，如容灾、性能要求、存储容量、SAN 还是NAS，然后要求存储管理部门分配必需的存储。

4）存储管理部门根据业务部门提出的要求分配存储资源，必要时需要与业务部门再进行沟通。

5）存储管理部门负责存储资源的日常维护。

6）存储管理部门负责回收存储资源。

考察上述流程，可以自动化的工作有：

存储初始化配置。通过自动化配置存储设备，以求公司所有设置一致，便于管理。大多公司的存储产品可以按要求实现规定的参数配置，每次上线一台新设备，用程序自动初始化。当然，有些产品还是需要手工做一些特别的工作。

存储的监控。存储设备的监控必须自动化，否则一个公司的几百台存储设备管理起来太复杂。当然，厂商本身会提供一些平台来监控。但我们需要一个通用的平台，适合监控所有的存储产品。存储设备的监控，既包括所有配置、参数的监控，也包括性能、容量的监控等。

存储的优化。存储的优化即基于存储监控模块的数据做出的智能应对措施。比如，根据存储使用量的监控预测未来容量的需求，提示回收闲置资源，等等。

存储日常分配。最简单的就是利用脚本来创建 LUN、CIFS/NFS 等。这里有一个前提就是事先得选好存储阵列。选好了存储阵列之后，如果需要的话还得选好存储池。

存储分配的自动化流程如下：

1）根据存储监控模块中的存储阵列，挑出那些最合适的阵列。最合适的阵列有一些预先制定的依据。比如，与主机距离的远近、容灾方案的选择、容量与性能的要求等。

2）有些应用可能有特殊的要求或最佳实践，也应一并考虑。

3）选好了存储阵列之后，对于 NAS 来说还需要选择存储池等。对于 SAN 来说也需要选择相应的存储空间。然后才是创建文件系统，如 CIFS/NFS、LUN/LUN Mapping 等。

4）对于 SAN 来说，还需要建立 zone。第一步就是选一个或多个 SAN 交换机，这个选法也是有一定技巧的。

5）如果可能的话最好能到服务器上做个验证以确保存储分配成功。

6）可以与后备管理部门协同，制定自动备份方案。

7）可以与容灾部门合作，做容灾演练。

应用的存储自动分配。除了上面的基于主机的分配，还可以考虑将存储的自动分配实施到应用当中，比如数据库存储的自动扩展、VMware 或其他云的自动分配等。

存储的回收与迁移。这里的迁移不是说同一个阵列的不同 Tier 的迁移，而是指跨平台的应用层的迁移，如怎么把数据从 SAN 搬到 NAS 上。存储的回收最好能由客户以自助方式完成。

与主机设备的集成。存储的分配可以集成到主机的启动过程中。比如，在私有云的环境中，用户在定义主机特性的时候，可以选择存储的特性，之后自动完成存储的分配。

6.1.3　存储管理自动化的实现

实现存储管理自动化的主要途径有如下几种：

对于存储产品单一且来自同一个厂商。这时可以采用厂商自带的自动化工具。大多存储设备商都可提供自动化工具，但通常只支持自身的存储产品。

购买商业化存储自动化软件。在购买第三方的商业化存储自动化软件时需要慎重考虑，还应根据预算与需求来决策。有些软件的功能不如预先设想的那么好。实际上，存储设备厂商往往想控制自己的存储资源，不会轻易把存储设备交给第三方软件来管理。

自己动手开发存储管理自动化软件。这是最理想的情形，可根据单位的实际情况定制，灵活性最好。但是开发存储管理自动化软件难度大，需要一批熟悉存储系统与软件开发方法的高级人才，还需要沟通能力强的综合管理人员。

自己动手开发软件也有不同选择。对于同一个产品来说，也可以通过很多方式来编程或写脚本，可以选择 CLI（Command Line Interface，命令行接口，是控制器端查询命令和配置命令的接口，是一个用户态可执行文件），也可以选择 API（Application Programming

Interface，应用编程接口，是一些预先定义的函数，目的是提供应用程序与开发人员基于某软件或硬件得以访问一组例程的能力，而又无需访问源码或理解内部工作机制的细节）。有的提供了 REST API，有的提供了 SMI-S（Storage Management Initiative Specification，存储管理提议规范，是 SNIA 开发的一种标准管理接口规范，旨在减轻多厂商 SAN 环境的管理负担），有些两者都提供了。如果希望程序或脚本有良好的移植性，或者将来可能用云平台，建议选择 REST API，因为 REST API 简单、规范。如果只有一家厂商的多个产品，可以选择 SMI-S。但是 SMI-S 不是那么容易上手，与其说是有利于用户自动化管理，不如说是厂商用来销售其统一管理平台的工具。

6.1.4　存储管理的标准化

新技术推动的存储新产品不断涌现。一方面，它们表现出的高性能让用户获得了益处，而另一方面，不同厂商之间存储产品的软硬件在互操作性、管理界面和相关标准等方面的不一致，又对存储管理提出了新的挑战。用户迫切希望存储界面统一、管理标准化，以提高网络存储的可管理性、易用性并降低管理成本；而各厂商出于自身利益的目的，不会轻易将自己的标准开放，或接受其他厂商的标准，因此，标准的完全统一似乎是遥遥无期。然而，业界针对存储管理的标准化问题所做的努力，仍然让人看到未来的希望所在。存储业界的权威组织 SNIA（Storage Networking Industry Association，存储网络工业协会）近年来积极制定和推行的 SMI（Storage Management Initiative，存储管理提议），提出了一个互操作、可管理的存储管理提议。

业界对存储管理走向统一的需求十分迫切。在数据量急剧增加的背景下，SAN 的出现和发展很好地解决了存储资源的有效利用问题。通过 SAN，企业的 IT 部门在分散的网络存储设备和各种存储应用队列之间建立起了共享连接，在访问模块的调度下使存储资源的利用率更高。

然而，存储网络在忙于提高资源利用率的同时，设备之间互操作性的缺乏限制了它们的相互连通，更严重的是增加了对它们管理的难度。当前，几乎每个设备都需要自己的管理软件，这是设备制造商过去各自为战、缺少协作的结果。

因此，系统管理员面临来自多个方面的压力，如处理器多任务管理、网络管理、数据库管理、应用程序管理以及存储管理等，而这些众多的管理任务基本上都没有被集成在一起，所以企业的 IT 部门对系统管理员提出了越来越高的要求：必须熟练掌握多种管理软件的使用，并且要避免它们的组件相互引起冲突。

存储网络往往包含了来自多个厂商的设备，这些设备都需要自己的管理软件，并且这些软件在功能、通用性、安全性和可靠性等方面都难以满足企业的业务发展所需。曾有厂商试图通过私下交换管理软件 API 的方式克服这一问题，不过小范围的交换无法彻底解决存储网络的互操作性问题。总之，设备之间因缺少标准的制约而使 SAN 的管理成本高昂，这已成为 SAN 发展过程中的一大瓶颈。事实上，根据业界的调查结果，系统管理员对存储管理实现标准化的呼声也越来越高涨。

SNIA 力推存储管理向 SMI 看齐。2002 年年中，SNIA 开始主推 SMI-S，希望对存储网络的管理提供一个统一的标准，这也成为业界为存储管理标准化所做的首次尝试。Bluefin 规范是 SMI-S 标准的基础，它是一套由多家厂商（包括 EMC、IBM、HP、Dell、Hitachi 和 Sun 等公司）联合提交的基于对象的 API，用来发现、监控和管理来自不同厂商的存储设备，其技术基础是由 DMTF（Distributed Management Task Force，分布式任务管理组织）制定的 CIM（Common Information Model，通用信息模块）和 WBEM（Web-Based Enterprise Management，基于 Web 的企业管理）技术。SMI-S 的目标是，在存储网络中的存储设备和管理软件之间提供标准化的通信方式，从而使存储管理实现厂商无关性（vendor-neutral），提高管理效率，降低管理成本，促进存储网络的发展。

SNIA 的成员厂商若根据 SMI-S 提供相关的网络存储产品，那么终端用户的存储网络将获得很好的互操作性和可管理性，资源的利用率也将获得极大的提高。SMI-S 将使存储软硬件厂商把注意力集中到提高产品的增值功能上，而用户则能从设备的良好互操作性和可管理性中获得更低的 TCO。

SNIA 把 SMI 计划当作重要任务来推广，目前 SMI 已吸引了来自全球各地的众多加盟者。SNIA 的 SMI-S 技术工作组已经在 2003 年 4 月对外公布了 SMI-S 1.0 版本规范。2005 年以后，SNIA 建议其成员厂商生产的所有存储网络产品（磁盘阵列、交换机、磁带库和管理软件等）都采用 SMI-S 下的管理界面。

6.1.5　SMI-S 的主要技术特性及应用

在一个存储网络中，SMI-S 不但为那些需要管理的对象提供统一的规范，而且提供管理的工具。基于 CIM 和 WBEM 的 SMI-S 主要提供以下新特性：

- 一个单独的管理通道。在 WBEM 架构内，HTTP 协议之上的 CIM-XML 被选为 SMI-S 内的这种通道（CIM-XML 语言是众多基于 XML 的语言之一）。
- 一个彻底、统一、规范严格的对象模块。
- 命名的连续性。如果存储网络的设置发生了变化或进行了重新设置，那么诸如磁盘的卷标识等关键的系统资源在命名上必须保持唯一和永久不变。
- 客户端开发方面的文档说明。
- 一个自动检测系统。对于 SMI-S 规范下的产品，一旦被用于某个存储网络，它会自动报出自己的状态参数和性能情况。
- 资源锁定。符合规范的来自不同厂商的管理软件，可以在同一存储网络里共存，并且通过一个锁定的管理器共享资源。

此外，SMI-S 还制定了其他一些应用模块，它们除了可以使开发和测试过程更加简化以外，还能用于管理存储网络，为存储和软件工业提供新的发展思路。简言之，包括：管理软件的共存、多层资源管理、基于策略的管理、互连的独立性、无缝集成、安全性管理的集成、灵活的管理授权机制等。

SMI-S 一旦被业界广泛接受，它将以统一的对象模块和协议取代当前各自独立的对象模块和协议。管理软件开发者可以从容地支持来自多个厂商的设备，开发和测试成本也会很快降下来，市场化的周期会缩短，终端用户的满意度会提升。

图 6-1 显示了基于 CIM/WBEM 技术的 SMI-S 管理软件应用环境，可以从中看出针对

存储网络的每个设备都有一个单独的面向对象的模块，这些模块根据标准定义了相同的特性和功能。管理行为可以通过几个通道，利用单独的管理协议和机制进行。此外，它还包括了一系列自动检测、安全和连续命名等功能。为了使多个管理软件共存于同一网络当中，SMI-S 还用锁定的管理器来避免各软件之间的相互干扰。

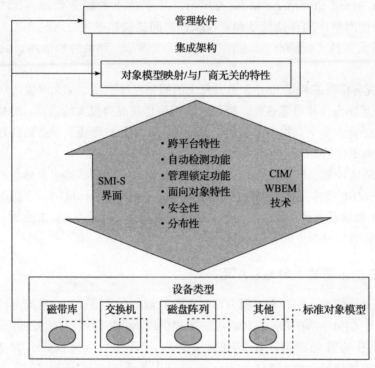

图 6-1　基于 CIM/WBEM 技术的 SMI-S 管理软件应用环境

　　组成 SMI-S 应用环境的模块和协议都是平台无关的，这意味着开发的管理软件可以运行于任何平台，并且运行于不同平台上的管理软件可以实现互操作。CIM/WBEM 技术采用了一种称为 MOF（Managed Object Format，可管理的对象格式）、人和机器都可以读懂的语言，以准确定义对象模块。SMI-S 的对象模块是可以扩展的，这使得对模块增加新设备和新功能易于实现。

　　当前，针对网络存储管理的标准化也有不少批评的声音，主要是指责多数标准化组织取得的进展太慢，并且在制定标准规范时经常有含糊不清的地方，甚至 SNIA 在早期推行 CIM/WBEM 的努力也未能幸免于这种批评声。但 SNIA 吸取教训，并继续推广 SMI 计划。值得注意的是 SNIA 对 CIM-SAN 系统所做的试验和对外展示。在 CIM-SAN-1 的基础上进一步完善的 CIM-SAN-2 增加了许多灵活的管理功能，包括：指示功能，让管理软件发现设备操作状态的变化（诸如温度变化、故障报警等）；磁盘阵列卷标创建，在一个磁盘阵列中创建逻辑卷标并使之能被某个主机所拥有；磁盘阵列逻辑卷标名称隐藏功能；磁盘阵列镜像控制功能；对网络拓扑和分区结构的自动判断功能等。

　　如果所有的网络存储管理软件都有统一的管理界面，那么存储管理将会轻松得多，管理成本也将大幅下降。存储网络不但将拥有越来越多的用户，而且会有更多用户建立起规模更庞大、性能更高强的存储网络。尽管统一的步伐仍会比较缓慢，但许多业界大厂商对

SMI 计划所做的积极回应，让人们看到存储管理的统一是必然的趋势。

坚持和优化存储过程的自动化、标准化，部署可靠定制存储系统的"交钥匙"关键应用，减少用户的参与程度。通过整合与协作型自助服务，把 IT 作为一种服务和一种云，从而加快产品上市速度，加速产品提供新的服务，并通过降低管理成本降低存储的总成本。

6.2　虚拟存储技术

虚拟存储是把多种存储介质或设备（如硬盘、光盘、RAID、磁带库等）通过一定的手段集中管理起来，建立一个庞大的"存储池"（Storage Pool），从主机的角度将会看到一个超大容量的硬盘分区。这种可以将多个、多种存储设备统一管理起来，为使用者提供大容量、高数据传输性能的存储系统，就称为虚拟存储。虚拟存储把多种物理存储设备映射成一个巨大的逻辑存储空间，用户可以直接使用该逻辑存储空间，而不必理会数据存放在哪个物理设备上。

图 6-2 显示了虚拟存储的连接关系。物理设备映射成一个大的虚拟（逻辑）设备，虚拟设备可以构成更大的虚拟云，最终与服务器连接。物理设备的变化（添加或去除）、失效，服务器可连续运行，无需重新配置、启动，无宕机时间。

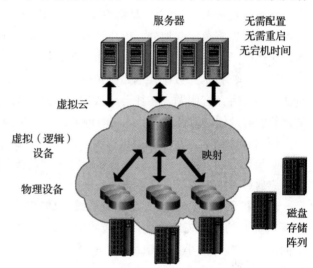

图 6-2　虚拟存储的连接关系

6.2.1　虚拟存储的特点

虚拟存储具有如下特点：

虚拟存储简化了存储的管理。虚拟存储提供了一个大容量存储系统的集中管理手段，由网络中的一个管理服务器进行统一管理，避免了由于存储设备扩充所带来的管理方面的麻烦。若使用一般存储系统，当增加新的存储设备时，整个系统需要重新进行配置工作，才可以使这个新设备加入存储系统之中。而使用虚拟存储技术后，当增加新的存储设备时，只需要管理服务器对存储系统进行较为简单的系统配置更改，客户端无需任何操作即可使用，此时发现存储系统的容量增大了。

虚拟存储可提高存储系统整体访问带宽。存储系统是由多个存储模块组成，而虚拟存储系统可以很好地进行负载平衡，把每一次数据访问所需的带宽合理地分配到各个存储模块上，这样系统的整体访问带宽就增大了。对于一个有 4 个存储模块的存储系统，每一个存储模块的访问带宽为 100MB/s，则这个存储系统的总访问带宽就可以接近各存储模块带宽之和，即 400MB/s。

虚拟存储技术为存储资源管理提供了更好的灵活性。通过虚拟存储技术，管理员可以将不同类型的存储设备集中管理使用，保护了用户以往购买的存储设备的投资。

虚拟存储技术可以通过管理软件为网络存储系统提供一些其他有用功能。 如数据备份 / 恢复、数据归档、资源分配等，降低了管理人员的管理难度。

6.2.2 存储虚拟化的关键技术

存储虚拟化具有明显的优势，功能强大，使用方便。但支撑这些功能的背后有多项关键技术，主要包括：

逻辑表示技术。"逻辑表示"是存储虚拟化技术的前提，用户在运行存储虚拟化技术后必将用到逻辑表示。逻辑表示可用于单个资源、多个资源之间的表示，对于数据信息的处理调控有很大的促进作用。在逻辑表示技术的作用下，不同信息资源之间可以交替使用。

复合分层技术。"复合"是指将不同的数据资源进行整合，建立广泛的数据库；"分层"是指将数据库资源逐渐划分，以将资源运用到各个不同的方面。复合分层技术运用于存储虚拟化体现了该项技术的灵活性，对计算机内部存储的信息可以灵活调配控制。

数据共享技术。数据共享是虚拟化存储的重要功能，但不同操作系统、数据库在使用时会出现各种兼容问题，往往会导致用户对某一数据库难以分享资源使用。数据共享技术的调整能有效缓解数据存储、运用时的冲突，以此维持数据资源操作的连贯性。

设备操作技术。存储虚拟化技术只是隐藏了设备的热物理属性，而虚拟化技术作用的发挥必须要借助于各种计算机设备才能实现。设备操作技术是存储虚拟化的关键技术之一，用户应通过程序操控指令对各项设备进行控制，让设备按照指令要求逐一执行操作。

动态扩展技术。这主要是针对系统存储空间而言，通过不断放大空间的方式来优化计算机资源的运用控制。运用该技术时需要管理人员对系统进行结构调整，以此来掌握不同的存储容量大小，并根据实际需要进行数据存储处理，在需要使用时也能及时调控系统。

容错技术。由于存储虚拟化操作过程会产生设备失效，虚拟化存储操作应当重视数据的可靠性。容错技术可避免系统运行时发生单点故障，对重要的数据进行备份，一旦计算机出现故障，系统能及时对数据信息进行恢复处理，减少了数据丢失的风险。

6.2.3 虚拟存储的实现模式

虚拟存储是物理存储的逻辑映像，即将多个物理存储设备集合成一个大的逻辑存储设备，这样可简化存储管理。实现存储虚拟化是热门的研究课题，但没有一种方法可以适用于任何环境。实际上，许多公司都是根据具体要求，采用不同的实现模式。实现时，需要比较不同模式的优劣，再根据自身需要选择合适的存储虚拟化方法。

虚拟存储系统从体系结构上主要可分为带内（对称式）和带外（非对称式）两种。下面简单地介绍带内、带外存储虚拟化方法。

1. 带内（In-band）/ 对称式存储虚拟化技术

带内式在主服务器和存储设备之间实现虚拟功能，是传统的产品和存储系统经常采用的方法。带内虚拟存储的交换控制设备直接存在于服务器和存储设备之间，用运行在虚拟存储交换控制设备中的管理软件来管理和配置所有的存储设备，组成一个大型的存储池，其中的若干存储设备以一个逻辑分区的形式被系统中所有的服务器访问。其结构如图 6-3 所示。

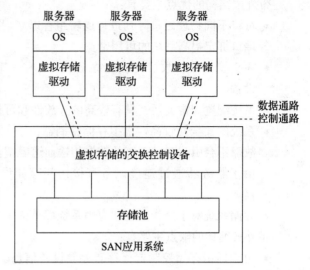

带内式结构的优点主要有：

- 虚拟存储控制设备有多个数据通道与存储设备连接，多个存储设备并发工作，所以系统总的存储设备访问速度可以达到较高的水平。
- 设备集中，因此系统的安装和管理简便。
- 存储设备对主机是透明的。

带内式结构的缺点主要有：

- 所有服务器对存储设备的访问都要经过交换控制设备通道。

图 6-3　带内虚拟存储系统结构

交换控制设备容易成为整个系统的带宽瓶颈。

- 交换控制设备在整个系统中是一个单点失效点，它的故障将导致整个系统的瘫痪。
- 系统扩展性相对较差。

2. 带外（Out-of-band）/ 非对称存储虚拟化技术

带外式虚拟存储又称非对称存储虚拟化技术。带外存储虚拟化设备安装在主机和存储之间的数据通道之外，因而服务器中需要安装专门的软件。其结构如图 6-4 所示。

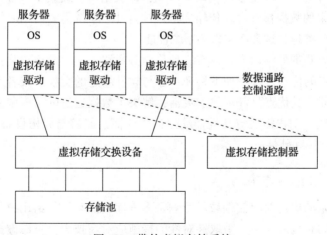

图 6-4　带外虚拟存储系统

带外式结构的虚拟存储系统主要通过软件手段实现虚拟存储控制。其虚拟存储控制器独立于数据传输通道之外，数据和控制信息在传输通道上分离。虚拟存储控制器不直接参与数据的传输，运行在其上的虚拟存储控制软件对存储设备进行统一管理和配置并形成逻辑存储单元和存储设备映射表，任何服务器在初始化时，均要通过虚拟存储控制器获得存储设备的映射表并实现对虚拟存储单元的访问。

带外式结构的优点主要有：

- 可将不同物理磁盘阵列进行逻辑组合以实现虚拟存储，并可将多个磁盘阵列控制器端口绑定提高系统的可用带宽。
- 在交换机端口数量足够的情况下，可在一个网络内安装冗余备份的两台虚拟存储设备。
- 系统配置非常灵活，具有较高的开放性和可扩展性。
- 系统的安全性较高，虚拟存储控制器位于数据传输通道之外，虚拟存储控制器出现故障不会引起存储系统的数据传输通道阻塞。
- 由于服务器通过连接设备直接访问存储设备，因此存储虚拟化后不会带来任何延迟。
- 存储系统对于操作系统和应用系统都是透明的，因此存储系统的管理比较方便。

带外式结构的缺点主要有：

- 由于虚拟存储控制器保存有存储设备信息映射表，如果虚拟存储控制器发生故障，则新加入设备无法获得映射表，无法访问存储系统。
- 需要 FC 光纤通道接口卡来实现与存储设备的数据读写。
- 由于该结构本质上属于磁盘阵列群结构，一旦磁盘阵列群中的某个磁盘阵列控制器损坏，或者这个阵列到交换机路径失效，都会导致相应的虚拟存储控制器离线并丢失其数据。
- 可用带宽的提高是通过磁盘阵列端口绑定来实现的，因此很难实现数百兆以上的可用带宽。
- 由于不同品牌或型号的磁盘阵列的性能不完全相同，出于虚拟化的目的将不同品牌或型号的阵列进行绑定会产生以下问题：即数据写入或读出时各并发数据流的速度不同，原来的数据包顺序在传输完毕后被打乱，系统需要占用时间和资源重新进行数据包排序整理，这会严重影响系统性能。

除了上述带内和带外结构外，还有一种称为分离路径式存储虚拟化技术。该技术综合了带内和带外技术的优点，具有如下特征：在与软件绑定的交换机或者产品中采用存储服务模块或者适配器。其优点是部署更加灵活，解决了数据通道的速度限制问题；缺点是该技术还不是很成熟。用户需要寻找性能稳定的供应商、能够与异构设备共存的扩展方案，同时支持不同的软件和硬件。

6.2.4　存储虚拟化的应对措施

虚拟存储技术的出现对存储领域的影响是多方面的。它不仅给用户带来了存储管理与应用上的方便，同时也需要用户采取针对性的措施应对新技术。考虑虚拟化技术的自身特点，用户对存储虚拟化技术需要采取的措施包括：

计划制定。面对存储虚拟化技术，企业应该制定完整的计划，将各种形式的网络系统融合在虚拟化技术中，这样才能让虚拟技术的功能得到全面发挥。合理规划将使存储系统建设避免走弯路，减少经济损失。

数据分类。企业日常经营中需要做好多种类型数据的处理，如财务数据、人力资源数据、市场数据等，这些都是大量数据构成的资料。存储虚拟化技术引进后，经营者要安排专业人员做好数据划分，让数据上传到网络上后能合理分配，也给计算机网络管理带来方便。

级别提升。对企业的服务级别进行优化改进，这是降低企业经营成本的重点。企业为降低存储成本，不仅要加强存储系统中硬件设施的控制，还应对现有的存储服务优化升级，如数据访问、数据可用性、数据安全、数据响应时间等，这些都是需要优化调整的内容。

安全维护。计算机网络系统是存在漏洞的，在使用存储虚拟化技术时必须要对网络结构的安全加以维护，这是保证数据信息不被窃取的有效方式。存储虚拟化能满足相同数据库之间的数据转移，企业可通过复制、拷贝等获得数据信息，在操作处理时安全级别是注意要点。

存储虚拟化技术仍在不断完善之中。在运行存储虚拟化技术时，应该把握好虚拟化的重点内容，积极配合先进的操控，创造良好的虚拟化环境。企业在应对虚拟化技术时，需制定科学的规划，引进设备，优化管理，这样才能让存储虚拟化作用发挥到最大。

6.3 软件定义存储

6.3.1 软件定义存储的基本概念

软件定义存储（Software Defined Storage，SDS）是指在任何存储系统上运行的应用都能够在用户定义的策略驱动下自动工作——将存储服务从存储系统中抽象出来。

软件定义存储和虚拟化存储非常类似，但是并不是虚拟化存储：存储虚拟化可以将多个存储设备或阵列的容量组成一个池，使其看起来就好像在一个设备上，通常只能在专门的硬件设备上使用。SDS并不是将存储容量与存储设备剥离开，而是将存储功能或服务与存储设备剥离开。

软件定义存储的目标是将复杂的存储系统封装成为易操作的服务，用户可以通过一个软件或者管理界面方便地管理自己所有的存储资源和内容。

软件定义存储的重要意义在于软件与硬件的隔离：SDS可提供全面的存储服务，可对来自不同地点的物理存储容量，包括内部磁盘、闪存系统和外部存储系统进行联邦式管理，并可将这种管理扩大到各类云以及云对象平台。

软件定义存储可实现异构平台上的有效共享：SDS可在异构的、商品化硬件环境下运行，且可充分利用现有的存储基础架构，可利用统一的单一API进行编程，然后通过网站进行管理。

SNIA认为，SDS需要满足的是提供自助的服务接口，用于分配和管理虚拟存储空间。SDS应该包括如下功能：

- 自动化
- 标准接口
- 虚拟数据路径
- 扩展性
- 透明性

虽然不同评测机构和厂商对 SDS 的定义都不尽相同，各有侧重点。但可以看出来，易于扩展（主要指在线横向扩展）、自动化、基于策略或者应用的驱动几乎是 SDS 定义中的公共必备特征。而这也是软件定义数据中心的重要特征，只有具备自动化的能力才能实现敏捷交付，简单管理，节省部署和运维成本。自动化也成为各家 SDS 方案能否走向更高阶段的试金石。

6.3.2 软件定义存储的体系结构

几年前，传统数据中心的模式与物理基础设施密切相关。当时还没有今天所知道的虚拟化和云计算的概念。围绕着服务器、机架和其他设备，硬件混乱的问题开始蔓延。正是虚拟化帮助理顺了硬件的盲目扩张问题。

尽管如此，围绕着资源需求的增加，硬件规模连续扩展。此扩展影响到数据中心内部的其他部分，特别是存储。比如，还可以再买多少磁盘？还需要增加多少物理控制器来处理云、虚拟化和用户的涌入？在某种程度上，必须引入逻辑层以帮助存储组件更好地操作。

因此，软件定义存储应运而生。软件定义存储的出现并不是要从存储控制器中取消虚拟化，相反，它是帮助引导数据传输在虚拟层更加有效。软件定义存储创建了一个新的工作环境，显示出了强大的功能趋势。那么，这种技术的实质是什么呢？

软件定义存储的体系结构如图 6-5 所示。该结构的关键技术主要有以下几个部分：

逻辑存储抽象：基本上，在数据请求和存储资源（物理存储组件）之间插入了功能强大的虚拟化层。这一层可以操控数据分布的方式和位置。这里最强大的功能是从虚拟实例能够控制整个过程，而仍然能够保持异构存储基础架构。该结构可以向软件定义存储层呈现多个存储资源库，并允许该实例来控制数据流。

智能存储优化：仅有一个逻辑存储控制层并不意味着能够充分发挥现有存储的效率。软件定义存储组件可以把信息推入存储资源库的特定层上。该结构能够根据性能和容量控制存储池，并进一步提供信息给相应的存储类型。实际控制器仍可以帮助精简配置、删除重复数据等。该解决方案的突出优点在于灵活性。既可以给软件定义的层提供整个阵列，也可以只提供一个或两个机架。

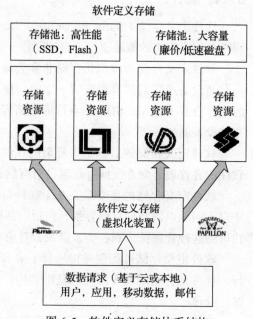

图 6-5　软件定义存储体系结构

创建更强大的存储平台：这种混合存储模式可以在物理基础设施能力和虚拟设备能力之间达到平衡。可以创建一个逻辑控制层，协助管理数据中心的所有物理存储点。这有助于存储多样化，并有助于防止受制于供应商。逻辑存储抽象有助于存储阵列之间数据迁移，也有助于在各种潜在的资源之间移动数据。

　　重获存储基础设施的控制权：存储扩张确实带来了一些问题。究竟还需要多少机架或磁盘来支撑下一代数据中心？答案并不总是与物理设备有关。软件定义存储使企业能够更好地管理存储阵列、磁盘和存储库。这意味着必须清晰地理解：I/O 密集型数据应该驻留在哪里，以及如何最好地优化信息传输。这不仅创造了一个功能更加强大的数据控制基础设施，同时还可以节省购买额外硬盘和 / 或存储组件的费用。

　　开始扩张云（和存储）：软件定义存储的一个重要组成部分是扩张的能力。在这个意义上，扩张并不仅仅发生在数据中心内——这些技术可以帮助系统管理员把存储扩大到云和更广范围。软件定义存储可以创建功能强大的链接到其他分布式数据中心，实现复制、灾难恢复，甚至是存储负载平衡。此外，最强大的终极功能是在异构存储组件之间的虚拟层上实现存储复制。转换过程完全在逻辑层上实现。

　　在此基础上可以开始提升存储控制器的功能，并将它与逻辑存储控制层耦合。这意味着企业可以清查当前有什么资源，将它们汇集成资源池，并将它们在真正的全局范围内部署。随着每年大量数据的不断产生，必须有一个更好的方式来控制这一关键信息的流动。未来还有很多更有价值的数据通过云存储来传递。移动性、云计算、IT 消费已经演变成为日常如何处理和计算的基础。最新的思科视觉网络指数报告显示：

- 到 2018 年，每个月的全球移动数据流量将超过 15EB（1EB = 10^{18} 字节）。
- 移动连接设备的数量将在 2014 年超过世界人口（截至 2014 年 10 月 10 日，这个数字约为 72 亿）。
- 到 2018 年，由于智能手机使用量的增加，移动数据流量的 66％ 将由智能手机产生。
- 到 2018 年，每月的平板电脑的流量将超过 2.5EB。

　　基于软件定义存储的理念，不需要购买更多的磁盘，也不会受限于存储基础架构，可以通过全面抽象各个部件，充分发挥全系统的效率。就像基础设施中的任何其他物理组件一样，虚拟层可以真正帮助优化利用率和资源消耗。服务器虚拟化改善了服务器的盲目扩张，应用虚拟化优化了新类型虚拟应用的交付方法，现在虚拟存储技术正在帮助控制异构存储基础架构。

　　未来的云计算和数据中心模型清楚地表明，通过基础设施的数据量将不断增长。考虑到这一点，需要深入研究软件定义的各种技术，这可以帮助优化现有资源，并更好地提供下一代服务内容。

6.3.3　软件定义存储的理念对存储体系设计的影响

　　软件定义存储的理念对存储体系的设计有重要影响，主要体现在如下三个方面：

- 策略驱动的控制层将合适的存储映射给应用。这主要体现在：存储位置的智能选择；自动部署以应用为中心的各种数据服务；在线修复服务级别。
- 以应用为中心的数据服务。这主要通过可扩展框架集成第三方数据服务。
- 虚拟的数据层提供抽象与整合。这主要体现在：异构资源的池化；以虚拟机为中心的存储功能操作；虚拟平台自动发现原始的存储硬件能力。

　　软件定义存储的理念如图 6-6 所示，它对存储体系设计的影响体现在上述三个方面，通过对存储体系的优化设计，实现 SDS 对高可用性、可管理性、性能、可恢复性、安全性等方面的追求。

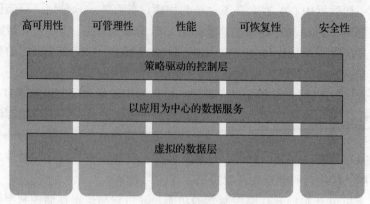

图 6-6 软件定义存储的理念

6.3.4 软件定义存储实施过程需要考虑的问题

在软件定义存储架构的实施过程中，需要注意若干问题。

实施 SDS 需要更长的时间。软件定义存储技术，特别是纯软件方式，最初的实施会更困难。而它确实带来灵活性，给存储架构设计者带来更多选择。这转化成为一个更加广泛的硬件选择过程：评估运行软件定义存储软件的服务器硬件、配置服务器网络、选择服务器或存储介质。

厂商对硬件的支持。硬件支持方面也需要考虑。软件厂商提供软件定义存储产品，但要如何权衡软硬件之间的利益冲突？即使 IT 规划人员按照支持组件、支持指南实施，底层硬件如果存在漏洞，那么软件设计者也很难克服。最终是用户负责 SDS 的实现。

这就显示出捆绑 SDS 方式的一个优势：厂商负责所有硬件资质和选择。只要硬件的价格不是太高，那么节省的实施时间加上简化的支持将会减少略有上升的价格。

SDS 的性能预测与影响。除了支持和服务，性能的可预测性是实施软件定义存储另外一个要考虑的条目。SDS 一般运行在通用服务器级别系统中。当 SDS 部署于一个虚拟集群时，性能的可预测性显得很重要。这些集群中的主机并不仅仅运行 SDS 软件，还要运行维持多个部门正常运作的各种应用程序。应用需求处理峰值的到来可能影响存储性能，而存储 I/O 请求的增加也会影响到应用性能。

成本控制。采用软件定义存储架构通常可以降低实施和运营成本，同时增加存储基础设施灵活性。但并非所有 SDS 产品都能实现上述目标。

纯软件产品更像是这种技术设计的初衷，看上去更适合发挥它所有的特性。纯软件最主要的不利因素是可能涉及复杂启动的高昂成本。软硬件捆绑产品能够提供更好的启动体验，虽然灵活性受到了限制，但总体上要比以前硬件为主的产品更有竞争力。

所以实施方将面临选择，而答案取决于公司的 IT 团队是否有时间和能力靠自己完成对各种各样的存储组件的判断。如果实施方团队有能力靠自己的技术力量完成对各种存储组件的判断，那么纯软件产品将节约费用，并能提供最大限度的灵活性。如果不具备这样的能力，那么捆绑的产品似乎更合适。

6.3.5　软件定义存储的发展趋势

业内分析师认为，软件定义存储的主要市场驱动力是数据中心标准化。而用户目前能看到的软件定义存储的价值主要体现在"存储动态资源配置"上，软件定义存储目前尚处于市场教育阶段，规模商用还待时日：从厂商提出概念，经媒体广泛宣传，有的用户会试图尝试，再总结改进，推广应用直至普及。

一个新概念、新模式或新产品，从第一轮的热点讨论开始，经过一个统一认知的过程和一个相对冷静的成熟期后才能最终发展起来。软件定义存储市场大规模兴起至少还需要三到五年的时间，但可以肯定的一点是：商机无限。

对于国内存储厂商来说，软件定义存储是一个很好的机遇。但还不能盲目乐观，因为存储系统的研发需要非常大的经费投入和非常长时间的积累。纵观我国与国际存储巨头相比，从人力、物力、财力等方面的投入相对不足，在未来几年时间内赶超国际大公司的挑战也是不言而喻的。

企业用户对于"软件定义存储"的这个概念以及具体的落地方案和用途还不是很了解，有的 CIO 甚至表示，"软件定义"的概念太多了，具体能够拿出解决方案，真正落地到具体应用和 IT 场景中才是王道。随着软件定义存储获得越来越多的关注，相信用户对于软件定义存储的需求必将越来越强烈。如果厂商在提升硬件效能的同时，满足用户应用的核心需求，降低成本，提供更加智能化、高效率、高拓展性的系统软件和硬件，满足不断增长的业务需求，那么"软件定义存储"将会越来越受欢迎。

从大数据技术发展的内涵看，大数据需要软件定义存储。原因有以下几个方面：

- 大数据对现有的基础设施——计算、存储和网络——是否能即时访问，提出了更高的要求。
- 采用传统的以硬件为中心的方式已无法获得必要的灵活性，因此，采用新的云技术已势在必行。
- 对云部署来说，存储是瓶颈，对容量增长、应用性能的需求都提出了挑战。管理者必须提升其存储效率。
- 利用 SDS，将存储服务从底层的存储硬件中抽象出来，可以提升运营效率，提供透明的数据迁移。由于降低了管理的复杂性，SDS 可让各种云应用更高效地运行，并可进行低成本的扩展。

未来，SDS 必将是存储界的发展趋势，这也将会影响到主流存储系统供应商现有的产品线。为应用选择何种存储，取决于 SDS，而不取决于存储硬件供应商。IDC 在"2013 全球软件定义存储分类"报告中提到：抓住 SDS 这个机会将会长期受益。

6.4　数据备份与恢复

6.4.1　数据备份与恢复的必要性

数据是企业的基础。对于企业信息系统而言，数据的安全性极为重要。一旦重要的数据被破坏或丢失而无法迅速恢复，就会对企业造成重大的损失，甚至是难以弥补的损失。

信息系统在运行和维护过程中，经常会有一些难以预料的因素导致数据的丢失，如天灾人祸、硬件毁损、操作失误等，而且所丢失的数据通常又对企业业务有着举足轻重的作用。所以必须根据数据的特性对数据及时备份，以便于在灾难发生后能迅速恢复数据。以下事件可能导致数据的丢失或损坏：

- 系统被盗
- 系统损坏
- 意外文件删除
- 意外文件覆盖
- 意外目录删除
- 黑客入侵
- 磁盘故障
- CPU/ 主板故障
- 操作系统停止或崩溃
- 业务人员误操作

数据还可能会因为火灾、地震、洪水、恐怖袭击、航空事故等灾难事件导致丢失或损坏。

对数据进行备份的目的就是在发生意外事件或灾难时，能保证数据的安全，保证数据的一致性和完整性，消除系统使用者和操作者的后顾之忧，使得企业事务能够实现可持续性发展。

6.4.2　数据备份与恢复的基本概念

数据备份就是保存数据的副本。数据备份的目的是为了预防事故（如自然灾害、病毒破坏和人为损坏等）造成的数据损失，即使数据受到意外损坏，也能通过备份及时恢复。

数据恢复就是将数据恢复到事故之前的状态。数据恢复总是与备份相对应，实际上可以看成备份操作的逆过程。备份是恢复的前提，恢复是备份的目的，无法恢复的备份是没有意义的。图 6-7 是数据备份与恢复的示意图。服务器的数据定时复制到后备存储柜，脱机保存；服务器数据损坏时，将数据复制回服务器。但实际的备份与恢复情况会更复杂一些，功能也会更加强大。

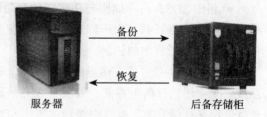

图 6-7　数据备份与恢复示意图

完善的备份必须在数据拷贝的基础上，提供对数据拷贝的管理，彻底解决数据的备份与恢复问题。单纯的数据拷贝无法提供文件的历史记录，也无法备份系统状态等信息，不便于系统的完全恢复。

数据备份则是将整个系统的数据或状态保存下来，以便将来挽回因事故带来的数据损失，保存的数据副本处于离线状态。备份数据的恢复需要一定的时间，在此期间，系统通常是不可用的。与数据备份不同，硬件容错是指用冗余的硬件来保证系统的连续运行。硬件容错的目的是为了保证系统数据的可用性和不间断运行，即保护系统的在线状态，保证数据可信且可用。

专业的数据备份是软件级备份，即通过备份软件，将系统数据保存到其他介质上，当系统出错时可将系统恢复到备份时的状态。通常备份软件分为静态备份和动态备份两类。

- 静态备份：能够方便地选择备份内容，但不能定时自动备份，如果实现自动备份，还要自己编写脚本文件或使用操作系统的计划任务之类的功能。
- 动态备份：能够实现选择备份时间、自动后台作业、定时完成操作等功能。

专业的数据备份是系统级的备份，能够将数据从正在运行的数据库文件中提取出来，实现动态备份。各种专业的数据库都有一定的备份能力，其中某一网络数据库的备份能力如下：

- 基于数据库的备份。
- 基于表空间的备份。
- 脱机备份方式。
- 联机备份方式。
- 保存恢复历史文件。

专业备份系统功能强大，不仅可以实现自动化的备份，还能实现跨平台的备份，具有很高的安全性与可靠性。专业备份与恢复系统一般具有如下特性：

- 备份作业集中式管理。
- 跨平台备份与恢复。
- 自动化备份与恢复。
- 大型数据库的备份和恢复。
- 系统灾难恢复。
- 节省系统资源和网络带宽。
- 备份设备和介质管理。
- 安全性与可靠性。

备份系统要完成系统所赋予的工作，其逻辑结构应包括以下三个部分：

备份源系统。用于从特定的系统中提取备份数据。操作系统、数据库和备份任务都需要相应的备份源代理程序获得备份数据。

备份管理器。用于管理和运行备份任务，提供备份用户管理、作业调度管理、备份数据库管理、备份跟踪和审计及数据迁移等功能。备份管理器与备份源系统进行通信，并将来自源系统的数据传送到目标系统。

备份目标系统。把备份数据保存到不同备份介质的工作，提供备份设备管理和介质管理等功能。

在选择备份设备时，应充分考虑其性能指标，选择性价比高的产品。影响备份设备选择的因素主要有两个：

速度。服务器的空闲时间也就是备份时可以使用的时间，被称为备份"窗口"，备份操作员必须保证备份工作所用的时间小于备份窗口。所以对备份设备的速度有一定的要求，必须在备份窗口内完成备份工作，否则会影响服务器的正常运行。所以，备份设备的速度是必须考虑的首要因素。

容量。如果备份设备的容量太小，则可能会在备份过程中不得不更换备份磁盘，否则会导致数据丢失。正确估算备份的数据量，并考虑近期的扩展规划，选择合适容量的备份设备。

从每次备份的数据量不同，备份可以分为完全备份、增量备份和差异备份三种，相应的恢复方法也不同：

完全备份。对服务器上的所有数据进行完全备份，包括系统文件和数据文件。它并不依赖文件的存档属性来确定备份哪些文件。在备份过程中，任何现有的标记都被清除，每个文件都被标记为已备份，换言之，清除存档属性。

完全备份所需时间最长，但恢复时间最短，操作最方便。当系统中的数据量不大时，采用完全备份最可靠。

增量备份。只对上一次备份后增加的和修改过的数据进行备份。在增量备份过程中，只备份有标记的选中的文件和文件夹，备份后清除标记，即备份后清除存档属性。

增量备份的优点在于：由于没有重复的备份数据，既节省磁盘空间，又缩短了备份时间。但是一旦发生灾难，恢复数据则比较麻烦，如图 6-8 所示，因而实际应用中较少采用这种方式。

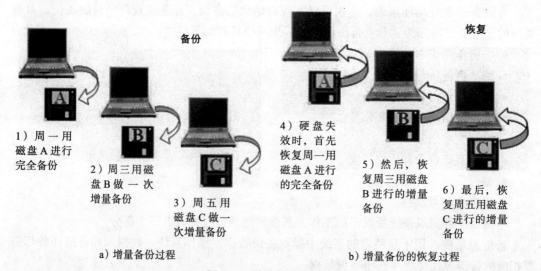

图 6-8　增量备份与恢复

差异备份。对上一次完全备份（而不是上次备份）之后新增加的和修改过的数据进行备份。差异备份过程中，只备份有标记的那些选中的文件和文件夹。它不清除标记，即，备份后不标记为已备份文件，换言之，不清除存档属性。差异备份所需的存储空间介于完全备份与增量备份之间；在恢复数据时，需备份两份数据，一份是上一次的完全备份，另一份是最新的差异备份，如图 6-9 所示。

6.4.3　容灾与灾难恢复

容灾（Disaster Tolerance）就是在发生灾难时，在保证应用系统的数据尽量少丢失的情况下，维持系统业务的连续运行。

从技术上看，衡量容灾系统有三个主要指标：RPO、RTO 和备份窗口（backup window）。

RPO（Recovery Point Objective），即数据恢复点目标。指业务系统所能容忍的数据丢失量，在同步数据复制方式下，RPO 等于数据传输时延的时间；在异步数据复制方式下，RPO 为异步传输数据排队的时间。

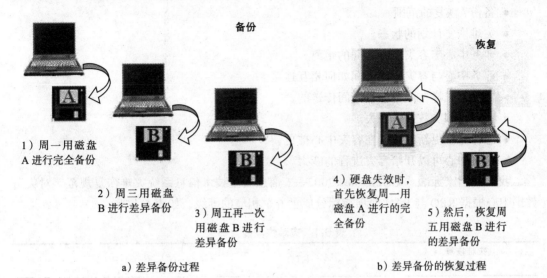

1）周一用磁盘 A 进行完全备份

2）周三用磁盘 B 进行差异备份

3）周五再一次用磁盘 B 进行差异备份

4）硬盘失效时，首先恢复周一用磁盘 A 进行的完全备份

5）然后，恢复周五用磁盘 B 进行的差异备份

a）差异备份过程   b）差异备份的恢复过程

图 6-9　差异备份与恢复

RTO（Recovery Time Objective），即恢复时间目标。指业务系统所能容忍的业务停止服务的最长时间，也就是从灾难发生到业务系统恢复服务功能所需要的最短时间周期。RTO 描述了恢复过程需要花费的时间。

例如，假设在时间点 t_1 时刻发生灾难，在时间点 t_2 完成恢复，那么 RTO 就等于 $t_2 - t_1$。RTO 值越小，代表容灾系统的数据恢复能力越强。RPO 针对的是数据丢失，而 RTO 针对的是服务丢失，二者没有必然的关联性。RTO 和 RPO 的确定必须在进行风险分析和业务影响分析后，根据不同的业务需求确定。对于不同企业的同一种业务，RTO 和 RPO 的需求也会有所不同。RPO 与 RTO 越小，系统的可用性就越高，当然用户需要的投资也越大。RPO 与 RTO 示意图如图 6-10 所示。

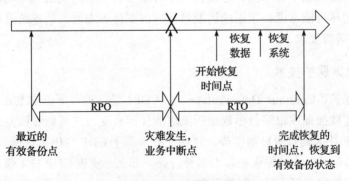

恢复数据　恢复系统

开始恢复时间点

RPO　　　RTO

最近的有效备份点

灾难发生，业务中断点

完成恢复的时间点，恢复到有效备份状态

图 6-10　RPO 与 RTO 示意图

备份窗口，即在用户正常使用的业务系统不受影响的情况下，能够对业务系统中的数据进行数据备份的时间间隔，或者说是用于备份的时间段。备份窗口根据操作特性来设定。例如，如果数据从 8 点到 22 点被使用，则可用于备份的时间就为 22 点到次日 8 点（备份窗口）。为了保证备份数据的一致性，在备份过程中数据不能被更改。所以在某些情况下，

备份窗口是数据和应用不可用的间隔时间。

目前，国际上通用的容灾系统的评审标准为 Share78：

- 备份/恢复的范围。
- 灾难恢复计划的状态。
- 业务中心与容灾中心之间的距离。
- 业务中心与容灾中心之间如何相互连接。
- 数据是怎样在两个中心之间传送的。
- 允许有多少数据被丢失。
- 怎样保证更新的数据在容灾中心被更新。
- 容灾中心可以开始容灾进程的能力。

我国的国家标准《GB20988—2007—T 信息安全技术信息系统灾难恢复规范》对灾备数据中心根据 RPO 与 RTO 两项指标分成了 6 个相应的等级，如表 6-1 所示。

表 6-1 灾难恢复能力等级

灾难恢复 能力等级	RTO	RPO
第 1 级	2 天以上	1 天至 7 天
第 2 级	24 小时以上	1 天至 7 天
第 3 级	12 小时以上	数小时至 1 天
第 4 级	数小时至 2 天	数小时至 1 天
第 5 级	数分钟至 2 天	0 至 30 分钟
第 6 级	数分钟	0

在上述的 6 个灾难恢复级别中，RTO 与 RPO 等级的提升需要由各个系统的协调升级才能达成，如基础设施、网络通信系统、服务器系统、存储系统、应用系统等。相对来说，大部分的系统可以根据用户灾备等级提升要求，在原先的灾备系统增加设备进行灾备能力的升级。但是，对于基础设施来说，升级较为困难，投资大，而且周期相对较长。所以，对于建设一个灾备数据中心来说，建设初期尽可能考虑今后的发展、可能需要达到的灾备等级，基础设施尽可能考虑到应用的远期目标，以支持容灾能力的连续升级，达到相应的 RTO 与 RPO 的等级要求。

6.4.4 连续数据保护技术

连续数据保护（Continue Data Protection，CDP）是一种在不影响主要数据运行的前提下，可以实现连续捕捉或跟踪目标数据所发生的任何改变，并且能够恢复到此前任意时间点的方法。CDP 技术具有明显的优势，这种优势来源于 CDP 与传统数据保护机制的差异，它具有显著的特征，并为数据保护带来多种益处。那么，实现 CDP 技术需要哪些必备的要素，它们的实现架构有何不同？利弊何在？

1. CDP 技术的优势

与传统数据保护技术比较，CDP 具有明显的数据保护优势。CDP 可以大大改善数据恢复点目标（RPO）和恢复时间目标（RTO）。传统备份技术实现的数据保护间隔一般为 24 小时，因此用户会面临数据丢失多达 24 小时的风险，采用快照技术可以将数据的丢失风险降低到几个小时之内，而 CDP 能够实现的数据丢失量可以降低到几秒。实际上，在传统数据保护技术中采用的是对"单时间点"（Single Point-In-Time，SPIT）的数据拷贝进行管理的模式，而连续数据保护可以实现对"任意时间点"（Any Point-In-Time，APIT）的数据访问。

CDP 与备份、快照、复制技术的比较如图 6-11 所示。由图 6-11 还可以看出，虽然复制技术可以通过与生产数据的同步获得数据的最新状态，但其无法规避由人为的逻辑错误或病毒攻击所造成的数据丢失。当生产数据由于以上原因遭到破坏时（例如数据被误删除），复制技术会将遭到破坏的数据状态同步到后备数据存储系统，使后备数据也受到破坏。CDP 系统可以使数据状态恢复到数据遭到破坏之前的任意一时间点，也就可以消除前者具有的风险。

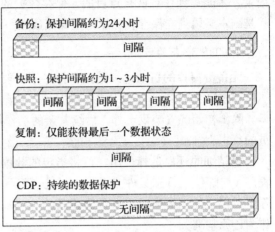

图 6-11　CDP 技术与传统数据保护技术的比较

此外，由于恢复时间和恢复对象的粒度更细，所以连续数据保护的数据恢复也更加灵活。目前部分产品和解决方案允许最终用户（而不仅仅是系统管理员）直接对数据进行恢复操作，这在很大程度上方便了使用者。根据这个特性，有业内人士指出，CDP 技术甚至有可能取代某些系统的版本控制功能，使开发人员把精力专注于开发和设计。

2. CDP 与传统数据保护机制的差异

CDP 与传统数据保护机制最大的差异在于启动机制的不同。备份或快照都是基于时间点来作为启动作业的机制，使用者必须周期性地启动备份或快照，以便制作副本，因此，当需要还原时，数据所能回复的状态也会受到备份周期设定的限制，使用者只能还原到启动备份作业的那几个时间点。

而 CDP 则是以系统的 I/O 活动来作为启动机制，通过连续追踪系统磁盘区块的状态，CDP 可实时地捕捉并复制应用程序对磁盘区块的每个写入动作，并记录每个动作的时间，从而完整保存了系统存取变动历程。因此，这也允许使用者将数据恢复到指定的任一时间点状态，从而完全取消了备份周期的限制。换句话说，传统备份与快照可比拟成照相机，记录的是数据在某个时间点的状态，即使多做几次备份或快照，也只是得到数据在一系列不同时间点下的状态；CDP 技术可像录像机一般，连续记录磁盘驱动器过去每个时间点下的状态，用户可像录像倒带一样，可将数据任意倒回一个时间点，从而，可摆脱传统数据保护的还原点概念，提供无限制的还原精细度。该技术打破了传统备份周期概念，消除备份窗口束缚。

3. CDP 具有的特征

CDP 具备以下三个特征：

- 数据的更改被连续地记录与追踪。
- 所有数据的变化历程都被保存在与主存储地点不同的独立地点。

● 数据的恢复点目标（Recovery Point Objectives，RPO）是任意的。

其中，数据的更改和恢复是 CDP 基本特性，而且必须先要有对数据异动的连续追踪与记录，才能达到任意恢复点目的。保存数据的变化历程则是数据保护产品的基本要求，也就是副本必须独立保存，不能与主存储放在一起，以免产生连带损失的风险。

4. CDP 带来的效益

无备份窗口的自动连续数据备份。不需要停机即可进行备份作业，数据的备份在系统执行存取动作时就已自动完成：数据写入磁盘的同时也被复制到后端，因而消除了备份窗口。除了初始的安装设定外，后续其余的动作均可由 CDP 产品自动完成，也减轻了管理人员的负担。

极精细的还原选择。用户可将指定的数据，如单一档案、档案夹、逻辑磁盘区或应用程序（如邮件、日志文件或数据库），恢复到过去任何一个时间点的状态。某些 CDP 产品除了可以让使用者以时间点作为还原的参照基准外，也可以按照事先定义的特殊事件标记作为还原基准。

快速的还原作业。由于 CDP 是以磁盘为基础的技术，执行数据复制时是以异动的档案或者是区块来进行，因此只需很短的时间就能完成，还原时也能快速地将数据回存到原系统中。不过快速的备份与还原并不是 CDP 的主要卖点，其他以磁盘为基础的数据保护产品如远程复制或快照都能达到类似的效果，因此 CDP 的真正价值是在于允许极精细、任意的还原点选择方面，这是目前其他技术均办不到的功能。

5. 实现 CDP 技术的基本要素

CDP 的基本原理是复制每笔写入数据，附加时间戳记（copy on write + time stamp），并将副本传输到异地存放。这样的实现技术原理需要以下组件的配合：

● 独立的副本存储区。
● 用来监控来源端磁盘状态，并复制任何写入数据的处理机制。
● 将写入数据的副本送往副本存储区的传输通道。
● 为每笔数据副本加上时间戳记的机制。

其中，独立的存储区即为 CDP 系统指定的磁盘区，而数据传输通道则通常是 FC 或 iSCSI 的 SAN。每个产品架构中都会有一套负责为数据加上时间戳记，以及设定、管理用的主控服务器。通常是由 CDP 系统主程序所在的服务器负责，当服务器收到前端送来的数据后，就为每笔数据加上时间戳记，然后送到副本存储区分别存放。

因此，会影响产品架构的就只有数据复制机制。

6. 复制机制及其产品的特性

不同的复制机制构成了不同结构的产品。

（1）主机端（Host-Based）复制

在需要 CDP 保护的服务器上安装代理程序（Agent），让代理程序负责监控磁盘与复制异动数据的工作。代理程序会捕捉每一笔写入磁盘的数据，复制一份并加上时间戳记后放入缓冲区，再通过网络送到 CDP 服务器指定的存储位置。

这种架构十分类似传统备份软件，限制也相同，每一台要保护的主机都须分别安装代理程序，而代理程序除了会影响主机的效能外，还得考虑对不同作业平台与应用程序的兼容问题。

（2）网络端（Network-Based）复制

即利用存储局域网络设备来执行复制写入数据的动作。某些高级的 SAN 交换机提供了复制功能，可将前端服务器经某一个端口写入后端磁盘的数据流，加以复制后，再送到指定的目的端磁盘区。因此 CDP 产品只要能支持这类 SAN 交换机的复制协议，就能连续接收交换机取得的写入数据复本，CDP 产品为接收到的每笔写入数据加上时间戳记，并分别存放即可。

这种架构优点是数据复制作业与前端主机无关，无须部署代理程序，因此也没有兼容不同应用程序或操作系统的问题。而且，一台交换机就能同时复制多台前端主机的写入数据，只要前端主机是通过这台交换机存取后端磁盘区即可。

但问题是显然的：用户必须拥有这类 SAN 交换机才能享用这种架构带来的好处，而这类 SAN 交换机又十分昂贵，实际上采用的用户不多，因此能采用这种 CDP 部署架构的用户也不多。

（3）存储端（Storage-Based）复制

即利用存储设备来执行复制写入数据的动作。某些中高级 SAN 磁盘阵列或存储虚拟化平台均能提供复制功能，可为 SAN 环境的磁盘区建立镜像副本。

建立镜像群组后，磁盘阵列控制器或存储虚拟化平台会维持源端磁盘与镜像磁盘的一致，源端磁盘的任何写入数据都会被复制到镜像磁盘上。利用这种特性，只要 CDP 产品能兼容于这种磁盘阵列或存储虚拟化平台的复制机制，就能充当镜像群组中接收副本数据的目的端设备，连续接收源端磁盘的复制副本，而 CDP 产品只需为接收到的每笔写入数据加上时间戳记并个别存放即可。

这种架构的优缺点与网络端架构相同，均为无代理程序架构，而限制也相同：用户必须拥有支持镜像机制的 SAN 存储设备，且 CDP 产品也须能支持这种 SAN 存储设备才行。

7. 三种 CDP 技术的比较

CDP 是在保证主要数据正常运行情况下，实现对变量数据进行跟踪，同时可以恢复到此前任意时间点的方法。CDP 技术可以提供块级、文件级和应用级的数据保护。那么，块级、文件级和应用级备份各自都有哪些特点？用户如何选择适合自身应用的备份方式？以下将对三种级别的数据保护方法做简单分析。

（1）应用级 CDP

基于应用的 CDP 系统只针对受保护应用系统，对应用系统资源占用较大。典型的如 Oracle GoldenGate、DataGuard 这些基于数据库复制的产品。主要特点是数据传输量较小，容易实现并行操作或者读写分离 / 备库查询。不容易做到完全同步保护（即 RPO = 0），由于是通过以太网的 IP 传输，日志型 CDP 对应用性能的影响比较明显。而且存在一些不稳定的因素，需要有避免写入冲突的机制，无法防御数据库底层结构的损坏。

相比之下，块级和文件级 CDP 支持的数据类型就更多，除了数据库和文件（结构化和非结构化），还可以对操作系统盘的保护（仅限块级保护）。同时，它们在备份目标上可以做到多对一。基于数据块保护的存储级 CDP 产品，其授权主要是针对容量和性能（高转速 SAS 还是低转速 SATA 硬盘），对于被保护客户端系统数量不限。

（2）文件级 CDP

文件级 CDP 通过监测文件系统层上的数据变化，将变量传输到备份节点或者设备。实时或者定时（严格说应该归类为"准 CDP"）文件复制实现起来相对简单，但由于基于 TCP/IP 协议传输，受限于网络带宽及开销，如果要达到同步，对应用系统性能影响较大。

文件级 CDP 还有一个问题，由应用直接建立在裸设备上、绕过文件系统直接管理的磁盘，其无法保护（如 Oracle ASM）。

（3）数据块级 CDP

数据块级 CDP 则没有这些限制，它的数据写入、拆分实现位于磁盘驱动层，位于文件系统的下一层。如果是同步保护，就类似于 RAID1 的镜像写入，无需磁盘缓冲区或者最多占据很少的内存。例如，要实现 RPO = 0 和 RTO = 0 就需要依赖于数据块级 CDP。除了支持 I/O 粒度的数据回滚（这也是"真 CDP"所要求达到的），当用户部署 Oracle ASM、UNIX/Linux LVM 的情况下，有的系统还能实现存储故障的自动接管。

数据块级 CDP 的一大优势是可以使用 FC 或者 iSCSI 存储网络协议，特别是 FC。有的 CDP 产品充分考虑到了数据一致性，对于 Oracle、SQL Server 等在这方面有严格要求的应用，提供了一致性快照技术。该技术不同于传统存储的快照，采用被动式机制，感知数据库缓存刷盘的动作，并在 I/O 记录上进行标记，保证了各种应用场合数据的有效恢复。

数据块级 CDP 在初始同步后也是只向目标设备写入变化数据，但在整个磁盘的初始同步或者分区较大而其中存放数据的容量比例不大时，初始同步所占的时间很长。最新的数据保护系统在 Web 管理界面中加入了文件系统解析功能，可以只同步磁盘上被文件系统占用的数据块，这样将文件级 CDP 的优点也结合了进来。

对于用户在操作系统下对分区进行加密的方式，数据块级 CDP 能够利用磁盘镜像将所有分区的状态"原封不动"复制出来，当需要访问备份数据时，密码访问口令和解密与被保护的原分区完全相同。这也是数据块级 CDP 的独有优势，基于文件和应用日志的保护是无法实现的。

总之，基于应用系统实现 CDP，只针对受保护应用系统，对应用系统资源占用较大。基于文件系统，写完 FAT 表后才开始复制，同时需要先读取数据，消耗大量系统资源，急剧增加网络带宽。基于数据块、I/O 级复制技术，带外旁路（采用 FC/IP SAN），不影响性能，提供块级别保护，不受 OS 干预。

6.4.5 个人备份工具 CrashPlan

目前，已经出现了多款备份工具软件，有企业级，也有个人用户级。大多工具软件还提供了免费的限时试用或限功能试用，CrashPlan 是其中之一。

CrashPlan 是一款"傻瓜式"跨平台的备份软件，可以运行在 Windows、Mac OS、Linux 平台上，可以把数据备份到任何安装了 CrashPlan 的操作平台上。

CrashPlan 是免费的，可以一直使用，可以把数据备份到自己的计算机上，也可以远程备份（如把工作资料备份到家里的计算机）。还可以把数据备份到 CrashPlan Central 上，这个只有 30 天的免费使用，以后可以付费获得 50GB 的备份空间（现在是 \$5/ 月）。

CrashPlan 有完美的日志记录，可以很清楚地知道把数据备份到了什么地方。

如果把数据备份到了其他远程计算机上，这也是非常安全的，完全可以放心，因为 CrashPlan 会把备份数据进行加密存储。

（1）软件下载与基本系统要求

从 http://www.code42.com/crashplan/download/ 可以下载 CrashPlan 安装文件，当前的版本是 CrashPlan-x64_4.3.0_Win.exe。可根据计算机安装的操作系统选择合适的版本。运行 CrashPlan 软件对系统的基本要求如表 6-2 所示。

表 6-2　CrashPlan App 版本 3.6.3 或更高

OS	硬件	软件
Windows[1]	• 1GHz + CPU • 1GB Memory • 250MB free drive space	Windows 操作系统 • Windows XP • Windows Vista • Windows 7 • Windows 8, 8.1 (in desktop mode) • Server 2008/2012 (excludes Windows Server Essentials, Windows Small Business Server, and Windows Home Server) • Java JRE 1.7.0_45 (packaged with the CrashPlan App)
OS X	• 1GHz + 64 位 Intel CPU • 1GB Memory • 250MB free drive space	OS X 版本 • 10.5 (version 3.6.4 and earlier only) • 10.6 ~ 10.9 • 10.10 *(requires CrashPlan App version 3.6.4 or later)* Java 版本 • For OS X 10.5 ~ 10.7.2: Java version 6, 7 • For OS X 10.7.3 ~ 10.10: Java JRE 1.7.0_45 (packaged with the CrashPlan App)
Linux	• 1GHz + x86-64 CPU • 1GB Memory • 250MB free drive space	• 内核版本 2.6.13 或更新 • glibc 2.4 + • cpio • Xorg (GUI required) • GTK2 • SWT (packaged with the CrashPlan App) • Java JRE 1.7.0_45 (packaged with the CrashPlan App)
Solaris[2]	• 1GHz + CPU • 1GB Memory • 250MB free drive space	• OpenSolaris, Solaris 10 • GTK2 • SWT (packaged with the CrashPlan App) • Oracle

注：CrashPlan 要求有图形用户界面（GUI）。

　1. 在 Windows 系统中，CrashPlan 依据系统用户的读写权限来访问和备份文件。

　2. CrashPlan App 在 Solaris 和 OpenSolaris 系统中以 32 位模式运行。

（2）软件安装

双击 CrashPlan-x64_4.3.0_Win.exe 安装，会出现如图 6-12 所示的安装界面。安装完成后，会出现如图 6-13 所示的设置界面，可建立新的账户。

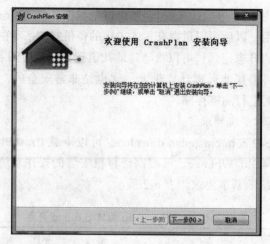

图 6-12 CrashPlan 的安装界面

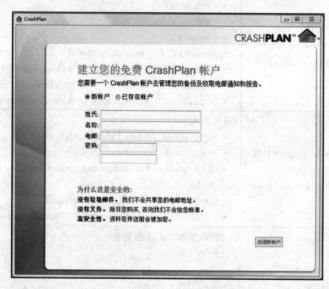

图 6-13 CrashPlan 的设置界面

（3）使用

软件的使用界面简洁明了：①选择"备份目的地"；②选择"要备份的档案"；③单击"开始备份"。进行备份选择过程如图 6-14 所示。

还原数据时：①选择要还原的档案；②选择版本，可选择"最新的"版本或某个日期的备份版本；③选择还原数据的目的地，可选"原本地点"，或选"指定地点"来选择一个地点；④还原的内容与目的地内容相同时，可选择"更改名称"，或选择"覆盖"；⑤单击"还原"，数据开始还原。还原数据的选择过程如图 6-15 所示。

（4）注意事项

备份文件夹时，在备份目的地会建立一个类似"698667101537936601"的新文件夹，文件夹内是被备份的内容。被备份的内容是加密的。

在企业级服务器中安装 CrashPlan 时，对最小系统另有要求。

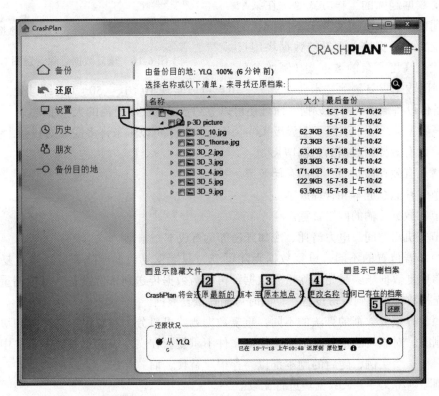

图 6-14　数据备份

图 6-15　数据恢复

6.5　重复数据删除

最大限度地减少必须存储和管理的数据量是任何一个可扩展存储架构的主要目标，实现这一目标的一种方式是避免存储相同数据的重复副本。通过在源设备不写入已存储数据来消除冗余数据的方法，不仅可以减少存储数据的开销，还可以提高带宽利用率。因此，面对当今指数增长的数据量，冗余数据消除技术对现代存储系统设计有特别重要的意义。冗余数据消除技术更通用的术语是重复数据删除技术。

重复数据删除技术目前大量应用于数据备份与归档系统，因为对数据进行多次备份后，存在大量重复数据，非常需要这种技术。事实上，重复数据删除技术可以用于更多场合，包括在线数据、近线数据、离线数据存储系统，可以在文件系统、卷管理器、NAS、SAN 中实施。

6.5.1　重复数据删除的基本概念

重复数据删除是一种数据缩减技术，它通过删除数据集中重复的数据，只保留其中一份，从而消除冗余数据。如图 6-16 所示，重复的数据经"删重过程"被删除了，只留下唯一的一个副本，元数据部分略有增加，用来指向重复数据唯一副本的位置。这种技术在很大程度上可以减少对物理存储空间的需求，从而满足日益增长的数据存储需求。

重复数据删除的工作方式是：在某个时间周期内，查找不同文件中不同位置的重复可变大小数据块。重复的数据块用指示符取代。高度冗余的数据集（例如备份

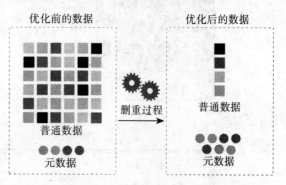

图 6-16　重复数据删除示意图

数据）利用数据重复删除技术获益极大：用户可以实现 10∶1 ~ 50∶1 的缩减比。这不仅可以使备份设备保存更多的数据，而且还可以节约备份存储时所需的大量带宽。

重复数据删除技术引起了业界极大的关注，该技术可以带来许多实际的利益，主要有：

- 可以有效控制数据的急剧增长。
- 增加有效存储空间，提高存储效率。
- 节省存储总成本和管理成本。
- 节省数据传输的网络带宽。
- 节省机房空间、电力消耗、冷却开销等运行成本。

按照部署位置的不同，重复数据删除可分为源端重复数据删除和目标端重复数据删除。源端重复数据删除是先删除重复数据，再将新数据传送到备份设备。目标端重复数据删除是先将数据传送到备份设备，存储时再删除重复数据。

按照检查重复数据的算法的不同，重复数据删除可以分为对象级、文件级和块级的重复数据删除。对象级的重复数据删除保证文件不重复。在文件级的重复数据删除中，同一文件只保存一个实例，随后的副本都以"存根"替代，而"存根"指向原始文件。块级重复数据删除则将文件分成数据块进行比较。

根据切分数据块方法的不同，又可分为定长块和变长块的重复数据删除技术。对于变长块的重复数据删除，数据块的长度是变动的。对于定长块的重复数据删除，数据块的长

度是固定的。

根据应用场合的不同，可以分为通用型和专用型重复数据删除系统。通用型重复数据删除系统是指厂商提供通用的重复数据删除产品，不与特定虚拟磁带库或备份设备相关联。专用型重复数据删除系统是与特定虚拟磁带或备份设备相关联，一般采取目标端重复数据删除方式。

重复数据删除可显著节省存储空间、节约传输带宽，但对恢复过程将产生不利影响。恢复过程中，所需的数据可能不是存储在连续的磁盘块中，甚至存储在未经重复数据删除的备份中。当备份数据过期、存储空间释放时，就会产生存储碎片，延长恢复时间。由于数据及其指针可能是无序存储，被删除的重复数据也会产生碎片，从而降低恢复性能。

一些提供重复数据删除功能的备份和存储系统供应商预料到了恢复过程的性能问题，并将产品优化，解决磁盘碎片问题。ExaGrid Systems、Sepaton 等供应商的解决方案可以完整地保存最近一次的备份副本，因此，最近一次备份的数据能迅速恢复；而其他解决方案则需要几天甚至更长时间才能重构数据。其他解决方案在备份期间分散重复数据删除的负荷，而在恢复期会集中负荷，以加快恢复速度。这种情况同时使用了软件和硬件方法。如果供应商能加快多个节点的重复数据删除速度，并允许添加节点，那么其性能扩展能力必然优于那些只有一个处理点的产品。

评价重复数据删除技术的指标有两个：重复数据删除率（deduplocation ratios）和性能。

重复数据删除率由数据自身的特征和应用模式所决定，影响因素主要有：数据变化率、数据分块大小、数据来源、备份方式、应用的范围、应用的模式等。目前各存储厂商公布的重复数据删除率变化范围很大，从 20∶1 ~ 500∶1 不等。

性能取决于具体实现技术，由多方面的因素决定，包括备份软件、网络带宽、磁盘种类等。单个文件的恢复时间与完全恢复截然不同。因此，应该测试重复数据删除技术在各种恢复场景下的运行情况，尤其是当数据恢复需要较长时间时更应如此，从而判断重复数据删除技术对恢复有什么影响、影响有多大。

6.5.2 重复数据删除的基本方法

目前业界常用的实施重复数据删除的基本方法有三种。

1. 基于散列（hash）的方法

基于散列的方法是采用 SHA-1、MD-5 等算法，将进行备份的数据流切成块，并且为每个数据块生成一个散列值。如果新数据块的散列值与备份设备上散列索引中的一个值匹配，则表明该数据已经备份，设备只更新它的表，以说明在这个新位置上也存在该数据。

基于散列的方法存在内置的可扩展性问题。为了快速识别一个数据块是否已经备份，这种基于散列的方法会在内存中拥有散列索引。当备份的数据块数量增加时，该索引也随之增长。一旦索引增长超过了设备在内存中保存它所支持的容量，性能会急速下降，同时磁盘搜索会比内存搜索更慢。因此，目前大部分基于散列的系统都是独立的，可以保持存储数据所需的内存量与磁盘空间量的平衡，这样，散列表就不会变得太大。

2. 基于内容识别的方法

这种方法主要是识别记录的数据格式。它采用内嵌在备份数据中的文件系统的元数据识别文件，然后与其数据存储库中的其他版本进行逐字节的比较，找到该版本与第一个已存储版本的不同之处并为这些不同的数据创建一个增量文件。这种方法可以避免散列冲突，但是需要使用支持备份应用的设备，以便设备可以提取元数据。

ExaGrid Systems 的 InfiniteFiler 就是一个基于内容识别的重复删除设备，在备份数据时，它采用 CommVault Galaxy 和 Symantec Backup Exec 等通用的备份应用技术从源系统中识别文件。完成备份后，它找出已经被多次备份的文件，生成增量文件。多个 InfiniteFiler 合成一个网格，支持高达 30TB 的备份数据。采用该重复删除方法的存储系统在存储一个 1GB 的 .PST 文件类的新数据时表现优异，但它不能为多个不同的文件消除重复的数据，如在 4 个 .PST 文件具有相同附件的情况下。

3. 混合的方法

该方法是 Diligent Technologies 用于其 ProtecTier VTL 的技术，它像基于散列的产品那样将数据分成块，并且采用自有的算法决定给定的数据块是否与其他相似。然后与相似块中的数据进行逐字节的比较，以判断该数据块是否已经备份。

还有一些其他重复数据删除方法。一般是与其他数据删除技术一起使用，例如压缩和差分 Delta。数据压缩技术已经问世约 30 年之久，它将数学算法应用到数据中，以简化大容量或重复的文件部分。

差分 Delta 通过只存储相对于原始备份文件有修改的部分，从而减小存储总量。例如，一个大约包含 200GB 数据的文件组，与原始备份相比可能只有 50MB 的数据是被修改过的，那么也只有这 50MB 的数据会被存储起来。差分 Delta 一般用于基于广域网的备份系统，它可以最大程度地利用带宽，从而减少备份窗口的工作时间。

6.5.3 重复数据删除的关键技术

重复数据删除的过程通常是：①将数据文件分割成一组数据块，为每个数据块计算指纹（fingerprint）；②以指纹为关键字进行 Hash 查找，匹配则表示该数据块为重复数据块，仅存储数据块索引号，否则表示该数据块是一个新的唯一块，对数据块进行存储并创建相关元信息。这样，一个物理文件在存储系统就对应一个逻辑文件中的一项，逻辑文件内容是一组由指纹组成的元数据。进行读取文件时，先读取逻辑文件，然后根据指纹序列，从存储系统中取出相应数据块，还原物理文件副本。

从上述过程可见，重复数据删除的关键技术包括：数据分块、数据块指纹计算和数据块检索。

1. 数据分块

按照重复数据删除的粒度，数据分块可以分为文件级和数据块级。文件级的重复数据删除技术也称为单一实例存储，数据块级的技术其消重粒度更小，可以达到 4 ~ 24KB。可见，数据块级的分块可提供更高的数据消重率，因此目前主流产品都是数据块级的。数据分块算法主要有三种：定长分块、内容分块和滑动分块。

定长分块。该算法用固定块大小对文件进行切分，并计算弱校验值和强校验值 MD5。弱校验值主要是为了提升差异编码的性能，先计算弱校验值并进行 hash 查找，如果找到则计算 MD5 强校验值并做进一步 Hash 查找。由于弱校验值计算量要比 MD5 小很多，因此可以有效提高编码性能。定长分块算法的优点是简单、性能高,但它对数据插入和删除敏感,处理效率低,不能根据内容变化做调整和优化。

内容分块。该算法是基于内容进行数据块切分的一种变长分块算法,它应用数据指纹(如 Rabin 指纹)将文件分割成长度大小不等的分块。它使用一个固定大小(如 48B)的滑动窗口计算文件数据的数据指纹。如果指纹满足某个条件,则把窗口位置作为块的边界。该算法可能会出现异常现象,即指纹条件不能满足,块边界不能确定,导致数据块过大。实现中可以对数据块设定上下限来解决这种问题。该算法对文件内容变化不敏感,插入或删除数据只会影响到极少的数据块。由于数据块大小的确定困难,可能会引起数据块的粒度不均,粒度过细则开销太大,粒度过粗则去重效果不佳。两者之间如何权衡仍是一个难点。

滑动分块。该算法结合了定长分块和内容分块的优点,块大小固定。它对定长数据块先计算弱校验值,如果匹配则再计算 MD5 强校验值,两者都匹配则认为是一个数据块边界。该数据块前面的数据碎片也是一个数据块,它是不定长的。如果滑动窗口移过一个块大小的距离仍无法匹配,则也认定为一个数据块边界。滑动块算法对插入和删除问题处理非常高效,并且能够检测到比内容分块更多的冗余数据,它的不足是容易产生数据碎片。

2. 数据块指纹计算

数据指纹是数据块的本质特征,理想状态是每个数据块具有唯一的数据指纹,而不同的数据块具有不同的数据指纹。数据块本身往往较大,而数据指纹的目标是期望以较小的数据表示(如 16B、32B)来区别不同数据块。数据指纹是对数据块内容进行数学运算获得的,从当前来看 Hash 函数比较接近于理想目标,如 MD5、SHA1、SHA-256、SHA-512 等。然而这些指纹函数都存在冲突问题,即不同数据块可能会产生相同的数据指纹。相对来说,MD5 和 SHA 系列 Hash 函数发生冲突的概率非常低,因此通常被用作指纹计算方法。其中,MD5 和 SHA1 是 128 位的,SHA-256 和 SHA-512 具有更低的冲突发生概率,但计算量也会急剧增加。

3. 数据块检索

对于大存储容量的重复数据删除来说,数据块数量非常庞大,数据块粒度较细的情况下尤其如此。在这样一个大型数据指纹库中检索,性能就会成为瓶颈。目前有多种信息检索方法,其中 Hash 查找因为其查找性能高而被广泛采用。Hash 表存储于内存中,会消耗大量内存资源,在设计删重系统前,需要根据数据块指纹长度、数据块数量对内存需求进行合理规划。

Hash 表是根据关键值(Key value)而进行访问的数据结构。它通过把关键值映射到表中一个位置来访问记录,以加快查找的速度。这个映射函数叫作 Hash 函数,存放记录的数组叫作 Hash 表。Hash 表的查找过程和造表过程基本相同,绝大多数关键值可通过散列函数转换的地址直接找到,少数关键值在散列函数得到的地址上产生了冲突,需要按处理冲突的方法进行查找。

6.5.4 源端重复数据删除的利与弊

近年来,备份市场出现了诸多重复数据删除产品,有的是在源端进行重复数据的删除,有的是在目标端进行重复数据的删除。本节将分析这两种方法的概念与利弊。

源端重复数据删除是指冗余数据在数据通过网络发送到备份服务器之前就被删除。看上去这似乎是删除冗余数据最合理的位置，然而源端重复数据删除技术面临挑战，本节试图在讨论的过程中分析并解决这些问题。

源端重复数据删除的好处在于，在初始备份完成之后只发送唯一的数据。这既可以通过传统重复数据删除流程完成，也可以通过块级增量备份。利用这种重复数据删除技术，整个流程会将信息变量与已经发送到备份目标的信息进行对比，但是这个对比通常是涉及所有数据的，从多个来源一直到这个目标。例如，如果服务器 A 和服务器 B 保存了一个相同的文件，当轮到服务器 B 发送这份文件的时候，它无需这么做，因为服务器 A 已经发送过了。管理员可以把源端重复数据删除看作在整个企业内进行对比，以便在数据发送之前删除冗余数据。

在初始备份之后，块级增量（BLI）备份也只发送增量信息。不过，这些增量片段通常是与文件系统设置的块分区相关的。块级增量备份会对它们在备份目标进行保护的系统保留一个镜像。它们通常是卷到卷的匹配技术，而不是重复数据删除技术。其中大多数采用了某种快照技术来提供时间点后退功能。出于营销的原因，提供了块级增量备份解决方案的厂商希望在重复数据删除领域也有所涉足。

源端重复数据删除有一个问题，那就是重复数据删除对比步骤对客户有什么影响？在前期准备过程中，厂商都宣称"对客户几乎没有什么影响"。当然需要自己验证这个说法。目前只能说，这个问题不像前几年那么严重了。客户端软件逐渐成熟，客户端提供的处理资源也比以前多。

通过实验室测试和用户实践发现，重复数据删除所带来的影响大约在 5% ~ 10%。在块级增量备份技术中数据片段的大小保持不变，并且只是卷到卷的对比，所以不要求那么多的 CPU 资源。而且，很多文件系统通过 API 为请求软件提供了一个变更块的名单。但是，块级增量备份却不具备企业内数据削减功能，除非使用单独的后处理重复数据删除技术。

块级增量备份和源端重复数据删除都面临一个挑战，那就是必须更新备份应用。在有些情况下，这是一个颠覆性的变更：新厂商、新软件、新应用代理，一切都是新的。在其他情况下，这是在现有备份应用基础上的增值功能，需要变更的只是数据交付技术。

6.5.5 重复数据删除解决方案实例

Opendedup 是一个开源重复数据删除解决方案。作为针对 Linux 的重复数据删除文件系统（也称为 SDFS），Opendedup 从设计上来说针对的是那些拥有虚拟环境并寻求高性能、可扩展和低成本重复数据删除解决方案的企业。

Opendedup 分为四层（从下至上）：第一层可以使用本地文件系统或者 Amazon S3 文件系统，第二层为 Java 编写的删除重复数据存储引擎，第三层为 Java 编写的删除重复文件引擎，第四层为 C 语言编写的 FUSE 文件系统（Filesystem in Userspace，用户空间文件系统，是指完全在用户态实现的文件系统。目前 Linux 通过内核模块对此进行支持）。Opendedup 四层结构示意图如图 6-17 所示。

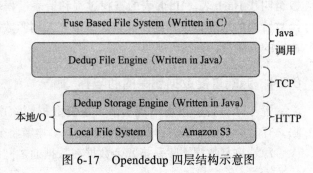

图 6-17　Opendedup 四层结构示意图

根据开发者 Sam Silverberg 的说法，Opendedup 的设计目标是利用基于对象的文件系统的性能和可扩展性优点，通过重复数据删除优化存储。结果是：Opendedup 可以优化 1PB 以上的数据；在 128KB 块大小的情况下，每 GB 记忆体支持 3TB 以上数据；在线重复数据删除的执行速度达到 290MB/s；拥有很高的总 I/O 性能；支持 VMware（以及 Xen 和 KVM），并可以对 4KB 的块进行重复数据删除操作。同时，它还是免费的。

在标准的 Linux 系统上，Opendedup 的安装只需要大约 20 分钟时间，而且不需要编译。Opendedup 卷可以像 Linux 文件系统那样载入和创建。如果用户曾经在 Linux 系统上载入卷，那么他肯定对 Opendedup 的命令也很熟悉。此外，对于那些需要一些帮助的用户，Opendedup 还提供了快速指导，同时在 Opendedup 网站上还有详细的管理操作指导。

那么，使用 Linux 系统的用户是否可以使用 Opendedup 并从中获益呢？根据 Silverberg 的说法，Opendedup 的适用对象包括：所有大量利用虚拟化的企业，或那些寻求高存储效率和基于磁盘备份系统的企业，或那些需要归档大量数据的企业。

不过，Opendedup 真的可以作为专有解决方案的替代品么？Silverberg 表示，同许多专有解决方案相比，Opendedup 在性能、可扩展性和成本上具有优势，不过专有解决方案有一定的真正技术上的优势。开源解决方案目前还不能提供远程复制功能、基于源端的重复数据删除和一周 7 天、一天 24 小时的无间断电话支持。

Opendedup 是一个文件系统，这使得它可以很容易作为一个存储设备来实施，但是，如果不契合到专有 API（应用程序编程接口），它将很难深入地整合到备份和虚拟机管理器等解决方案中。不过，如果用户希望获得的是来自文件系统的裸性能、可扩展性和重复数据删除功能，那么 Opendedup 是一个理想选择。显然很多企业是这样的，因为在 Opendedup 发布的第一周就吸引了 1.4 万个独立访客的访问，其中许多人下载了该软件。

6.6　本章小结与扩展阅读

1. 本章小结

复杂的存储环境给用户带来了巨大的管理挑战，建立统一的存储管理标准意义重大。虚拟存储技术以逻辑视图管理物理存储设备，可显著提高存储使用效率。软件定义存储将复杂的存储系统封装成为易操作的服务，用户可以通过一个软件或者管理界面方便地管理自己所有的存储资源。数据备份与恢复可保证系统安全。重复数据删除大大节省了备份存储的空间和带宽。

2. 扩展阅读

[1]　高端存储系统：Scale out VS Scale up，http://www.storageonline.com.cn/storage/nas/scale-out-vs-scale-up/：什么是 Scale out（横向扩展）？什么是 Scale up（纵向扩展）？简单点说就是 Scale up 是向更强大的 CPU、内存、通道及其他设备扩展，而 Scale out 则是通过一定的分布式算法将一个个独立的低成本存储节点组成一个大而强的系统。中文版则有个养鱼理论，非常经典，比喻贴切。

[2]　了解什么是软件定义存储，看这篇就行了，http://www.sdnlab.com/11535.html。SDS 至今为止业界都没有一个公认的完整的定义，该文就 SDS 的问题介绍了各家权威咨询机构、各大厂商等对这一概念的不同解释或描述。文章也介绍了 SDS 产

品的理念、发展趋势等。

[3] SDFS 重删系统快速部署，http://blog.sina.com.cn/s/blog_629f9ef70101ozyg.html。
该文从系统需求、可选安装包等系统准备工作入手，给出了 SDFS（Opendedup）开
源软件的下载地址，介绍了系统安装、初始化、系统配置、验证配置等内容，可以
作为一个基于 SDFS（Opendedup）的重删系统快速部署的实践案例。

[4] 欲进一步了解 Opendedup 相关内容，可访问其官方网站 http://opendedup.org/。

思考题

1. 从哪几个方面来看，存储管理自动化是必需的？

2. 可实现自动化的存储管理工作有哪些？

3. 实现存储管理自动化有哪些途径？

4. 虚拟存储有什么特点？

5. 实现虚拟存储的关键支撑技术有哪些？

6. 什么是软件定义存储（SDS）？ SDS 与虚拟化存储有何异同？

7. 在软件定义存储的实施过程中，需要注意哪些问题？

8. 衡量容灾备份系统的三个主要指标是什么？各有什么含义？

9. 什么是连续数据保护（CDP）？ CDP 有什么特征？

10. 什么是重复数据删除技术？实施重复数据删除技术有哪些方法？

参考文献

[1] Bill Kleyman.Software-Defined Storage: What Does It Really Mean［EB/OL］.http://www.
datacenterknowledge.com/archives/2014/03/05/software-defined-storage-really-mean/，2014.

[2] 张明德.自动分层让混合存储发挥最大效益［EB/OL］.http://www.ithome.com.tw/
tech/89008，2014.

[3] 源端重复数据删除教程［EB/OL］.http://download.techtarget.com.cn/storage/
guide/2012/sourcededupe.pdf，2015.

[4] GBT 20988-2007，信息安全技术信息系统灾难恢复规范［EB/OL］.http://wenku.
baidu.com/view/a336c7220722192e4536f622.html.

[5] 什么是 CDP 持续数据保护［EB/OL］.http://www.chinastor.com/a/backup/CDP.html，2011.

[6] 三种 CDP 技术 PK：为什么需要块级同步保护［EB/OL］.http://wenku.baidu.com/
view/2c3ee283f90f76c660371a5e.html，2014.

[7] 个人备份工具 CrashPlan［EB/OL］.http://www.oschina.net/p/crashplan，2015.

[8] 重复数据删除解决方案 Opendedup［EB/OL］.http://www.oschina.net/p/opendedup/
similar_projects?lang = 0&sort = time&p = 2.

[9] 卢永菁.一种高性能重复数据删除系统设计及研究［D］.湖南大学，2013.

[10] Deepak R Bobbarjung, Suresh Jagannathan, Cezary Dubnicki. Improving Duplicate
Elimination in Storage Systems［J］. ACM Transactions on Storage (TOS), 2006 (4).

第 7 章 存储技术在物联网中的应用

随着物联网技术的发展，特别是 RFID 的广泛使用和 WSN（无线传感网）技术的普及，物理世界的各种状态被实时转化成了不同格式的海量数据。在从这些海量数据中挖掘出有价值的信息之前，还需要对原始数据进行预处理、传输、存储、分析等多道工序加工，而数据存储是其中的基础技术，它是保存原始数据、中间结果和最终结果的大本营。由于物联网中的数据具有容量巨大、格式多样、实时性强等特性，因此给存储技术带来了严峻的挑战。

本章在介绍物联网数据特征的基础上，介绍了物联网数据的存储模式、体系结构、高效解决方案等内容，研究了物联网数据中心构建的关键技术，分析了 TinyOS 中的数据存储技术，并探讨了无线传感器网络中的容错数据存储技术。

7.1 物联网数据的特征与存储需求

近年来，得益于支撑技术的进步和应用需求的增加，物联网（Internet of Things，IoT）的技术水平不断提高，应用范围迅速扩展。物联网的支撑技术主要有射频识别（RFID）技术、无线传感器网络（WSN）技术、智能数据处理技术等；而物联网的应用领域涉及人类生活的各个方面，包括物流业、零售业、医疗卫生、机场安全、交通运输、环境监控等，对于推动经济发展、提高国民生活质量具有十分重要的意义。物联网已经成为学术界和工业界研究、关注的焦点，甚至升级为国家级发展战略，如欧洲的"e-Europe"、美国的"智慧地球"，以及我国的"感知中国"战略等。

在物联网中，通过运用无线传感器网络可以实现对特定目标的实时监测，并利用传感设备采集到大量的数据。通过对这些数据的实时加工或后续处理，可得到期望的目标信息。因此，在整个物联网中，面对各种传感器产生的各种格式的海量数据，存储系统与设计人员都面临着严峻挑战。如何高效、可靠地存储数据是物联网应用人员最关心的问题。对于设计人员来说，如何提高

数据存储与访问的效率，并保证数据的高可用性是最重要的目标。

从数据流动的视角看，物联网自下而上可以分为感知层、传输层、支撑层以及应用层，如图 7-1 所示。从图中可以看到，支撑层（实现海量数据存储、数据处理等功能）在物联网体系结构中起着关键作用，存储和处理来自传输层的海量数据，为应用层中的各类应用提供数据支持。支撑层的核心功能之一是管理海量数据，将数据以一定的形式记录于存储介质中。作为保存海量感知数据的手段，数据存储系统可以保证所感知数据的持续积累，为物联网提取信息、挖掘知识提供大量的实时数据或历史数据，是实现物联网智能化应用的关键角色。因此，设计良好的数据存储方案对于发挥物联网的效率、实现物联网价值的最大化具有重要意义。

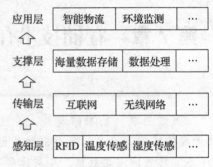

图 7-1　物联网四层体系结构

在支撑层中，主要的系统设备包括：海量数据存储设备、大型计算机群、云计算设备等。在这一层次上，首先需要存储各种类型的海量数据，并采用高性能计算系统对获取的海量数据进行实时控制和管理，进行数据融合、数据挖掘、态势分析、趋势预测等，同时为上层应用提供接口。大多物联网应用的数据量一般可以达到 PB（10^{15} 字节）级别以上，处理能力则要求在每秒 TB（10^9 字节）级别以上。

本节首先分析了物联网数据的特征及其给存储带来的挑战，并描述了物联网存储的需求，然后根据需求给出了物联网存储方案定性评价指标。本节还对物联网数据存储模式进行了分类，对典型的物联网存储技术及方案进行了比较，并根据物联网应用分类提出了适合应用特性的存储模式，最后对物联网存储领域进一步的工作进行了总结。

7.1.1　物联网数据的特征

物联网数据通常来源于多个异构感知设备阵列，是对某一范围的物理世界状态的实时刻画。物联网数据通常具有如下特征：

- 数据量巨大：物联网中感知设备的数量众多，感知设备连续不断地产生大量的数据，形成了容量巨大的数据。
- 数据结构不同：物联网中的数据产生自异构感知设备，如 RFID 读取器、视频摄像头、温度传感器、湿度传感器等，这些设备产生的数据有着不同的数据结构。
- 数据带有时间和空间属性：物联网中的传感器分布在不同的空间，不同时间采样到的数据都带有时间和空间属性，这些数据用于描述被感知对象的状态在时间和空间上的动态变化。
- 数据有冗余：在物联网系统中，多个传感设备存在重复采样以及大量无意义数据实时采样等情况，造成大量无用冗余数据。

物联网传感设备采样的数据所具有的这些特征，给数据存储的实现带来了巨大挑战，主要表现在：

- 数据量巨大，对巨大存储空间的需求提出了挑战。随着对海量存储空间需求的不断增长，存储系统规模的扩大难度剧增。

- 数据结构不同，对存储空间的利用率和管理的有效性提出了挑战。如何有效组织异构数据，提高存储空间的利用率，显得十分困难。
- 数据带有时间和空间属性，给数据在存储系统中的有效放置和高效访问带来了严峻挑战。存储系统需要支持体现时间和空间特性的存储、检索、读取等操作，这为存储系统的高效实现和管理带来了困难。
- 数据有冗余，进一步增加了对存储空间的需求，增加了网络流量，给存储系统的容量和带宽带来严峻挑战。冗余数据中包含了有价值的信息，这对数据高效压缩和重复数据删除（重删）提出了更高的要求。

因此，物联网存储系统面临多重挑战与困难，有更多的难题需要攻克，需要专门研究面向物联网的海量数据存储系统，以支持物联网的广泛应用。

7.1.2 物联网数据的存储需求

为应对物联网应用对存储的挑战，应用于物联网的存储系统应满足以下需求：

- 存储系统容量可扩展：随着数据量的不断增长，要求存储系统的容量可在线扩展，即在不影响存储系统使用的情况下，存储容量可不断扩展。
- 数据结构灵活可变：数据结构可根据需求灵活定制，以适应物联网数据异构的特点，克服固定数据带来的管理低效等问题，提高存储效率。
- 数据管理高效：可有效放置和检索数据，可针对数据的时间和空间特性加以优化，提高存储和访问的效率。
- 高效压缩和重删技术：物联网中数据的冗余度大，应用数据压缩技术可获得较好的效果。在不影响精度的前提下可以考虑采用有损压缩，压缩效果可显著提高。重复数据删除技术可获得更多的可用存储空间。
- 可靠性与安全性高：物联网中的每个数据都可能具有重要价值，必须保证数据的可靠存储，即使在部分节点失效的情况下，整个系统依然可提供正常的数据访问操作。物联网中的数据可能涉及秘密与隐私，需要保证数据的安全性。

7.1.3 物联网数据存储系统的评价指标

物联网中数据的特殊性对存储系统提出了特殊的需求。那么，在设计物联网数据存储系统时，该系统应满足什么指标才能适用于物联网系统呢？综合考虑物联网数据的特征和存储需求，可用如下指标对物联网数据存储系统进行评价：

- 扩展性：系统可通过升级设备等手段提升存储能力，同时系统整体性能不会受到显著影响。
- 开放性：系统具有标准的接口协议，与其他系统的连接兼容性好，以方便数据的交换与共享。
- 灵活性：存储系统可针对异构数据灵活调整数据结构。
- 高效性：存储系统在完成特定任务时占用较少的时间和资源，消除不必要的冗余。
- 可靠性：系统正常工作的平均时间可用平均无故障时间（MTBF）指标来衡量。MTBF 是指相邻两次故障之间的平均工作时间。

● 安全性：系统可以通过如访问控制、加密等安全手段确保数据的私密性。

其中，扩展性和开放性对应于可扩展的存储需求，灵活性对应于数据结构灵活可变的需求，高效性对应于数据管理高效与重删的需求，可靠性和安全性对应可靠性、安全性的需求。

7.2 物联网数据存储模式及实现技术

7.2.1 物联网数据存储模式分类

大规模物联网由多个无线传感网构成，传感网之间基于互联网实现互连互通。根据数据在传感网中的存储情况，物联网数据存储模式有如下两种：

传感网内存储模式。该模式利用感知网络中各感知节点自身的存储空间存储感知的数据。这些数据可本地存储在感知节点自身的存储空间，也可以分布存储在传感网的某些节点中。但传感节点的存储空间有限，只能用作为临时存储。

传感网外存储模式。该模式将物联网的各个节点产生的数据，通过某些特定节点发送到传感网外的集中式存储系统中存储。传感网内存储模式中的数据或中间结果最终也将发送到集中式存储系统中存储。

对于不同的存储模式，系统设计时所关注的重点也不同：

对于传感网内存储模式，需要重点关注相对较小的存储空间的管理，以及功耗的实时管理，以防数据溢出或掉电引起的数据丢失。数据的高效处理与快速发送也是需要重点考虑的问题。

对于传感网外存储模式，需要重点关注多数据源的并发传输、分布式存储与优化管理，还需关注对异构数据、带有时空特征数据存储的有效支持。

图 7-2 显示出了物联网存储模式分类及实现技术。主要的实现技术包括：

文件系统：将收集到的数据以文件的形式存储于存储器中，用文件管理系统实现有效管理。

数据库系统：将收集到的数据以结构化或非结构化的形式存储于存储空间中，用数据库系统管理。非结构化数据库可以处理结构化数据（如数字、符号等），也可以处理非结构化数据（如文本、图片、音频、视频等）。

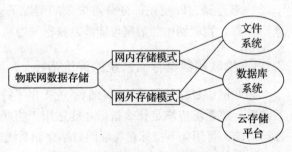

图 7-2　物联网存储分类及实现技术

云存储平台：将收集到的数据通过网络上传到网络存储空间，通过云服务的模式管理存储需求。云存储作为一项新的服务模式，具有存储空间可扩展性好、灵活开放、可靠性高与可用性高等优势，适合物联网数据的存储。

7.2.2 物联网典型的存储实现技术

用于实现物联网数据存储的典型技术包括：基于文件系统的存储技术、基于数据库的存储技术和基于云平台的存储技术等。

1. 基于文件系统的存储技术

文件系统可分为本地文件系统和分布式文件系统。

本地文件系统是指文件系统管理的物理存储设备连接在本地计算机上，处理器通过系统总线可以直接访问。但是，基于本地文件系统的存储技术仅用于简单的小规模场合，原因是：

- 本地文件系统难以与另一个"本地文件系统"交换数据，共享困难。
- 本地文件系统的功能受限，扩展困难，难以满足大规模数据存储的要求。
- 本地文件系统可靠性不高，容易造成数据丢失。

由于存在上述缺陷，本地文件系统目前应用较少，而多采用分布式文件系统。分布式文件系统指文件系统管理的物理存储资源不一定直接连接在本地节点上，而是通过网络与各存储节点相连，将各个存储节点聚合成一个统一管理的逻辑文件系统，由元数据服务器实现并发控制与管理机制，可实现文件的并发访问和存储空间的扩展。

常见的分布式文件系统有 GFS、HDFS、Lustre、Ceph、GridFS、mogileFS、TFS、FastDFS 等，各自适用于不同的领域。

图 7-3 描述了一个典型的分布式文件系统结构。元数据服务器和存储节点构成了分布式文件系统的主体。元数据服务器用于保存和更新元数据（包括文件名、文件路径、数据块索引等），通过心跳信号监测各存储节点的状态，起到管理作用。存储节点用于存储数据，通常把若干个存储节点安装在一个机柜中，为提高可靠性，常在不同存储节点之间备份同一数据。用户要读写数据时，先向元数据服务器提出请求，元数据服务器返回相应的元数据，并向存储节点发出控制命令，写入或读出的数据直接在用户与存储节点之间传送。存储节点的最新状态将及时更新到元数据服务器。

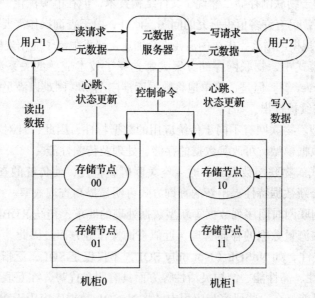

图 7-3　分布式文件系统结构

分布式文件系统与本地文件文件系统相比，具有一定优势：

- 扩展方便，适合物联网中的海量数据存储。

- 通过元数据服务器提供并发访问控制，优化访问路径，提高存储管理效率。
- 可靠性高，由于提供了数据备份机制，可提供数据存储系统的可靠性。

但时，文件系统用于物联网存储还存在不足，主要有：

- 文件结构固定，与实际应用相关，不利于不同应用共享数据。
- 数据冗余度大，不仅浪费存储空间，还容易引起多数据副本的不一致性。
- 文件结构检索困难，难以适应物联网海量数据的多功能检索。

因此，基于文件系统的方案对于物联网数据存储并不十分适用，而基于数据库的存储技术可有效克服上述不足，因而在许多场合更适用于物联网存储。

2. 基于数据库的存储技术

数据库技术起源于 20 世纪 60 年代，主要研究如何有效地组织、存储、管理和使用大量数据。数据库技术和网络技术的发展相互渗透，相互促进，发展迅速。数据库技术广泛应用于事务处理、数据检索、人工智能、计算机辅助设计等领域。

数据库技术可有效减少数据存储冗余，便于实现数据共享，保障数据安全，高效地检索和处理数据，因此，数据库技术可在物联网数据存储领域发挥重要作用。

在网内存储模式中，典型的存储系统代表有 TinyDB、Cougar 等，它们都是基于传统的关系型数据库模型。TinyDB 将整个传感网内的数据散列到指定的节点进行存储和管理，提供类 SQL（Structured Query Language，结构化查询语言）接口，用户无须了解传感网的具体结构即可查询数据。而 Cougar 将无线传感器网络节点划分为若干子集，每个子集有一个节点负责与子集内其他节点及用户接口的通信。Cougar 侧重于建立有效的通信机制，并尽可能减少查询引起的通信能量消耗。

数据库技术用于物联网存储虽然优于文件结构技术，但在电源优化、存储容量节省、多维查询优化等方面，仍有许多值得研究的问题。此外，由于查询操作需要在整个传感网内广播，因此随着网络规模的增大，电源的消耗将会加速，严重限制了应用规模和扩展能力。

在网外存储模式中，物联网存储方案大都选择了技术成熟的关系型数据库技术，如 MySQL、SQL Server 等。但是，简单地将数据库推广至物联网难以满足需求，一些有针对性的改进方案也陆续被提出，如：

- 新数据模型。物联网有不同于传统应用的数据特性，因此，针对特定的物联网应用提出新的数据模型，可改善数据的存储、处理及传输性能。
- 新查询方式。物联网数据具有时 – 空关联等新特性，使传统的查询方式效率受限，因此，结合新数据特性提出新的查询方式可明显提高查询效率。

但是，面对物联网时间序列数据等新型数据处理的要求，传统 RDBMS 的 SQL 已难以满足要求，尤其在海量数据的存储管理、近似查询操作等方面。因此，一些新兴的数据库技术得到了重点关注，如 NoSQL（Not only SQL，不仅仅是 SQL，泛指非关系型数据库）。NoSQL 在可扩展性、高性能、结构灵活性等方面具有明显优势，在互联网大数据处理方面已有成功应用。目前，在一些研究与应用中已将 NoSQL 数据库应用于物联网领域。

NoSQL 具有如下主要特征：

- 无需预定义模式：NoSQL 数据中的记录可能有不同的属性和格式。当插入数据时，并不需要预先定义它们的模式。

- 无共享架构：NoSQL 将数据划分后存储在各个本地服务器上，因为从本地服务器的磁盘存储数据的性能要好于从网络存取，从而提高了性能。
- 动态可扩展：可以动态增加或者删除结点，数据可以自动迁移。
- 分区备份：NoSQL 数据库需要将数据进行分区分散存储，并通过复制做备份，既可提高并发性能，又提高了可靠性。

当前，比较成熟的 NoSQL 数据库有 CouchDB、Memcached、Redis，比较新的有 HBase、MongoDB 和 Cassandra。非开源 NoSQL 数据库有谷歌的 BigTable 以及亚马逊的 Dynamo 等。

3. 基于云平台的存储技术

从狭义上理解，云平台是指 IT 基础设施的交付使用模式，通过网络以按需、易扩展的方式获得所需资源；从广义上理解，云平台是指服务的交付使用模式，通过网络以按需、易扩展的方式获得所需服务。云平台技术的引进使得物联网产生的大量实时数据得到有效存储和处理，克服了基于文件系统技术和基于数据库存储技术中存储空间不足、查询处理效率较低等缺陷，因此，基于云平台的存储技术得到了广泛关注，研究不断深入，在物联网中的应用也不断扩展。

目前，基于云平台的海量存储技术在物联网中的应用已开展了大量研究，典型的研究内容包括：

- 基于云平台的高效海量数据处理模型，可以同时处理物联网产生的结构化、半结构化和非结构化数据。
- 物联网系统间的互操作性、系统安全、数据服务质量等，为物联网跨领域应用提供开放、安全与灵活的云存储与处理平台。
- 结合云计算与大数据处理的先进技术，有效解决物联网实时数据的处理与存储问题，实现用户可以在任何时空操控任何物体的目标。

云平台为物联网数据存储提供了可扩展的、开放的、实时的平台，但也带来了数据安全问题，因此，如何保证云平台环境下的数据安全成为重要的研究课题。

7.2.3 物联网存储模式的比较分析

在物联网存储系统的设计中，如何选择合适的存储模式值得深入研究。在基本的网内存储模式和网外存储模式中，所采用实现技术的不同，性能表现有较大差异，总结如下：

开放性。网内存储模式比较封闭，与其他系统通信困难、协同性较差。网外模式中，若采用本地文件系统的本地模式，由于缺乏对外的标准接口，外部系统难以从中获取数据，因而开放性也比较差。

扩展性。网内模式的存储空间受传感网络节点物理空间的限制。在网外模式中，除了本地文件系统扩展性困难以外，分布式文件系统、云平台存储模式均易于扩展。

灵活性。基于数据库的网内存储模式常采用的是关系数据库模型，难以灵活增删字段，灵活性较差。在网外模式中，由于 NoSQL 数据库系统与云平台的应用，数据格式上能支持结构化、半结构化以及非结构化等数据，数据类型上也可应对复杂的多媒体数据，因此灵活性很好。

可靠性。网内存储模式由于难以提供数据冗余，一旦节点失效，就可能导致数据丢失，系统可靠性较差。网外存储模式中，基于本地文件系统的存储方案也存在单点失效的问题。采用分布式文件系统、数据库技术以及云平台的存储方案，能够通过网络来利用多个节点的存储空间，并提供完善的备份机制，因而数据的可靠性能得到较好的保证。

实时性。网内存储模式可以与传感网直接通信，数据的实时性可得到保证。网外存储模式由于需要通过网络将数据传输到外部存储系统，从而增加了通信时延，因此网外存储模式的实时性要低于网内存储模式。

7.2.4　物联网数据存储技术的发展趋势

随着物联网技术的发展和应用的不断扩展，物联网数据存储技术也将不断发展，为物联网技术的应用提供有力支持。分析物联网技术与应用的特性，预计物联网数据存储技术的发展将呈现如下趋势：

- 由于物联网是多学科、多技术的综合集成应用，单一方案难以满足多种需求，因此，多种存储方案并存、各自发展特长是必然的选择。
- 物联网存储技术将以开放、灵活、可靠、实时等指标为发展目标，以适应物联网多维、海量等数据特性，推动物联网技术的普及应用。

与上述发展趋势相适应，对存储技术的下列问题需要进一步深入的研究：

- 网内存储模式下的数据交换标准的制定：多种数据交换协议，各自不定义了不同的数据格式，不同传感网之间的数据交换受限，因此，需要研究统一的数据交换协议，使系统具有更好的开放性。
- 物联网存储的大部分方案都基于 RMDBS，在巨大数据量的应用种查询性能低下，因此有的方案采用 NoSQL 以提高查询效率，但相应的存储策略还有待研究。
- 内部存储模式易受网络节点失效的影响而丢失数据，因此需要研究该模式下的数据保护问题，提高可靠性。
- 分布式文件系统和基于云平台的存储方案虽然显著改善了性能，但安全性问题不容忽视，因此，需要深入研究开放环境中数据安全和隐私问题，以保证系统的安全性。

7.3　物联网数据存储的高效解决方案

物联网（IoT）集成了多种先进技术，极大地延伸和扩展了互联网的触角，将用户端伸展到了任何物品，实现了物与物之间的信息交换和通信。物联网为各行各业提供前所未有新机遇。借助于日益增长、无处不在的无线射频识别标签（RFID）、传感器设备和无线传感器网络，可以实现对研究目标的实时监测与跟踪，并利用感知功能得到大量数据样本，通过对这些数据样本进行加工处理，就可以得到所期望的各类信息。因此，在整个无线传感器网络技术中，数据的存储与访问成为最重要的内容，也是用户最关心的问题。而对于生产厂商和研究部门来说，如何改善无线传感器网络结构，提高数据存储与访问的效率，并保证数据快速与稳定的传输，是最重要的努力方向。

助借于 RFID 和传感器网络技术，普通的物理对象可以连接，并能够被一个单一系统监控和管理。这样一种网络给云平台中的数据存储和处理带来了一系列的挑战。物联网数据产生的速度很快，数据量巨大，数据的类型多种多样。

为了解决这些潜在的问题，本节将介绍一种数据存储架构，它不仅能高效存储物联网的海量数据，而且还能整合结构化和非结构化数据。该数据存储框架能够结合并扩展多个数据库和 Hadoop，以存储和管理由传感器和 RFID 阅读器收集的不同类型数据。此外，它还开发了一些组件，扩展了 Hadoop 功能，以实现分布式文件系统信息库，能够有效地处理大量非结构化文件。

7.3.1　物联网数据存储面临的挑战

基于射频识别、传感器网络和检测、互联网、智能计算等技术，物联网可以通过独特的寻址方案，把各种物理对象连接到类似因特网的结构中，使物体相互作用并相互配合，以达到共同的目标。然而，在这个复杂系统广泛应用之前，必须解决面临的多种技术挑战，其中之一就是海量数据的高效存储问题。

物联网系统中无处不在的传感器、RFID 阅读器以及其他设备都将快速地产生大量数据，而数据必须及时、快速存储与处理。由于数据量巨大，并且增加迅速，用于物联网数据的存储解决方案必须能有效地存储大量数据，而且还能支持存储容量的扩展。此外，物联网数据收集自许多不同的来源，包括了各种结构化和非结构化的异构数据，因此，期望数据存储部件具有高效处理异构数据的能力。

为应对上述的挑战，需要构建一个能有效存储和管理海量的结构化和非结构化物联网数据的存储架构。因此，为了存储和管理结构化数据，建立了结合多个数据库的数据库管理模型；为实现非结构化数据的管理，建立了文件存储库。在数据库和文件存储库基础上，采用了 RESTful 服务产生机制，为数据访问应用提供了超文本传输协议（HTTP）接口。RESTful 架构是目前最流行的一种互联网软件架构。它结构清晰、符合标准、易于理解、扩展方便，所以应用日益广泛。

7.3.2　物联网数据存储的研究基础

在物联网数据存储和处理方面，技术人员已经进行了多年的研究，积累了较好的技术基础。在基于云平台的数据处理方面，现有的相关工作可分为三个方面，即传感器数据集成、数据存储和应用支撑技术。

1. 传感器数据集成

在传感器数据集成方面，有研究人员提出了一种用于减少无线传感器冗余数据集的方法。另有研究人员采用基于事后的近似联合相容性试验技术，创建了快速和可靠的方法，用以实现数据的关联。也有人提出了五层体系架构，用于集成无线传感器网络（WSN）和 RFID 技术。为了支持多用户进行数据更新或读取，这些数据库通常会牺牲一些功能，如数据库范围内的事务性和一致性，以实现更高的可用性和更好的可扩展性。

2. 数据存储

在数据存储方面，由于许多传统的数据存储平台都是基于关系型数据库，它们在大数据环境下很难提供足够的性能，因此，作为关系数据库的补充，有些工具可用于有效地处理分布式环境中的海量数据，如 NoSQL 数据库和 Hadoop，它们正在引起越来越多的关注。

NoSQL 数据库提供了一系列关系数据库不能提供的功能，如水平的可扩展性、分布式索引、动态地修改数据模式等。在另一方面，NoSQL 的数据库缺乏完成原子性、一致性、隔离性、持久性（简称 ACID）的约束，并支持一些复杂的查询。

Hadoop 是 Google MapReduce 的开源实现，处理海量数据的性能很高。许多学者正在研究用 NoSQL 数据库和 Hadoop 存储和处理数据。目前，研究人员已经开发出了结合 Hadoop 和并行数据库的架构，允许进行一致性的访问和管理；还提出了一种新的框架，它允许开发人员使用结构化查询语言（SQL），可用于操作关系型数据库和 NoSQL 数据库；此外，还提出了一种应用程序编程接口（API），可以为多种类型的 NoSQL 数据库提供统一的界面。

3. 应用支撑技术

在应用支撑技术方面，关注的重点是数据访问和数据隔离。各种服务的调用提供了访问分布式环境中数据的有效途径。而数据隔离的目的是简化多客户安全数据共享的应用。有的文献对基于关系数据库的多客户数据库与三种数据隔离模式（独立数据库、共享表和共享数据库的独立表）进行了比较。另外，还有人引入了一种基于共享表来实现多客户隔离的算法，其中一个逻辑表被分成几个块，而这些块被映射到了不同的物理客户。

上述研究为物联网数据的存储体与处理提供了有用的参考。然而，在基于云计算环境的物联网应用开发过程中，研究人员需要考虑一个能够覆盖结构化数据和非结构化数据、数据隔离、有效服务调用的统一数据存储方法。

7.3.3 物联网数据存储的体系结构

为了满足在云平台管理海量物联网数据的要求，数据存储框架应具备处理各种类型数据的能力。这些数据是从许多不同的设备收集来的，如 RFID 读取器、监视器、温度计等。它们具有不同的数据结构、容量、访问方法等。它们也很难通过单一的方法进行有效的存储和访问。此外，数据量可能会很快增加，因此，该框架必须能够以高吞吐量处理数据。

一个可满足上述要求的物联网数据存储体系结构如图 7-4 所示，主要由以下模块组成：

文件存储库（File repository）。文件存储库利用 Hadoop 分布式文件系统（HDFS）在分布式环境中存储非结构化文件。此外，

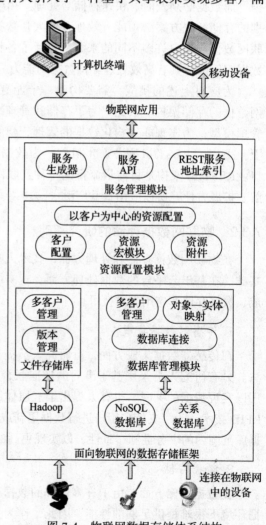

图 7-4 物联网数据存储体系结构

还增加了一个版本管理和多客户管理模块，来实现文件的版本管理和客户数据的隔离。采用一个文件处理器来改善文件存储库处理小文件的能力。

数据库管理模块（Database management module）。数据库管理模块结合了多个数据库，并同时使用 NoSQL 数据库和关系数据库管理结构化数据。这个模块还为多个数据库提供了统一的 API 和对象—实体的映射，以隐藏它们在实现和接口上的差异，以简化数据存取模块的开发和数据库应用的迁移。

资源配置模块（Resource configuration module）。资源配置模块根据预先定义的元模型支持静态和动态的数据管理，因此，数据资源和相关的服务可以基于客户要求进行配置。此外，还可以实现数据处理机制，如负载平衡等。

服务管理模块（Service management module）。生成服务模块，自动生成 RESTful 服务。该模块通过配置数据提取元数据，然后根据元数据映射到存储在数据库和文件库的数据项和文件，最后产生对应的 RESTful 服务。

7.3.4 物联网数据存储的实现方法

我们从以下几个方面探讨物联网数据存储体系结构的实现方法：

- 数据库管理模型。
- 文件存储库模型。
- 客户的资源配置。
- RESTful 服务生成。

根据数据处理过程，该实现方法被分为以下几个阶段：数据采集和存储、资源配置、数据利用。该实现方法的一个简单流程图如图 7-5 所示。

1. 数据库管理模型（Database management model）

数据库管理的主要任务是结合多个数据库和统一访问接口。对象 – 实体的映射和查询适配是在这个模型中使用的主要方法。此外，该模型还集成了多客户数据隔离机制。数据库管理的主要任务如下：

（1）对象 – 实体映射

对象 – 实体映射把真实世界中的对象映射到在数据库中的实体，使得开发者可以在数据库中操作数据，以及在现实世界中操作对象。因为有多个数据库，对于不同的数据库的映射通过提取所收集的数据的结构来实现。

主流的 NoSQL 数据库可以按照数据存储模型分为四类：键 – 值（key-value）存储、文档存储、列存

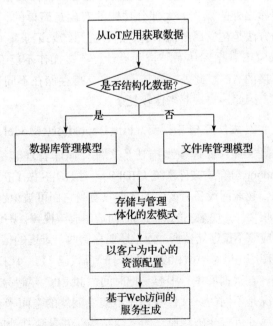

图 7-5 物联网数据存储体系结构实现方法的简化流程图

储和图存储。虽然这些存储模型有很大的不同，但可以定位出包含的属性的记录结构，并映射到一个对象。一系列具有相同属性集合的记录可以被映射到一个数据实体，就像在关系数据库中的表一样。例如，在 key-value 存储中，一个 key-value 对可以被视为一个记录的属性，一组 key-value 对可以被视为一个记录的多种属性，一系列组可以形成一个数据集合。

除了从对象到实体映射，实体之间的关系也需要进行维护。一般来说，NoSQL 数据库不支持外键约束（外键是一个表与另一个表之间连接的字段），所以这个功能必须完全由框架来提供。问题的关键是以怎样的方式存储外键。在该框架中，为了避免额外的连接操作，每个记录的外键被定义为一个单一的属性，而不是额外的表（对于 NoSQL 的数据库存储，术语"表"是指结构，它相当于关系数据库中的表）。对于一对一和多对一关系，外键属性只存储为一个值，而对于一对多和多对多关系，外键属性将被标准化处理，存储为一个值的集合。此外，如果数据库不提供处理一个值集合的操作，框架必须实现该操作，如"包含"（返回一个布尔值，以指示该集合是否包含给定的值）、"添加"（增加一个给定值到该集合，如果该值已经存在于集合中，则不做任何动作。）、"删除"（从该组中删除的给定值，如果该值在该组中存在）等。

（2）查询适配的实现方法

通过调用统一的 API 创建统一查询的操作不能由数据库直接执行。它们必须由一组适配器转换为一组查询，使得数据库可以接受它们。对于关系数据库，适配的过程意味着把统一查询转换成 SQL 语句，它已被 ORM（Object Relational Mapping）框架所实现。ORM框架采用元数据来描述对象—关系映射细节，元数据一般采用 XML（可扩展标记语言）格式，并且存放在专门的对象—映射文件中。

实现适配器的最大挑战是，对于由关系数据库提供的一些功能，NoSQL 数据库不支持。因此，该适配器不能直接转化含有目标数据库不支持的操作查询。因此，需要实现数据库之外的操作。大部分功能的实现是简单的，如 NoSQL 数据库不支持的值限制，实现的方法是在返回给请求者之前，过滤结果记录集（RS）。然而，连接操作是一个例外。根据NoSQL 数据库体系结构和设计，连接操作不能有效地执行，因此，NoSQL 数据库不提供连接的 API。此外，连接操作应支持存储在不同数据库中的实体，使得数据库能无缝地结合，因此，实现起来比较复杂。

2. 文件存储库模型（File Repository Model）

文件存储库模型描述了文件存储库管理非结构化数据文件的方法。文件存储库基于Hadoop 分布式文件系统（HDFS），对 HDFS 做了扩展和包装，以实现文件存储库所需的特性。

物联网设备所产生的数据只有当它们可被识别的时候才有价值。例如，我们存储了一个视频文件，如果不能找出何时何地生成该视频，则该视频文件是无价值的。因此，数据存储框架应该不仅存储数据，而且还要存储两个维度的信息：时间和空间。对于物联网生成的数据，可使用生成时间戳和设备的电子产品代码（EPC）来识别该数据由某一设备在某一时间产生。

在数据库中，很容易把时间戳和 EPC 存储为数据集合的两个属性，而在文件存储库中情况是不同的。文件存储库不提供额外的空间来存储文件的这两个属性，因为在文件中存储属性可能会破坏原来的文件结构，并导致其他问题。解决的方法是把时间戳和 EPC 存储在相应文件的名称中。每个物联网数据文件被命名为一个包含 EPC 和时间戳的字符串。在该文件名中，第一部分是被转换为一个 24 位的十六进制数的 EPC，第二部分是一个十进制形式的时间戳。

3. 客户的资源配置

为有效执行归档操作，应根据客户的差异来配置资源。客户、服务、元模型以及配置策略都包含在客户资源配置模块中。

- 客户配置：基于客户的差异分配数据资源以及相关的属性，如数据权限、服务和范围。服务水平协议（SLA）也由客户配置设置。
- 服务接口：分配数据资源时，也可以配置用于分布式用户使用的相关服务接口。
- 资源配置：该模块提供了以客户为中心的资源配置策略。基于执行和管理的要求，资源被划分成不同的部分，以满足负载平衡和不同的业务目的，如设计区、测试区，特别是在云环境中的执行区。
- 元模型：元模型是资源配置模块的核心，它包含数据、客户、服务和事件的关系。实际上，元模型基于多视图业务建模，它能构成用于进一步数据处理的语义基础。

图 7-6 显示出了用于数据资源分配的元模型。数据资源分布在不同区域，目的在于负载平衡。

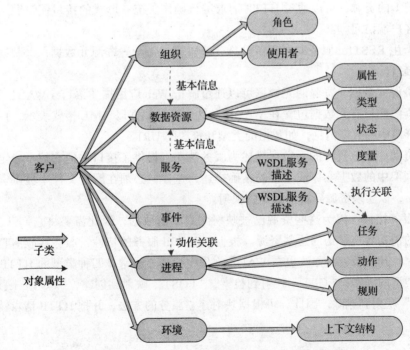

图 7-6 以客户为中心的资源配置元模型

基于该模型，可以实现多客户的配置、结构化数据和文件的管理。实际上，客户在该模块中被配置，但多客户管理在不同的文件存储库和数据库模块中实现。

（1）结构化数据的多客户配置

在新的框架中，多客户管理与隔离每个客户的私有数据的方法和共享公共数据的方法有关。每个客户的私有数据对其他客户应该是不可见的。此外，所有客户的操作应限于客户的私有数据，并不会影响其他客户的私有数据。

为了保持性能的平衡和数据隔离，采用了分离的数据收集策略。这个策略分别把不同客户的同一实体的数据存储在不同的集合中。它提供了私有数据物理隔离，并具有可接受的成本。这一策略还通过允许控制数据实体是否是私有的或共享的，支持灵活的数据共享配置。如果一个实体设置为私有的，系统将为每个客户创建一个数据集，以存储私有数据，这对其他客户是不可见的。一个客户对个人数据的操作将重定向到它自己的私有数据区，这样其他客户的数据就不会受到影响。

（2）非结构化文件的多客户配置

文件存储库采用数据隔离和共享机制，允许以文件的粒度控制文件的私有性。这种机制的基本思想是，为每一个客户指定一个工作区。工作区在 HDFS 中的一个目录，以所有者的客户 ID 命名。还有一个共享空间用于存储共享文件。对于一个客户，只有其自身的私有工作空间和共享空间是可见的。通过包装 HDFS 的访问接口，使所有的文件操作都限制在客户的私有工作空间和共享空间。

4. RESTful 服务生成

RESTful 服务已经通过 Web 获得了广泛的接受。RESTful 服务是具有唯一 URI（统一资源标识符）的资源，可以通过 HTTP 请求进行操作。统一形式的接口使资源可通过不同平台上的客户端访问。

用于产生 RESTful 服务的过程可分为 3 个阶段：①配置资源元数据；②映射资源；③生成服务接口。

配置资源元数据。资源的元数据可以通过解析 Web 应用描述语言（WADL）文件来配置。对应资源的所有元数据包含在 WADL 文件中。元数据以 XML 格式表示，可以收集包含在相应资源中的数据信息，如数据的类型和资源的 URI。

映射资源。信息资源的元数据描述为服务消费者提供了接口，但它们不一定是存储在数据存储框架中的数据实体或文件的精确描述，这样，必须在配置文件中提供资源—数据的映射关系，以实现资源到真实数据的映射。

生成服务接口。因为这些资源已被映射到真实的数据，因此需要将它们开放给 Web，以便资源的消费者能够访问这些资源。根据 RESTful 服务的特性，服务接收 HTTP 请求以便操作资源。开放服务的方法也在 WADL 文件中描述。通常，四种类型的 HTTP 请求被映射到四种类型的操作："GET"映射到检索，"POST"映射到创建，"PUT"映射到更新，"DELETE"映射到删除。因此，可根据映射建立服务的方法，并把 HTTP 请求转换成对资源的操作。

7.3.5 实例研究和讨论

1. 实例研究

本小节以物流配送方案作为一个实例，来说明该存储框架方案是如何工作的。在物流的情况下，大量的物流订单都通过基于物联网的传感设备来跟踪，如 RFID 读取器、传感器和摄像机。这些设备产生的数据首先被收集起来，并通过一些终端进行预处理，然后发送给物流管理应用程序，该应用程序是基于所述的数据存储框架所建立的。为了提高数据存储和访问的性能，所有类型的数据被存储在不同的地方（MySQL、MongoDB、文件存储库），如图 7-7 所示。

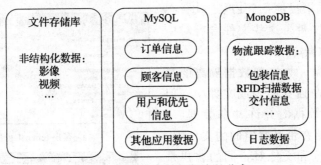

图 7-7　数据在存储框架中的分布

如下存储和访问物流数据的过程说明了数据存储框架的支撑作用：

存储物流数据。当物流系统运行时，每个要投递的包裹通过一系列的装置进行追踪，并频繁地产生数据。图 7-8 说明了由各装置产生的数据被存储在数据存储框架中的过程。由装置产生的数据在发送到物流管理系统前，在一些终端进行预处理，以便它们可以被很好地接收。然后，物流管理系统将跟踪的数据存储到数据存储框架中。数据首先分成结构化数据（该数据被存储在数据库中）和非结构化数据（这些数据被存储在文件存储库中）。进一步，根据包含在配置中的元数据，结构化数据被分别存储在不同的数据库中。

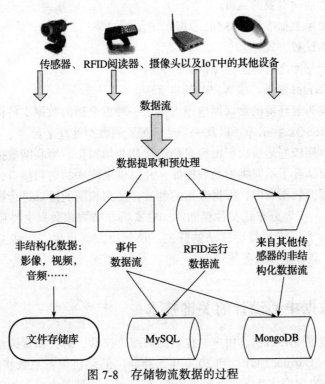

图 7-8　存储物流数据的过程

数据资源配置和存储。来自分布式数据源的相关数据存储在平台上后，管理人员可为不同的客户配置和管理这些信息，如图 7-9 所示。存储在文件库中的物联网数据文件被组织成两个维度。每个文件可以通过提供设备的 EPC 进行精确定位，该设备在产生数据的同时生成时间戳。如果提供一个 EPC，文件存储库将列出所有文件，这些文件含有对应 EPC 装置产生的数据。

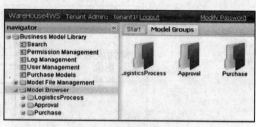

a）客户 tenant1 可见的信息

访问物流数据。为实现数据隔离的目的，把数据存储在独立的表或文件中，但在处理结构化的数据时允许共享数据库。非结构化信息存储在带私有空间的文件中。因此，所有的数据和文件对不同的客户是隔离的。客户只能访问自己的私有数据和共享数据。例如，以用户名"tenant1"登录并浏览订单列表时，可以看到三个订单。当登录为"tenant2"时，看到的是另一个订单。

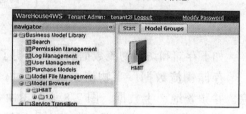

b）客户 tenant2 可见的信息

图 7-9　不同客户的信息存储和配置

2. 讨论

与其他整合多个数据库用于存储和访问海量数据方法相比，本小节的解决方案有几个优点，主要有：

- 接口形式为面向对象的 API。
- 同时支持关系数据库和 NoSQL 数据库。
- 支持灵活的配置方式。
- 支持不同数据库之间的连接操作。
- 可集成 RESTful 服务、多客户与版本管理。

可见，该方案为云环境的物联网应用提供了一种更全面的数据支持框架，该框架结合了关系数据库和 NoSQL 数据库，以及一个灵活配置的数据处理平台。

该数据存储框架较好地解决了由海量结构化和非结构化的物联网数据所带来的存储与处理问题。该框架结合了不同类型的数据库，并提供了统一的访问接口，使不同类型的数据可以存储在不同的数据库中，根据数据的性质，使用相同的接口进行操作。此外，其改进了 Hadoop 平台，实现分布式文件存储库，它支持非结构化数据文件版本管理和多客户数据隔离。而且，为了支持模型驱动的开发，该解决方案提供了生成 RESTful 服务的功能，这大大简化了从模型到服务的转化。

7.4　物联网数据中心设计的关键技术

物联网将对数据中心市场、用户、技术提供商、技术、销售和营销模式造成潜在的变革作用。咨询公司 Gartner 预计，到 2020 年，物联网的装机设备总数将达到 260 亿单元，物联网产品和服务供应商将新增收入超过 3000 亿美元，主要是在服务上。同时，这将汇聚巨量的数据到数据中心，将对数据中心的各个方面带来严峻挑战。

物联网的部署会产生大量的数据并需要存储与处理。物联网连接远程设备，在设备和集中管理系统之间传输数据流。这些设备可以集成到新的和现有的传感网络中，提供关于状态、位置、功能等信息。实时信息可更准确地了解状态，而且通过优化的使用和更精确的决策支持，增加利用率和生产率。

巨大数量的设备加上物联网数据的绝对数量、处理速度要求、数据结构等，给数据中心带来了挑战，尤其是在安全性、数据存储管理、服务器和数据中心网络领域等需要实时处理数据的场合，情况尤其如此。数据中心管理人员需要部署更多前瞻性的容量管理，以便能够积极主动地满足物联网相关的重点业务。

7.4.1　物联网数据中心面临的挑战

Gartner 认为物联网数据中心面临以下挑战：

- 安全。部署在现代城市环境的不同区域的设备的日益数字化和自动化，给许多行业带来了新的安全挑战。
- 消费者隐私。随着感知设备智能化程度的不断提高，会出现大量有关个人隐私的信息，如果没有保护措施，可能会引起隐私泄露的事件。特别是 IoT（物联网）产生的信息是为了获得更好的服务时，更具挑战。
- 数据。物联网对存储的影响体现在两方面类型的数据：个人数据（消费者驱动）和大数据（企业驱动）。
- 存储管理。IoT 对存储基础设施的影响是要求增加更多存储容量的另一因素，这个因素在 IoT 数据不断增长时是不可避免的。目前的重点必须放在存储容量、业务能否受益，以及是否能以高性价比的方式使用物联网中的数据。
- 服务器技术。IoT 对服务器市场上的影响主要是增加关键企业及相关机构的投资，这些相关机构涉及可从物联网获得盈利的企业。
- 数据中心网络。物联网中的大量传感器将传输海量数据到数据中心，明显提高了对数据中心输入带宽的需求。

网络连接和 IoT 数据增加的幅度将加速采用分布式数据中心管理方法，这要求供应商提供高效的系统管理平台。

IoT 将从全球分布的传感器源中产生海量的数据。将该数据的整体转移到一个单一的位置进行处理在技术上和经济上都不现实。最近的发展趋势显示，以集中应用来降低成本和提高安全性与物联网是不相容的。各机构不得不汇总数据到多个分布式的小型数据中心，先进行初步处理，然后将相关数据转发到中心站点进行后续处理。

这种新的架构使管理人员面临严峻挑战，因为他们需要管理整个环境，同时能够监视和控制各个位置。此外，备份如此巨量的数据将出现难以解决的管理问题，如网络带宽、远程存储带宽，以及备份所有的原始数据很可能是难以承受的负担。因此，各机构必须自动实现对有价值数据的选择备份。这种筛选和排序也会产生额外的大量数据处理负载，这将消耗额外的处理、存储和网络资源。

数据中心运营和供应商需要部署更具前瞻性的容量管理平台，包括数据中心基础设施管理系统方法、协调运营的标准和通信协议，以便能够积极提供生产设施进行物联网数据的优化处理。

7.4.2 物联网数据中心的总体结构

物联网数据中心为用户提供了基于 Web 服务的用户操作和管理功能接口，包括运行维护平台（运维平台）和应用平台。运维平台实现对系统的配置、性能、节点、安全、故障、计费、网络拓扑、业务等进行管理。应用平台提供对用户各种应用和异构数据的集成，将系统采集的数据进行整理、存储、挖掘和分析。运维和应用平台的结合，使得数据中心实现行业信息资源的平台共享。

1. 物联网数据中心的功能模块

物联网数据中心的设计包含四个主要模块的设计：消息分发中间件、运维服务器、应用服务器和数据库服务器。消息分发中间件主要用于消息流的转发和数据定向；运维服务器主要用于对系统资源的管理；应用服务器为用户提供控制指令访问接口和数据定制服务；数据库服务器实现数据的存储与管理。

数据中心可为用户提供以下服务：

- 联网类服务：通过对物联网中每个终端设备按照标准和规范进行唯一的标识，运维管理系统可以实现对任意物品监测其在线状态，并且可以对物品进行初步定位。
- 信息类服务：对于用户终端和传感节点采集到的网络运营数据，系统可以按照预先设定规则把数据正确完整地传输到数据中心，进行分析和存储，并且向外部提供用户信息查询接口。
- 操作类服务：系统实时监测网络运营状态，按照预定好的规则，对感知节点和传感节点进行远程配置和操作，以保证整个网络运行的效率。
- 安全类服务：保护网络资源与设备不被非法访问，以及对加密机制中的密钥进行管理。由于物联网接入方式多样，移动终端较多，无线通信的安全机制备受关注，要防止非法用户监听无线信道和窃取用户信息，并且还要防止伪装客户或伪装设备的网络欺骗行为。
- 管理类服务：包括计费管理和故障管理。计费管理通过对网络资源，如网络流量、数据收发量、点击率等指标进行统计，并进行运营成本核算，从而对客户的使用情况和计费情况进行管理。故障管理功能提供网络故障监测、故障定位，以及保护切换与恢复，并存储故障信息供以后查询。

对来自硬件设备或路径结点的报警进行监控、报告和存储，对故障进行诊断、定位和处理，故障管理的好坏直接影响物联网的服务质量。因此，故障管理必须反应迅速、判断正确，并且故障排除的时间要尽可能的短。

2. 物联网数据中心的关键技术

物联网数据中心的建设涵盖了基础设施层、感知层、网络层、传输层、应用层，为实现数据中心的资源共享、运维管理，各层之间都需要采用关键技术打通壁垒。这些关键技术包括：

智能感知技术。智能感知技术是实现物联网"物–物相连，人–物互联"的基础，是构建物联网系统的核心技术。智能感知技术就是利用传感器采集信息、进行简单处理后反馈给系统的技术。其主要关键技术包括信息识别技术和信息处理技术。

通信组网技术。物联网的通信方式具有部署方便、可移动、可渗透的特点。物联网的网络环境复杂，异构网络众多，其主要关键技术包括无线传感器网络、无线局域网、WiMAX、4G、蓝牙、ZigBee 等。

中间件技术。由于物联网中终端物品和感知设备众多，异构性强，软件一致性差，为一种平台开发的应用很难被移植到其他平台上，因此，需要采用中间件技术为硬件和应用程序之间的信息交互搭建桥梁。中间件可通过封装读写管理、数据管理、事件管理等通用功能屏蔽软硬件环境的差异，实现软件复用。

云计算技术。云计算技术是一种利用互联网实现随时随地、按需、便捷地访问共享资源池（如计算设施、存储设备、应用程序等）的计算模式。云计算具有资源整合、按需服务、低成本的优点。物联网在运营过程中呈现大量的云计算特征，如对资源的海量需求、资源负载变化大、运营服务方提供计算能力要求高等。通过云计算技术构建物联网云平台，可以实现网络节点的配置和控制、信息的采集和计算、海量数据的分布式存储、海量数据的分布式计算和分析处理，以满足大数据量和数据处理的实时性。云计算的引入可以为物联网提供不同层次的服务，通过云平台物联网应用轻易地被创建，同时提供了物联网强大的计算能力，使物联网可以提供可靠优质的服务。

3. 物联网数据中心的总体结构

本节的物联网建设规划涵盖了智能家居物联网、装备制造物联网、智能交通物联网、智能医疗物联网、智能物流等应用领域。尤其是智能物流领域，采用物联网新技术后，将带来巨大的经济效益。

物联网应用的地域分布范围较大，底层分布着各种类型的传感节点（Sensor Node，SN）和高级传感节点（Advanced Sensor Node，ASN），网络环境复杂。ASN 与数据中心的通信协议一致，对传感数据进行过滤等预处理，有效地降低了数据中心的处理复杂度。物联网应用的整体规划应充分考虑产业调整与升级，以及与现有资源的整合利用等问题。物联网数据中心的总体结构如图 7-10 所示。

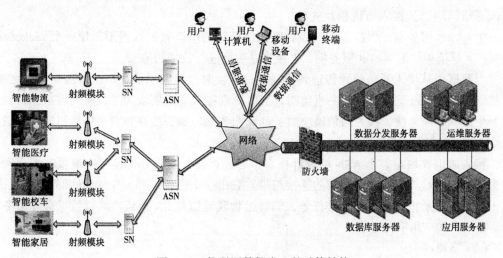

图 7-10　物联网数据中心的总体结构

从图 7-10 可知，数据中心通过传感设备，实现应用数据的采集，用户可通过 Web 服务接口采用计算机或移动设备终端查询、处理有关信息，运维平台可实现对数据中心的资源进行配置，数据库服务器和应用服务器实现海量数据的存储以及应用请求的处理。

4. 数据中心的组成

数据中心的核心功能模块包括感知节点、运维平台、应用服务平台、用户终端。

（1）感知节点

底层的传感网包括基本感知节点（SN）和高级感知节点（ASN）。SN 主要用于底层物联数据的感知采集，而 ASN 能实现异构网络的协议转换，起到物联网网关的作用。

SN 的硬件模块由单片机和射频模块组成，在 433MHz 信道、38.4kbit/s 传输率条件下，可传输 100 ~ 150 米，丢包率在允许范围内。SN 主要有三个功能：①采集终端设备的数据，通过 433MHz 的信道发往 ASN，由 ASN 通过网络发送到数据中心；②接收用户指令下发到终端设备；③ SN 群和 ASN 组网完成定位功能。基础感知节点的功能结构图如图 7-11 所示。

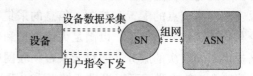

图 7-11　基础感知节点的功能结构图

ASN 的功能结构如图 7-12 所示，ASN 包括 4 个独立的应用程序，分别是物联通信、接入通信、显示和控制逻辑。其中显示和控制逻辑部分是可选的，而接入通信是整个 ASN 的设计重点。

物联通信是接入通信和射频模块之间的数据传输通道，它是简单的串口收发过程，本身不对数据做任何处理，采用的通信方式是 socket(套接字)通信。

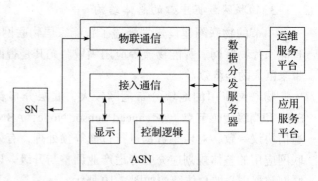

图 7-12　ASN 功能结构图

当数据要从物联通信模块传输到接入通信模块时，接入通信模块先建立一个 socket 服务端，保持监听，当物联通信模块的串口收到数据则新建一个 socket 端，连接接入通信模块的 socket 服务端，连接建立后可进行数据的传输。

当数据要从接入通信模块传输到物联通信模块时，物联通信在串口发送初始化之前，先建立一个 socket 服务端，并一直监听，当监测到接入通信模块的发送队列有数据，则新建一个 socket 端连接，接入通信模块的 socket 服务端，服务端在收到数据后再通过串口发送给 ASN 的射频模块。

接入通信模块是整个 ASN 的设计核心，通过数据分发服务器连接运维服务平台和应用服务平台，是传感网和互联网的连接纽带。它由一个主程序和一个 Web 服务程序组成。接入通信模块承担着双向的通信任务，即通过物联通信与 SN 通信、通过数据分发服务器与运维平台和应用平台通信。

（2）运维平台

运维平台运行在运维服务器中，它主要完成如下功能：

- 为企业用户注册相关信息，包括人员、设备、设备状态等信息。
- 为物联网设备的运行提供保障，包括获取设备的状态信息和故障信息。
- 为用户下发指令到设备终端、回馈设备信息到运维客户端、转发手机终端的用户指令请求。
- 测试系统的连通性，包括测试节点、网关、服务器、终端之间的连通性。

运维平台承担着三个方向的通信任务，分别是数据分发服务器、用户客户端以及数据库服务器。

运维平台收到数据报文后，根据命令字的类型执行不同的操作。运维服务软件的工作流程图如图 7-13。

（3）应用服务平台

应用服务平台运行于应用服务器，它主要完成如下功能：

- 为企业定制业务处理流程。
- 提供应用接入物联网系统方案。
- 为用户监测系统设备。
- 发送智能处理指令。
- 反馈设备信息。
- 远程故障修复。

应用服务程序的流程如图 7-14 所示。应用服务程序收到数据报文后，解析报文中的 EPC 码，获取企业标识，查询数据库后判断是哪个企业，然后再判断报文类型，分别进行处理。

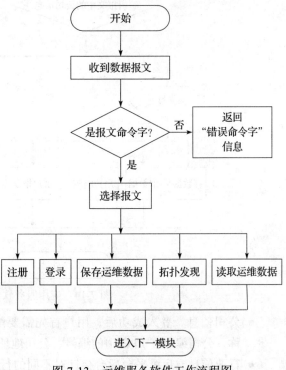

图 7-13　运维服务软件工作流程图

（4）用户终端

随着智能手机和平板电脑等移动终端设备的普及，人们逐渐习惯了使用移动终端上网的方式。运行相关的应用程序，移动终端可方便地实现用户与数据中心的交互。

7.4.3　物联网数据中心的应用

本小节以基站电池监控系统的应用为实例，介绍数据中心运维平台的应用。

为保证基站的有效供电，本实例通过"基站电池远程监控管理系统"对基站电池进行监控和维护。通过对电池中的电流、电压、容量、放电时间等数据的记录与分析，分析电池的性能，远程控制基站电池的充放电系数，纠正系数偏差。用户可通过移动终端，远程监控基站电池性能。

1. 运维平台的配置

用户购买物联网运维平台使用许可后，管理员为用户分配账号，用户登录运维平台网站，进行相关信息和业务的配置。主要配置的内容有：

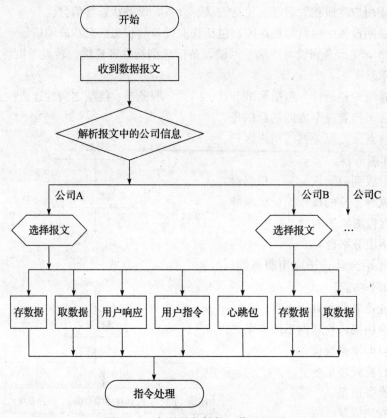

图 7-14 应用服务软件工作流程图

- 公司信息。登入成功后，用户首先需要配置公司信息，主要是公司编码、公司名称、公司编码在 EPC 中的编号、公司地址等信息。
- 行业信息。运维平台后台会针对不同的行业信息进行业务区分调度，对服务进行定向处理和分流。用户需要配置自己所属的行业，并获取自己的行业接口的定向服务地址。
- 商品信息。主要是对公司的产品进行描述和说明，标注产品 EPC。
- Web 服务入口地址。有的企业需要数据中心将数据信息定位到自己的服务器，配置 Web 服务入口地址为公司定向业务数据到自己服务器中的数据库。
- 感知节点。为企业注册自己的高级感知节点 ASN 以及其下面挂载的基础感知节点 SN 信息，感知节点用于采集、传输企业的业务数据。
- SN 的 EPC 编码授权。SN 注册后，需要为其 EPC 编码购买授权，然后才能获取相应的数据流量，进行企业业务数据的采集与传输。

2. 运维平台的功能

ASN 的性能查询。在运维平台上为基站电池注册 SN 和 ASN 并申请 EPC 编码后，当企业的设施运行时，SN 开始采集设备信息发送到数据中心的运维平台数据库，此外还会定时发送 ASN 的定位信息和运维信息。运维信息主要包括：网口发送 / 接收数量、网口发送 / 接收丢包数量、用户 / 系统程序 CPU 占用率、内存使用量等。

ASN 的拓扑管理。通常一个 ASN 下面会挂载多个 SN。对 ASN 的管理，不仅涉及 ASN 的性能管理，还需要了解 ASN 挂载的 SN 的相关信息，如 SN 的 EPC、ASN 的经纬度信息、ASN 挂载的 SN 的信息存在的地理范围、ASN 的拓扑结构等。

3. 数据中心应用平台

电池测试系统是一个集成了硬件平台、网络环境、软件平台的综合性测试系统。通过将物联网数据中心接入应用管理平台，可以实时了解基站电池的信息，可快速了解到电池的性能情况，及时解决故障，节约维护的成本。通过定制基站电池应用，动态了解感知节点采集的电池的电压、电流、充放电系数等。企业用户通过运维平台来采集、存储自己的业务数据，通过应用平台对数据进行挖掘、分析、处理、显示。

基站电池的单体电压在一定范围内波动是正常的，若出现电压不足或电压过高的情况，需要立即报警，以便及时处理。

7.5 TinyOS 中的数据存储

TinyOS 是一款开源的基于组件（component-based）的操作系统和平台，它主要针对无线传感器网络（Wireless Sensor Network，WSN）应用而设计。TinyOS 是用 nesC 程序编写的嵌入式操作系统，是一系列合作项目的结果。它最早是作为 UC Berkeley（美国加州大学伯克利分校）和 Intel 合作实验室的成果出现，用来嵌入到智能微尘中，之后演变成一个国际合作项目，即 TinyOS 联盟。

本节介绍 TinyOS 中的永久（非易失）存储。永久存储允许节点即使在断电或者重新编程的情况下，也能够保存数据。本节主要介绍 TinyOS 中不同类型的数据存储，同时还可以了解 TinyOS 中支持永久数据存储的接口和组件。具体而言，从本节可以学习到如下知识：

- 如何把 Flash 芯片划分为卷，且允许存储多种不同类型的数据？
- 如何存储配置数据，即使断电也不会丢失？
- 如何存储使用日志抽象的数据包，以及电源重新连接后重新发送的开销数据包？

7.5.1 TinyOS 简介

TinyOS 2.x 提供了三种基本数据存储抽象：小型对象（small object）、日志（log）、大型对象（large object）。TinyOS 2.x 也提供了对底层存储服务进行抽象的接口以及提供（实现）这些接口的组件。

1. 接口

通过了解一些接口（位于 /tos/interfaces 目录）和类型（位于 /tos/types 目录），可以熟悉存储系统的主要功能。这些接口和类型主要有：

- BlockRead
- BlockWrite
- Mount

- ConfigStorage
- LogRead
- LogWrite
- Storage.h

2. 组件

组件提供了上述接口的具体实现。在编程代码中，需要同时指定应用程序所使用的接口以及实现这些接口的组件。主要组件有：

- ConfigStorageC
- LogStorageC
- BlockStorageC

3. 实现

在不同的硬件平台，同一存储抽象的组件虽然名字相同，但实际的实现代码却可能不同。幸运的是，TinyOS 的编译系统会自动包含相关芯片的正确驱动，程序员不需要担心这些相关驱动的文件位置，只需要知道这些组件的名称即可。

7.5.2　卷

在 TinyOS 2.x 系统中，编译时可以用 XML 文件指明把 Flash 芯片划分成一个或多个固定大小的卷。这个 XML 文件称作卷表（volume table），允许应用开发者指明卷的名称、大小以及在 Flash 中的起始地址。每个卷只能提供一种存储类型（如配置存储、日志存储或块存储）。存储类型定义了 Flash 存储体上数据的物理布局。下面给出了一个卷表实例：

```
<volume_table>
    <volume name="CONFIGLOG" size="65536"/>
    <volume name="PACKETLOG" size="65536"/>
    <volume name="SENSORLOG" size="131072"/>
    <volume name="CAMERALOG" size="524288"/>
</volume_table>
```

该卷表定义了 CONFIGLOG 卷，其大小为 65536 字节，起始位置为 0 字节；而 PACKETLOG 卷大小为 65536 字节，起始位置为 65536 字节，因为前面的 65536 字节属于 CONFIGLOG 卷。此外，该卷表还定义了 131072 字节的 SENSORLOG 卷和 524288 字节的 CAMERALOG 卷。

特定应用的卷表必须放在该应用程序的当前目录下，且必须重命名为 volumes-CHIPNAME.xml，其中 CHIPNAME 为 Flash 存储芯片的名称。例如，某节点使用的是 stm25p 系列 Flash 存储体，其芯片驱动可以在 tos/chips/stm25p 目录下找到。因此，一个使用存储功能的应用程序需要重命名为 volumes-stm25p.xml 文件。

7.5.3　存储配置数据

配置数据是指用于配置节点属性的一组参数。它们的字节数大小是不确定的，可以小到几十字节，也可以达到几百字节，一般都属于小数据对象。另外，它们的值也不确定，在各个节点可能不一样，甚至是未知的。

配置数据要求能够在复位、电源通断或者重编程时保存下来。在很多场合，配置数据的保存能力是非常有用的。主要的配置数据有：

校正系数。传感器的校准系数在节点出厂时就已配置并存储下来，所以它们不会在节点掉电或者重编程时丢失。例如，温度传感器利用校准系数将输出的电压信号转换成直观的温度数据。传感器校准系数的结构定义参考如下：

```
typedef struct calibration_config_t {
    int16_t temp_offset;
    int16_t temp_gain;
} calibration_config_t;
```

身份信息，即设备辨认信息。如 IEEE 兼容的 MAC 地址或 TinyOS 的 TOS_NODE_ID 参数在各个节点都是不一样的，但一旦被分配到节点上这些值就会被保存，即使碰到复位、电源通断和重编程也不会丢失。身份信息的结构定义可参考如下：

```
typedef struct radio_config_t {
    ieee_mac_addr_t mac;
    uint16_t tos_node_id;
} radio_config_t;
```

位置信息。节点的位置数据可能在编译时是未知的，只有在部署节点时才确定。例如，一个应用程序可以按如下数据形式存储节点的坐标信息：

```
typedef struct coord_config_t {
    uint16_t x;
    uint16_t y;
    uint16_t z;
} coord_config_t;
```

传感器参数。与信号检测和发送有关的参数，如采样周期、滤波系数以及可调的报警阈值。这些配置数据的结构形式可能如下所示：

```
typedef struct sense_config_t {
    uint16_t temp_sample_period_milli;
    uint16_t temp_ema_alpha_numerator;
    uint16_t temp_ema_alpha_denominator;
    uint16_t temp_high_threshold;
    uint16_t temp_low_threshold;
} sense_config_t;
```

至此，已经讨论过为什么可以使用这种类型的存储，接下来讨论该如何使用存储。

下面将演示一个称为"BlinkConfig"的演示程序来说明如何使用 Mount 和 ConfigStorage 抽象：从 Flash 中读出定时的周期值，除以 2，再写回 Flash。用一个 LED 来显示每次定时器的触发。但在深入分析代码前，先讨论设计的若干高层考虑。

在第一次使用之前，卷中并不包含任何有效数据。因此，代码应当检测卷是否是初次使用，并做出适当的行为（如预加载默认值）。类似地，当卷中的数据布局发生改变时（例如，应用程序需要新的或不同的配置变量），应用程序应当侦查到变更，并做出相应的响应（如擦写卷，并重新加载默认值）。这些要求提示我们应该跟踪卷的版本。为此，在配置数据的结构中，引入了版本控制变量（当数据布局改变时，需要维护更新版本号的规则）。用于卷的版本号和读取周期配置结构具有如下字段：

```
typedef struct config_t {
    uint16_t version;
    uint16_t period;
} config_t;
```

下面将分析 BlinkConfig 演示程序的设计要点。

创建 volume-CHIPNAME.xml 文件，在文件中输入卷表，并把文件保存在应用程序所在目录。注意，CHIPNAME 是目标平台上的 Flash 芯片名字。例如，某平台的 CHIPNAME 是 stm25p，另一平台的 CHIPNAME 是 at45db。CHIPNAME 卷表的具体内容如下：

```
<volume_table>
    <volume name="LOGTEST" size="262144"/>
    <volume name="CONFIGTEST" size="131072"/>
</volume_table>
```

编译工具会利用卷信息自动创建一个 StorageVolumes.h 头文件。然而，在有 ConfigStorageC 组件声明的组件（比如 BlinkConfigAppC 组件）里，需要手动添加该头文件：

```
#include "StorageVolumes.h"
```

该演示程序的应用代码 BlinkConfigC，采用 Mount 接口和 ConfigStorage 接口（注意，已经把 ConfigStorage 重命名为 Config）。

```
module BlinkConfigC {
    uses {
        ...
        interface ConfigStorage as Config;
        interface Mount;
        ...
    }
}
```

每个接口必须绑定到提供该接口的组件：

```
configuration BlinkConfigAppC {
}
implementation {
    components BlinkConfigC as App;
    components new ConfigStorageC(VOLUME_CONFIGTEST);
    ...

    App.Config -> ConfigStorageC.ConfigStorage;
    App.Mount -> ConfigStorageC.Mount;
    ...
}
```

在使用 Flash 芯片前，必须先用两阶段的 mount/mountDone 命令安装。下面在 Boot.booted 事件处理函数中调用 Mount.mount 命令，启动挂载：

```
event void Boot.booted() {
    conf.period = DEFAULT_PERIOD;

    if (call Mount.mount() != SUCCESS) {
```

```
        // Handle failure
    }
}
```

如果卷挂载成功，就会触发 Mount.mountDone 事件。接下来，需要检查挂载的卷是否有效。如果卷有效，使用 Config.read 命令读取卷中的数据。否则，调用 Config.commit 命令使其有效。

```
event void Mount.mountDone(error_t error) {
    if (error == SUCCESS) {
        if (call Config.valid() == TRUE) {
            if (call Config.read(CONFIG_ADDR, &conf, sizeof(conf)) != SUCCESS) {
                // Handle failure
            }
        }
        else {
            // Invalid volume.  Commit to make valid.
            call Leds.led1On();
            if (call Config.commit() == SUCCESS) {
                call Leds.led0On();
            }
            else {
                // Handle failure
            }
        }
    }
    else{
        // Handle failure
    }
}
```

如果 Config.read 命令成功，就会触发 Config.read/readDone 事件。这时，先检查是否成功读取了卷中的内容，如果数据读取成功，再检查版本号。如果版本号与预期的一样，就可以复制配置数据到本地的配置变量，并把 period 的值除以 2。如果版本号不对，就将配置变量设为默认值。最后，调用 Config.write 函数将新的配置变量写回到 Flash 存储。

```
event void Config.readDone(storage_addr_t addr, void* buf,
    storage_len_t len, error_t err) __attribute__((noinline)) {
    if (err == SUCCESS) {
        memcpy(&conf, buf, len);
        if (conf.version == CONFIG_VERSION) {
            conf.period = conf.period/2;
            conf.period = conf.period > MAX_PERIOD?MAX_PERIOD : conf.period;
            conf.period = conf.period < MIN_PERIOD?MAX_PERIOD : conf.period;
        }
        else {
            // Version mismatch. Restore default.
            call Leds.led1On();
            conf.version = CONFIG_VERSION;
            conf.period = DEFAULT_PERIOD;
        }
        call Leds.led0On();
        call Config.write(CONFIG_ADDR, &conf, sizeof(conf));
    }
```

```
        else {
            // Handle failure.
        }
    }
```

当调用 ConfigStore.write 命令并触发 Config.writeDone 事件时，并不能保证数据一定写入了 Flash。为了确保数据被保存到 Flash，就有必要调用 Config.commit 命令：

```
event void Config.writeDone(storage_addr_t addr, void *buf,
    storage_len_t len, error_t err) {
    // Verify addr and len
    if (err == SUCCESS) {
        if (call Config.commit() != SUCCESS) {
            // Handle failure
        }
    }
    else {
        // Handle failure
    }
}
```

最后，当 Config.commitDone 事件触发时，数据就被写入到 Flash，该数据在断电后也能保存。

```
event void Config.commitDone(error_t err) {
    call Leds.led0Off();
    call Timer0.startPeriodic(conf.period);
    if (err != SUCCESS) {
        // Handle failure
    }
}
```

7.5.4 存储日志数据

事件的可靠（原子）日志记录和小数据项是通常的应用需求。因此 TinyOS 提供一种日志形式的记录方式，这种记录方式记录的数据即使在系统崩溃时也不会丢失。日志记录可以是顺序录入（卷满时就停止录入），也可以是循环录入（卷满时就从该卷的起始地址开始覆盖写入）。

TinyOS 系统的日志存储抽象具有如下特点：①日志是基于记录的，每次调用 LogWrite.append 命令就创建一条新纪录；②节点断电时（崩溃或电能耗尽），只丢失最近的日志记录；③一旦循环日志绕了一圈，日志就覆盖最早的记录。

示例程序 PacketParrot（tinyos-2.x/apps/tutorials/PacketParrot/）演示了如何使用 LogWrite 和 LogRead 接口记录日志。该示例程序以日志方式登记通过无线网接收并写入 Flash 中的数据包；断电重启后，该示例程序发送所有登记的数据包，并清除登记的日志，然后继续登记接收到的数据包。为了便于观察和调试，在程序中设定：红色 LED 灯点亮时，表示登记的日志被擦除；黄色 LED 灯点亮时，表示接收到数据包，日志登记成功后 LED 熄灭；如果黄色 LED 灯保持点亮时，表明数据包正被接收但没有被登记（因为日志可能正在被擦除）。如果绿色 LED 灯点亮，表明在断电重启后，被登记的数据包正被取出并发送出去。下面简单介绍 PacketParrot 的设计要点和具体操作步骤。

使用日志存储：使用日志存储的第一步是要确定存储什么样的数据到日志里。
PacketParrot 程序声明了如下结构体：

```
Typedef nx_struct logentry_t{
    nx_uint8_t len;
    message_t msg;
}logentry_t;
```

传递缓冲区指针和读取字节数：与配置存储不同，日志存储不需要挂载卷。一个简单
的 read 命令就可以实现日志的读取，LogRead.read 命令传递缓冲区指针和读取字节数，代
码如下：

```
event void AMControl.startDone(error_t err) {
    if (err =≠ SUCCESS) {
        if (call LogRead.read(&m_entry, sizeof(logentry_t)) != SUCCESS) {
    //Handle error
                }
                    }
    else {
        call AMControl.start();
            }
}
```

检查返回的数据长度：如果 LogRead.read 命令返回 SUCCESS，那么 LogRead.read
Done 事件就会马上被触发。在 LogRead.readDone 事件中，首先检查返回的数据长度是否
与预期长度一样。如果一致，可以将该数据无线发送出去；否则，可以认为日志是空的，
或已失去了同步，那么日志就需要被擦除，代码如下：

```
Event void Logread.readDone(void* buf, storage_len_t len, error_t err){
    If ( (len == sizeof(logentry_t)) && (buf == &m_entry) ) {
        call Send.send(&m_entry.msg, m_entry.len);
        call Leds.led1On();
    }
    else {
    if (call LogWrite.erase() != SUCCESS) {
        //Handle error
    }
    call Leds.led0ON();
    }
}
```

接收数据包并将其中的数据写入 Flash：接收到来自无线电的数据包，并调用
LogWrite.append 命令将数据包中的数据写入 Flash，具体实现代码如下：

```
event message_t* Receive.receive(message_t* msg, void* payload, uint*_t len) {
    call Leds.led2On();
    if (!m_busy) {
        m_busy = TRUE;
        m_entry.len = len;
        m_entry.msg = *msg;
        if (call LogWrite.append(&m_entry, sizeof(logentry_t)) !=SUCCESS) {
        m_busy = FALSE;
    }
        }
}
```

```
    return msg;
    }
```

触发 LogWrite.appendDone 事件：如果 LogWrite.append 返回 SUCCESS，就会触发 LogWrite.appendDone 事件。这个事件返回了日志写入的详情，如缓冲区指针、写入数据的长度、是否有记录丢失（如果是循环缓冲）以及错误提示。如果没有错误发生，数据就在原子性（每条记录不可被分隔保存）、连续性（前后条的记录是连续的）和耐用性（能经受节点崩溃和重启）的保证下写入 Flash，具体实现代码如下：

```
event void LogWrite.appendDone(void* buf, storage_len_t len,
    bool recordsLost, error_t err) {
        m_busy = FALSE;
        call Leds.led2Off();
}
```

7.5.5　存储大数据块

块存储（Block Storage）通常用于保存那些不能存于 RAM 的大数据对象。块是一个低层次的系统接口，使用时需要小心，因为其本质是一次性写入的存储模型。重写就需要擦除，而擦除比较耗费时间，且必须以大粒度（如 256B ～ 64KB）擦除，以及只能擦除有限次（一般是 10 000 ～ 100 000 次）。TinyOS 的重编程下载系统就是在节点上使用块存储来保存程序镜像的。

在 tinyos-2.x/apps/tests/storage/Block/ 目录下，有一个块存储的例子程序供读者学习和参考。下面将简单介绍下相关的两个接口：BlockRead 接口和 BlockWrite 接口。

（1）BlockRead 接口

```
interface BlockRead {
    command error_t read(storage_addr_t addr, void* buf, storage_len_t len);
    event void readDone(storage_addr_t addr, void* buf, storage_len_t len, error_t error);
    command error_t computeCrc(storage_addr_t addr, storage_len_t len, uint16_t crc);
     event void computeCrcDone(storage_addr_t addr, storage_len_t len, uint16_
                              t crc, error_t error);
    command storage_len_t getSize();
}
```

（2）BlockWrite 接口

```
interface BlockWrite {
    command error_t write(storage_addr_t addr, void* buf, storage_len_t len);
    event void writeDone(storage_addr_t addr, void* buf, storage_len_t len, error_
                        t error);
    command error_t erase();
    event void eraseDone(error_t error);
    command error_t sync();
    event void syncDone(error_t error);
}
```

7.6　无线传感器网络中的容错数据存储技术

在无线传感器网络（WSN）中，每个节点完成多个角色的任务，如传感器、路由器和存储。它从环境收集数据，不仅将数据向目的地传送（如数据中心），而且将数据存储在它自己的存储器中。因此，仅一个节点故障就可以引起 WSN 中各种设施的故障。到目前为止，已经提出了很多方案来避免这种故障，然而，大多数方案较少考虑节点在存储方面发挥的作用，即假设数据是安全的。

在本节中，首先介绍考察现有方案的数据保存方法及其局限性，然后提出一个新方案来克服这种限制，并考虑开发一种新的备份方案应具备的要素。最后介绍一个反映了所考虑要素的备份方案，该方案适用于常见的无线传感器网络，虽存在节点故障，仍可以安全地保存数据。

7.6.1 概述

尽管 WSN 有许多不同的能力，但仍可能由于以下原因而失效：首先，节点资源受限，尤其是在能源方面，它们通常由电池供电，几天后就可能会变得异常；第二，为了以高分辨率感应实况，节点必须部署在实况发生的现场环境中，因此，比起位于办公室的互联网节点，这些节点可能更频繁地曝露在野外甚至恶劣的环境中尽管最近在 WSN 方面取得了技术进步，但在这些环境中，它们仍面临失效的风险。

节点易出故障的特性使得节点故障容忍度被视为最重要的研究领域之一。对比已经开展了许多有意义的研究，其结果是针对传感器网络节点故障提出了许多的加固方案。然而，作为存储节点的故障还没有被深入研究。WSN 一般由众多的节点组成，因此接近现象现场的多节点都将观察和记录数据。WSN 的大多数现有方案只对重要节点的失效有反应，如汇聚数据的存储节点或管理基础设施的核心节点。

然而在某些应用中，仅有一个节点出现的故障也应小心处理，因为它可能导致 WSN 的性能下降。也就是说，数据的准确性可能会受到这种故障的负面影响。例如在无线传感器网络中，为确定一个现象的确切位置，应该考虑每一个可能的数据块。如果一些节点出现故障，并因此丢失其中的数据，一种现象的位置就不能被准确地确定。另一个例子，在无线传感器网络中，其中一个节点的本地存储器用于收集和累积存储数据，仅有一个节点的失效可能导致一组数据丢失。

7.6.2 WSN 容错存储的相关研究进展

本小节先研究无线传感器网络中现有的备份方案，并依据备份策略提出了备份方案。同时研究了作为备份方案替代策略的基于多路径方面的研究工作。

已有若干关于无线传感器网络的备份方案。

一个有名的路由方案——分层数据分发方案（Hierarchical Data Dissemination Scheme, HDDS）是一个很好的例子。在 HDDS 中，分发节点位于其区域的中心，并负责把数据传送到在同一区域的输出口。它们类似于路由器，所以它们必须总是处于活跃服务的状态。对于这样的无缝服务，一个分发节点总是配置备份节点，分发节点定期备份路由信息到备份节点。当分发节点出现故障时，备份节点接替工作。虽然这也是一种备份，然而该方法的重点是为无缝服务提供错误处理，而不是防止数据丢失。原因是 HDDS 只备份路由信息，并不备份数据。因此，尽管有备份节点，在失效的分发节点中的数据都将丢失。而且，即使这样一个有限的备份过程，也仅用于分发节点。这意味着，HDDS 不处理源节点和分发节点之间的数据丢失。

在另一方案中，提出了一种基于集群的无线传感器网络备份方案。对比 HDDS，该方案将备份实际数据到备份节点，这些备份节点统称为备份集群。然而，该方案只处理头节点的失效。其结果是，对于普通节点中的数据，如果在节点报告数据之前失败了，那么数据将会丢失。此外，该方案只能对基于集群的无线传感器网络应用，也类似于一种错误处理技术。

Chessa 等人提出了用于无线传感器网络的第一个通用的数据备份方案。但在实际网络中，所有节点能够相互通信并不是一个实际的假设。即使这个假设确实成为了现实，但在涉及所有节点备份数据时，它是低效的。

7.6.3 设计 WSN 容错存储方案应考虑的因素

通过上述对现有数据保存计划的调研，我们已经论述了为什么需要新的备份方案的原因。在本小节中，我们提出开发无线传感器网络新的备份方案应考虑的因素。

1. 备份数据的数量

直观上，根据网络中存在的备份数量，备份方案可分为单拷贝备份和多拷贝备份。单一副本意味着数据只有单一的备份，多拷贝备份意味着数据有多个备份。

在本方案中采用了多拷贝备份方案，因为它具有数据保护的优势。单拷贝备份不能应用在实际的无线传感器网络，因为数据将仅仅由于两个节点的故障而丢失。实际使用中，单拷贝备份方案的弱点难以接受，尽管它较多拷贝备份方案在存储空间、能耗和算法复杂度方面有优势。然而，即使多拷贝备份也不能保证完美的数据保存，因为所有的备份节点可能同时失效。

所存的备份数据越多，数据正常保存的概率就越高，然而需要更多的存储空间和能量。因此，备份数据的数量是多拷贝备份中最重要的因素之一。如果在一个方案中备份数据的数量不符合节点故障时备份数据的阈值，该方案作为备份就变得毫无用处。相反，如果备份数据的数量超过阈值，存储和能源等资源将被无谓地浪费。因此，确定阈值成为在开发无线传感器网络的新备份方案时必须考虑的重要问题。

2. 备份数据的位置

由于无线传感器网络一般由多个节点组成，选择其中的特定节点和定位所选节点上的备份数据是备份方案中最重要的过程之一。在这个过程中，必须考虑三个问题：

- 数据的保存：如果数据丢失的概率很高，备份方案就没有存在的必要。
- 每个节点的受限资源：虽然一个节点在特定时间具有很高的数据保存概率，但是节点在几乎耗尽能量或存储空间时很可能引起失效。因此，具有足够的资源的节点比其他节点更合适作为备份节点。
- 花费在定位备份数据上的时间：扫描整个网络用于定位备份数据虽然符合逻辑，也是直观的做法，但它花费太多的时间，因而也会推迟备份过程的开始。这会增加数据丢失的可能性。因此，备份数据的位置应尽可能快地确定。

在本小节中，我们采用单跳备份作为定位备份数据的原则。单跳备份表示备份节点位于基于源节点的单跳距离。换言之，所有数据被备份到源节点的邻居节点。与多跳备份比较，单跳备份有以下改进：

- 能量消耗最小化，因为网络能省出资源扫描整个网络以定位备份数据。单跳备份仅涉及原始节点的邻居节点。
- 用于定位备份数据所花费的时间最小化。通过原始节点和邻居节点之间的信标消息，可快速获得本地的拓扑信息。

数据完好保存概率可能因原始节点和备份节点之间过于接近而下降。如在图 7-15 中，通过单跳备份（A、B 和 C）方法备份的数据将丢失，因为原始节点和备份节点同时出现故障，而多跳备份（D 和 E）方法备份的数据中，至少有一个是存活的。

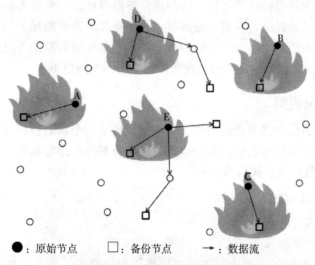

：原始节点　　□：备份节点　　→：数据流

图 7-15　单跳备份的近距离

然而，可以通过如图 7-16 所示的单跳备份和多拷贝备份的组合来克服上述不足。在图 7-16 中，对于原始节点 E 的数据，尽管有火灾，仍然是存活的，因为两个备份节点仍然是存活的。此外，多拷贝备份的主要不足之一即显著的能耗问题可以通过广播的方法达到最小化。在原始节点的单跳距离内，多个备份节点可以通过广播接收备份数据。

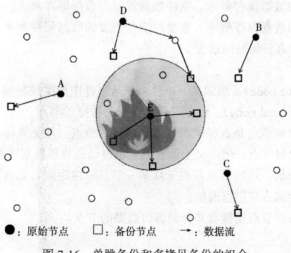

：原始节点　　□：备份节点　　→：数据流

图 7-16　单跳备份和多拷贝备份的组合

3. 数据恢复方法

数据备份方案应包括恢复方法，以便在原始节点故障的情况下采用。当原始节点发生故障时，它的数据因此而丢失。在这种情况下，备用节点应替换原始节点。在这个过程中，有三个问题需要特别考虑：快速检测原始节点的故障；快速调用恢复过程；尽量减少在恢复过程中的能源消耗。

本节采用了多拷贝备份和单跳备份的组合。所以，原始节点的故障可以由原始节点和备份节点之间的信标消息迅速进行检测。因为它们是多拷贝的，而且存在于离原始节点的单跳距离，因此检测时间将显著下降。检测后，备份节点之一将成为新的原始节点，并负责数据保存和报告。如果原始节点不是源节点，而是某一路由路径上的节点，备份数据需要包括下一路由点的信息。对于这一新的源节点，它是失效的原始节点的备份节点，可以通过引用包含在备份数据中的位置信息发送数据到下一个路由点。

7.6.4　备份与恢复机制

基于所建议的备份应该考虑的因素，本小节提出了一个新的备份方案，它反映了所考虑的因素。该方案由备份和恢复两部分组成。在备份部分介绍数据是如何备份的，而在恢复部分解释丢失的数据是如何被恢复的。

1. 系统模型和术语

在描述之前，先给出假设和术语。

（1）系统模型

- 定位。在所提出的方案中，节点都知道它们的位置。而且，节点周期性交换的简单、少量的消息称为信标。通过信标消息，各个节点可以相互检测。确定备份节点时，需要引用节点的位置。
- 移动性。移动性不再是陌生的概念，但是，因为本节的重点是数据保存，因此不考虑节点的移动性。
- 数据的重要性。假设每个数据基于类型的不同，具有不同的重要程度。这种重要程度决定所需的数据保存概率。重要数据需要高数据保存概率，而相对不太重要的数据需要较低的数据保存概率。重要程度和需要的数据保存概率在网络部署前协商确定，并且可以在任何时间改变。

（2）名词术语

- 源节点（source node）。感知某一事件，并从事件中产生数据包的节点。
- 原始节点（original node）。保存着需要备份的数据的节点。
- 目标节点。目标节点是数据应该发送到的目的节点。在无线传感器网络中，这可能是狭义上的出口节点，但广义上而言，它也可以是收集数据的聚集点。
- 邻居节点或邻居。这些节点存在于从某一节点单跳距离可到达的节点，因此它们可以通过单跳距离直接进行通信。
- 备份节点。备份节点是接收并存储备份数据的节点。

2. 备份

本小节将介绍数据是如何进行备份的。为了解释得更清晰，首先说明备份过程的启动以及备份过程的结束状态，然后描述备份的过程。

（1）谁调用备份过程

网络中的任何节点都可调用一个备份过程。感应数据的源节点、收集数据的存储节点、按某一路径传输数据的中继节点或掌控重要数据的任何节点均可以调用备份过程。调用备份过程的节点称为原始节点。注意，我们不是提出一种路由协议，而是一个可以帮助其他方案来保存数据的备份方案。

（2）备份的结束状态

备份过程完成后，足够多的多个备份节点存在于距离原始节点单跳距离的范围内，以安全地保存数据。安全保持数据的备份节点的数目，即阈值，记为 K。本方案中，阈值 K 由以下公式导出。

$$K = \min\{k:\ DPP < 1 - NFP^{\wedge}(k + 1)\}$$

其中，DPP 和 NFP 分别表示所要求的数据保存概率（Data Preservation Probability）和节点的失效概率（Node Failure Probability）。在上面的不等式中，"$(k + 1)$"指相同数据的拷贝数，由"k"和"1"组成，分别指备份数据的数目和原始数据的数目。因此，"$NFP^{\wedge}(k + 1)$"的含义是，数据被备份到 k 个节点时数据仍然丢失的概率。当不等式右侧的项"$1 - NFP^{\wedge}(k + 1)$"变得比左侧的项更大时，原始节点或至少一个备份节点是有效的。

（3）系统模型

我们已经意识到所需要的阈值 K，即必须选择多少个备份节点。在本节中，我们描述了定位 K 个备份节点的详细备份过程。一旦一个节点决定成为一个原始节点，它就广播消息，请求备份到邻居节点是否适合。备份适合性是选择备份节点的标准，是指一个节点是否适合接收备份数据。它由三个因素确定，即节点的剩余能量、节点的剩余存储空间和该节点与原始节点之间的距离。这些因素的定义如下。

- 剩余存储空间。无线传感器网络利用一个节点进行数据存储，同时利用其作为路由器以转发数据。因此，无线传感器网络的节点要求其缓冲器尽可能空闲。这意味着，具有最大空闲缓冲区的节点最适合于接收备份数据。
- 剩余能量。一个节点不管采取什么样的行动，它总要消耗能量。因此，如果一个仅存少许能量的节点经常收到备份数据，并参与恢复过程，它的能量可能会被迅速耗尽。因此，具有大量能量的节点比其他相邻节点更适合于接收备份数据。
- 距离。备份节点应远离原始节点，以防止原始节点和备用节点的同时失效。因此，一个节点的备份适用性应该反映出原始和本节点之间的距离。

在收到请求备份适合性的消息后，每个邻居节点计算它们的备份适合性。然后，各邻居节点报告其备份适合性到原始节点。为避免报告的碰撞，各邻居节点应等待一定量的时间后再报告。该等待的时间量与该节点的备份适合性成反比（具有最高备份适合性的节点首先报告）。

一旦 K 个报告到达原始节点，它就广播数据到邻居节点，而这个广播将终止正在生成的报告。广播报文识别哪些节点被指定为备份节点及其备份适合性。被指定的节点成为备份节点并保存数据，同时也保存它们的备份适合性，以用于恢复过程。

3. 恢复

在解释如何恢复丢失的数据之前，先描述恢复过程被调用的时间，然后再给出一个恢复过程。

谁调用一个恢复过程。在提出的方案中，假定备份节点可以检测原始节点的故障，因为它们定期交换信标消息。当原始节点发生故障，则无法发送信标消息，备份节点就据此可以检测到它的故障。一旦检测到原始节点的故障，在所有备份节点中具有最高备份适应性的备份节点就调用一个恢复过程。有时，具有最高备份适应性的节点可能与原始节点同时失效。在这样的情况下，次优先级的备份节点取代最高适应性的备份节点来调用恢复过程。次优先级的备份节点是如何检测到最高级备份节点的故障的，将在下一小节说明。

恢复的结束状态。一个恢复过程完成后，最高级别的备份节点成为新的原始节点。然后，这个新的原始节点选择自己的 K 个备份节点，并释放以前的备份节点。

如果失效的原始节点是在一个特定的路由路径上，这个新的原始节点需要通知下一个和上一个路由点，如 HDDS 中的出口节点或发布节点。这样，恢复的数据可以被正常地检索或报告。

恢复过程。首先，最高级别的备份节点调用一个新的备份过程，并选择新的 K 个备份节点。然后，它发送释放消息给以前的备份节点。在这个过程中，最高级别的备份节点可能与原始节点一起失效。在这种情况下，要等到预先协商时间到达后，从一个新的原始节点发出的释放消息才会到达以前的备份节点。在此期间，下一个优先级的备份节点检测到最高级别备份节点的故障，并替换它。

7.6.5 性能评价

在本小节中，我们通过仿真评估该方案的性能。该仿真在 QualNet 4.0（QualNet 是一款网络仿真软件）上进行，表 7-1 给出了仿真环境。基本上，我们对所提出的方案用 30 个数据模拟了 100 遍。

表 7-1 仿真环境

项　目	数　值
仿真区域	20m × 20m
单跳区域节点密度	20 节点 / 单跳区域
节点数	200 节点
射频范围	50m
信标间隔	1s
节点规范	MICA2

1. 备份过程花费的时间

在本小节中，我们将考察所提出的备份方案中备份单个数据包所需要的时间。所需的时间涉及三个阶段：①广播请求备份适合性所需花费的时间；②报告备份适合性的时间；③广播数据的时间。在该模拟中，为了避免碰撞，在第二阶段使每个邻居节点等待不同的时间量，该时间量与每个节点的备份适合性成反比。在备份过程中，此冲突避免方法所需的时间随备份节点数量 K 的增加而增加。

图 7-17 显示出了备份节点数量 K 与消耗时间的关系。该图形是非线性的原因是，候选备份节点可能像其他节点一样失效。换言之，如果具有最高级别适合备份的节点在备份过程中保持存活的话，它会被选择作为原始节点的备份节点。但是，它可能在备份过程中失效。在这种情况下，原始节点应重新调用备份过程，以选择另一个备份节点。这显然需要更多的时间。

2. 调用恢复过程中的延迟

由于丢失的数据需要迅速恢复，恢复过程需要在原始节点发生故障时尽快被调用。换言之，为能够快速调用恢复过程，必须迅速地检测出原始节点的失效。

该检测延迟应该是在一个信标间隔内。失效的节点不能交换信标消息，因而信标消息变成缺失，备份节点作为该节点的邻居节点意识到该节点的失效。

图 7-18 显示了所提出的方案中调用恢复过程的延迟。图中，延迟减少的原因是 K 值的增加。从统计上看，备份节点越多，与原始节点进行连接的备份节点就越多，因而检测过程就越快。

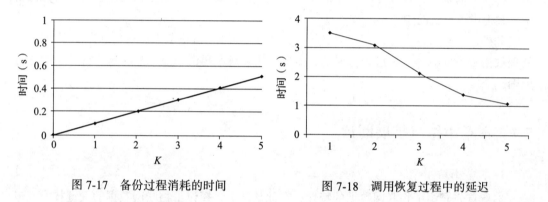

图 7-17　备份过程消耗的时间　　　　图 7-18　调用恢复过程中的延迟

3. 备份和恢复过程的能耗

所提方案的多重备份性质意味着它涉及比其他方案更多的节点。如图 7-19 所示，备份过程和恢复过程的总能耗随 K 值增加。因此，在总耗电量方面，所提出的方案看起来并不比其他方案更好。

然而，在每个备份节点的能量消耗方面，所提出的方案分布均衡，如图 7-20 所示，即使它比其他方案消耗更多的能量，根据能量消耗的平衡和分布性质，这仍然是合理的。

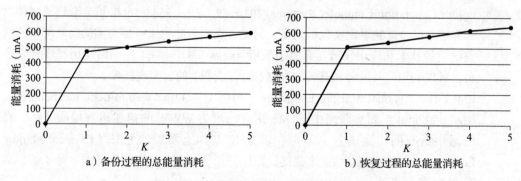

a) 备份过程的总能量消耗　　　　　　b) 恢复过程的总能量消耗

图 7-19　备份和恢复过程的能源消费总量

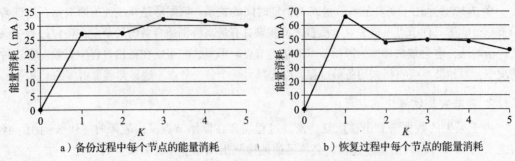

a）备份过程中每个节点的能量消耗　　　　　　b）恢复过程中每个节点的能量消耗

图 7-20　每个备份节点在备份和恢复过程中的能源消费总量

在本节中，我们首先确定开发新的备份方案所需考虑的因素，它反映了无线传感器网络的独特需求。然后，基于考虑因素提出了新的备份方案。作为一个备份方案，尽管存在节点故障，该机制可自由备份数据并安全地保存它们。虽然它不是一个完整的协议，而且仍然有改进的余地，特别是在能源消耗方面，但是，该方案为制定无线传感器网络数据备份方案提供了有益的参考。

此外，在稀疏网络中，相邻节点的数目可以小于 K（备份节点所需的数量），因此无法处理数据丢失的概率。在这种情况下，需要利用多跳距离的节点，尽管这违反了单跳备份原则。

7.7　本章小结与扩展阅读

1. 本章小结

本章首先介绍了物联网数据的特性，在此基础上，探讨了物联网数据的关键技术，包括存储模式、体系结构、高效解决方案。本章还分析了物联网数据中心构建的关键技术，介绍了物联网中常用的 TinyOS 中的数据存储技术，同时对无线传感器网络中的容错数据的存储技术进行了深入探讨。

2. 扩展阅读

[1] Jayavardhana Gubbia, Rajkumar Buyyab, Slaven Marusica, Marimuthu Palaniswami. Internet of Things (IoT): A vision, architectural elements, and future directions［J］. Future Generation Computer Systems, 2013, 29（7）：1645-1660. 该文介绍了一种以云为中心的全球物联网实现的愿景，讨论了在不久的将来可能会推动物联网研究的关键使能技术和应用领域，介绍了采用 Aneka（基于 .NET 的网络应用程序开发平台，可以利用公共云和私有云的存储和计算资源）的云实现技术。

[2] PML: The Physical Markup Language［EB/OL］.http://web.mit.edu/mecheng/pml/why_pml.htm. 正如互联网中 HTML 语言已成为 WWW 的描述语言标准一样，物联网中所有的产品信息也都是在以 XML 基础上发展的 PML（Physical Markup Language，物体标记语言）来描述。该网站图文并茂，语言生动活泼，是了解、学习 PML 的好去处。

[3] 理解 RESTful 架构［EB/OL］.http://wenku.baidu.com/view/e413fe1c0b4e767f5acfce6c.html.

RESTful 架构是目前最流行的一种互联网软件架构。它结构清晰、符合标准、易于理解、扩展方便，所以正得到越来越多网站的采用。但是，到底什么是 RESTful 架构并不是一个容易说清楚的问题。本文就是对 RESTful 架构的详细解释。

思考题

1. 物联网数据有什么特征？
2. 应用于物联网的存储系统应满足什么条件？
3. 物联网中典型的存储实现技术有哪几种？
4. 典型的物联网存储体系结构包含哪些功能模块？
5. 物联网数据中心建设的关键技术有哪些？
6. TinyOS 中有哪些配置数据？如何实现配置数据的存储？

参考文献

［1］ 李廷力，李宏宇，田野，等. 物联网存储模式与方案研究［J］. 计算机应用研究，2013，30（11）：3201-3208.

［2］ 云存储时代：集群 NAS 的机遇所在［EB/OL］. http://www.doit.com.cn/article/2010-07-30/457609.shtml, 2010.

［3］ Lihong Jiang, et al. An IoT-Oriented Data Storage Framework in Cloud Computing Platform［J］.IEEE Transactions on Industrial Informatics, 2014，10（2）.

［4］ 李博文. 物联网数据中心的设计与应用研究［D］. 武汉理工大学，2013.

［5］ Permanent (non-volatile) data storage in TinyOS［EB/OL］. http://tinyos.stanford.edu/tinyos-wiki/index.php/Storage，2010.

［6］ Taehee Kim, Jung Hun Kim, Hee Jeong. Fault-Tolerant Data Storage in Wireless Sensor Networks［C］. 2010 International Conference On Electronics and Information Engineering (ICEIE)，2010.

［7］ S Chessa, P Maestrini. Fault Recovery in Single-Hop Sensor Networks［J］. Computer Communications, 2005，28 1877-1886.

［8］ The internet of things is coming : Is your datacenter ready?［EB/OL］. http://www.computerweekly.com/feature/Internet-of-things-is-coming-Is-your-datacentre-ready, 2014.

第 8 章 新型存储技术及发展趋势

数据存储技术一直在发展，从存储介质到存储器件，从存储部件到存储系统，存储是多学科交叉、充满活力的古老而又新兴的复合技术。需求牵引、技术推进的存储技术日新月异，既充满艰难的挑战，又迎来了激动人心的机遇。

本章介绍新型存储技术与趋势，主要包括存储介质、固态盘、铁电存储、相变存储、阻变存储、磁存储等内容，帮助读者对新型存储技术有初步了解。

8.1 存储介质

存储介质是数据存储的载体，不同的介质有不同的特性。本节介绍存储介质的新进展，包括磁存储介质、光存储介质、半导体存储器、DNA 存储等。

8.1.1 磁存储介质

1. 磁存储介质的研究进展

本部分从磁记录介质本身和辅助写入 / 读出技术两方面探讨磁盘存储介质的研究进展。

（1）磁记录介质的进展

磁盘容量随磁记录密度提高而增加。随着磁记录密度的不断提高，传统的纵向记录方式面临诸多挑战。

首先，密度越高，记录波长越短，记录位的退磁场越强，从而导致记录信号的不稳定。根据磁记录理论，退磁场 Hd 为：

$$Hd \propto Mr \times t / Hc$$

式中，Hc 为介质的矫顽力，Mr 为介质的剩余磁化强度，t 为介质磁层厚度，$Mr \times t$ 为剩磁厚度积，或称为面磁矩。退磁场可使过渡区宽度增加，限制记录密度的提高。因此，为了提高记录密度并保证高密度信息的可靠性，传统的方法是通过提高介质的 Hc、减小磁层厚度 t（降低 $Mr \times t$）等手段来降低退磁场。

- 提高 Hc：先后采用了 γ-Fe_2O_3、CrO_2、掺 Co 的 γ-Fe_2O_3、金属等。

- 降低 *Mr*：不可取，因为会造成低的 *S/N*（信噪比）。
- 减小 *t*：减到一定程度会加宽过渡区，同时，均匀性的破坏和每位信息对应的剩余磁通量减小使 *S/N* 降低。

在高密度记录的条件下，为了确保记录信息的可靠性，必须保证充分的 *S/N*，而 *S/N* 随 $N^{1/2}$（*N* 为每一记录位中的晶粒数）的增大、*Mr*×*t* 的减小而增加。记录密度的提高导致记录位单元尺寸的减小，为保证合理的信噪比，应使每一位单元中具有足够数量的晶粒，这就需要减小晶粒的尺寸，并降低介质的剩磁和减薄磁层厚度。因此，为了提高纵向磁记录系统的记录密度，必须提高介质的矫顽力，减小介质膜中的晶粒直径和介质厚度。但是，根据磁记录理论，当磁记录介质中的晶粒尺寸小到一定程度时，将会出现热稳定性问题，也就是超顺磁现象。这时，热效应可能引起记录位的自退磁，使记录位变得不稳定，从而导致记录信息失效。因此，对磁记录介质而言，存在着一定的超顺磁极限或记录密度极限。根据 Arrhenius Neel 定律，晶粒的热衰减时间

$$\tau = 10^{-9}\exp\left(Ku \times V / k \times T\right)$$

式中，*Ku* 和 *V* 分别为晶粒的单轴各向异性常数和晶粒的体积，*k* 为波尔兹曼常数，*T* 为温度。*Ku* × *V*/*k* × *T* 称为能垒或稳定性参数。根据计算，当 *Ku* × *V*/*k* × *T* = 25 时，热衰减时间约为 1min，而当 *Ku* × *V*/*k* × *T* 为 40 和 60 时，热衰减时间分别为 7.5 年和 10^9 年。为了保证介质中晶粒磁化状态的稳定，应保持较高的 *Ku* × *V* 值，一般认为其数值应大于 40。由于 *Ku* 值的增加受写磁头磁场的限制，所以从热稳定性的角度考虑，晶粒体积 *V* 不能太小。总之，高密度纵向磁记录介质的设计必须兼顾退磁场、信噪比和稳定性等诸多方面的性能。

扩展超顺磁极限的方法之一是提高介质磁记录层的矫顽力 *Hc*。介质的矫顽力越高，记录位的自退磁效应越小，通过热效应和磁效应使相邻记录位的取向改变也就越难，记录信号越稳定。但在提高矫顽力的同时，在记录过程中使磁层达到饱和磁化也就越难，这就对记录磁头的记录磁场提出了更高的要求。在记录磁头性能一定的条件下，为了保证介质磁层达到饱和，需要使磁层更薄。但是磁层的减薄不仅受工艺条件的限制，而且必须以保证介质的机械性能和能够提供充分的信噪比为前提。因此，记录密度极限是必然存在的。但是这一极限的具体范围又是与磁记录相关技术的发展水平有关的。20 世纪 90 年代后期，世界上很多知名的物理学家认为，对于单纯的磁记录技术来说，其超顺磁效应的上限约为 20 ~ 40Gbit/in²。但目前商品硬磁盘的面记录密度已经达到 30 ~ 60Gbit/in²，实验室研究的硬磁盘的面密度已突破 100Gbit/in²。据业内专家的最新预测，对单纯的磁记录而言，纵向（水平和面内）记录的密度上限可能为 250 ~ 500Gbit/in²，而垂直（介质的磁化方向与介质表面垂直）记录由于其本身固有的高密度记录特性，其面记录密度的极限预计可达到 1Tbit/in² 以上。

（2）磁记录写入 / 读出辅助技术研究进展

2014 年 11 月，Intel 公司公布了 3D 闪存的进展，预计未来两年可以实现 10TB+ 的固态盘，容量比目前 HDD 硬盘还要大。但是 HDD 硬盘技术也在迅速发展，容量也将快速增长。ASTC 高级存储技术联盟预计，HDD 硬盘借助 HAMR、BPMR 及 HDMR 等新技术的发展，存储密度未来会提升 10 倍，2025 年前实现 100TB 容量的 HDD 硬盘完全有可能。新型磁盘技术发展路线如图 8-1 所示。

2014 年 HGST 的 8TB 硬盘已经开始出货，10TB 硬盘预计在 2015 年量产，它还是基于
PMR（垂直磁记录）技术的，但辅以 SMR
（Shingled Magneting Recording，叠瓦式磁
记录）技术以及充氮设计，这种技术会持
续到 2017 年左右。

SMR 技术之后还有 HAMR（Heat-
Assisted Magnetic Recording，热辅助磁
记录）技术，此前美国西部数据公司已
经展示过 HAMR 技术的硬盘。据其透
露，HAMR 技术可将磁碟存储密度提升到
4Tbit/in² 的水平。

2021 年 HDD 技术还会再次迎来
变 化，BPMR（Bit-Patterned Media

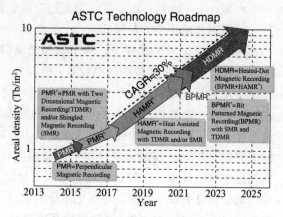

图 8-1　新型磁盘技术发展路线图

Recording，位排列介质记录）技术则会得到应用，之后还会有 BPMR +（BPMR 技术辅以
SMR 技术）、HDMR（BPMR + HMAR 技术）等陆续实用化。最终到了 2025 年左右，磁
碟存储密度会从目前的 1Tbit/in² 提升到 10Tbit/in²，密度是现在的 10 倍多，实现 100TB
容量的单个磁盘驱动器。

热辅助磁记录（HAMR）技术。减小磁记录单元的尺寸可提高存储密度。垂直磁
记录技术减小了磁单元在磁盘表面的表面积；晶格介质记录技术则通过单畴磁岛的形
成减小了写入单位的尺度，都达到了预想的减小磁记录单元的尺寸、提高存储密度的
目的。

如果能够采用更高矫顽力的磁介质，磁性粒子的尺度还将进一步减小。目前采用的记
录介质是 CoPtCrX（钴、铂、铬与其他元素的合金），Ku 值为 $0.2 \times 10^7 erg/cc$，磁性粒子的
直径大约为 8nm；如果采用高矫顽力的磁介质，如 Ku 值为 $7 \times 10^7 erg/cc$ 的 FePt（铁铂合金）、
Ku 值为 $4.6 \times 10^7 erg/cc$ 的 NdFeB（钕铁硼合金）或者 Ku 值为 $11 \sim 20 \times 10^7 erg/cc$ 的 CoSm
（钴钐合金），磁性粒子的直径可以减小到 2nm。

但是高矫顽力的磁介质在写入时需要很强的磁场，这种强磁场的写入磁头制造比较困
难，同时也会对相邻区域的数据稳定性构成威胁。因此，采用高矫顽力的磁性材料需要新
的记录方法，这就是热辅助磁记录技术。

热辅助磁记录技术采用了激光作为辅助写入介质，在写入时使用激光照射写入点，利
用产生的热能辅助磁头写入（如图 8-2a 所示有五角星标记处），这样写入磁头不需要太强的
磁场。图 8-2b 是带加热光源的写入磁头，M 标识出磁化的方向。光源撤销后，驱动器保持
在较低温度，可保持磁化方向，数据存储稳定可靠。

数据存储和读取的操作则在常温下进行，由于采用了高矫顽力的记录介质，磁盘的
存储密度和数据的稳定性都将大幅度提高。热辅助磁记录技术采用的激光是一个难题，
如果要达到 1Tbit/in² 的存储密度，那么每位所占用的面积将是 25nm²，这样小的面积需
要相应的细光束，普通激光很难做到。目前流行的解决办法是采用近场光。2005 年 4 月
夏普已经报道了一种采用近场光的热辅助记录磁头，它仅有 1mm × 1mm 大小，结构也非
常简单。

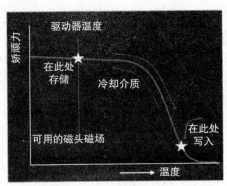 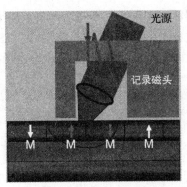

a）温度升高，矫顽力减小，易于写入　　　　b）带加热光源的写入磁头

图 8-2　热辅助磁记录技术

热辅助磁记录技术利用新的、非常难以写入的介质，这种介质往往可以更加稳定地写入数据磁介质。通过加热介质记录数据，利用热能简化数据的写入，但仍是在常温下存储和读取数据。与晶格介质类似，它可以将区域密度提高到 $1Tb/in^2$ 级别，并很可能与晶格介质配合使用。

位排列介质记录（BPMR）技术。用于磁记录的介质由沉积在基板上的多层硬磁薄膜构成。在当前使用的介质中，因为它们用于硬盘记录，磁性层本身是由非常细的、单磁畴粒子组成。由于在制造过程中晶粒结构固有的随机性，即晶粒生长既不是规则的图案，也不具有相同的尺寸。

传统的磁性记录技术用平均法处理这一随机性。例如，在希捷公司最近的 $250Gb/in^2$ 的示范密度中，每位包含大约 65 颗晶粒。在过去几十年中，缩减颗粒尺寸使磁记录面密度急剧增加。

当前，缩减过程因超顺磁性现象的出现而受到限制：如果相对于热能 kT（$k = 1.38 \times 10^{-23}J/K$，$T$ 为以 K 为单位的温度），磁能量 KuV（Ku = 各向异性常数，V = 晶粒体积）不是足够大的话，磁化将变得不稳定，信息再也无法可靠地存储，从而限制了垂直记录密度只能到 $0.5 \sim 1Tbit/in^2$。

目前，有两种技术正在讨论以进一步提高记录密度：其中之一是位排列介质记录（BPMR）技术，另一种就是热辅助磁记录（HAMR）技术。

考虑其中所有位已被记录在已排列好的介质中。已有文献指出，位置点间距的缺陷引起系统性能变差。这些缺陷导致信噪比（SNR）的下降。该信噪比应该更确切地称为回读介质信噪比。已经可以确定出有五种不同的噪声源影响了回读介质信噪比：①点阵间距 S_D 的波动；②点尺寸 D 的波动；③饱和磁化强度 M_s 的波动；④点厚度 δ 的波动；⑤点形状的波动。如图 8-3 所示。

分析 BPMR 的记录密度潜力结果表明，记录性能由写入误差而不是传统的信噪比决定。写入误差由磁特性的统计波动和各个位置点的随机波动引起。通过优化组合极性磁头、软磁性衬底和复合型的存储介质，可获得最高的面密度。最高面密度可达 $5TB/in^2$ 以上。

2. 磁带存储技术的研究进展

磁带存储器至今仍在专业领域焕发着活力，并且其容量已达到了另一个新的高峰。据日经 BP 社报道，IBM 公司于美国时间 2014 年 5 月 19 日宣布，该公司开发的磁带的面存储密度达到每平方英寸 85.9GB，创下了新纪录。据介绍，如果在业界标准的 LTO 盒式磁带中运用这项技术，则每盘磁带可存储 154TB 非压缩数据，大约相当于目前最新标准 – 第 6 代 LTO 的 62 倍。1TB 为 1024GB，154TB 的数据存储容量足以存储 1.54 亿本书的文本内容。

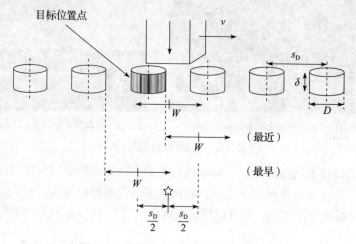

图 8-3　位排列介质记录的时间窗口。

注：在写宽度 W 内，磁头磁场可切换磁化方向。若磁头磁场在星标记的位置切换的话，可获得正常写入目标位置点的最大裕量。

这一最新纪录是 IBM 和富士胶片公司开展的共同试验的成果。富士胶片公司负责存储介质的开发，IBM 公司则开发出了相应的磁带驱动技术。

富士胶片公司对自主开发的磁带技术——NANOCUBIC 技术进行了改进，从而实现了高密度存储。除了使钡铁氧体（BaFe）磁性体的颗粒更细小，同时保持其热稳定性之外，还改进了使 BaFe 磁性体均匀分布的技术以及均匀薄膜涂敷技术。

IBM 公司开发出了新的磁头技术、将磁轨数量增至第 6 代 LTO 的 27 倍以上的磁轨细密化技术、精确追踪磁轨的伺服控制技术以及新的信号处理算法。

此次只是发布试验结果，尚无投产计划。不过，富士胶片公司利用原来的设备就能生产此次的试验磁带，随时可以量产。

而索尼公司最新研制成功的磁带介质容量达到了 185TB。比目前市面上的磁带产品高出 75 倍，磁存储密度高达每平方英寸 145GB。

索尼公司通过利用自主开发的溅射薄膜沉积技术，将直径为 7.7nm 的极细磁颗粒涂敷在磁带上，实现了高密度磁存储。而目前磁带存储的主流形式是基于 LTO-6 标准的高端 LTO Ultrium 格式，拥有约 $2GB/in^2$ 存储密度，总容量为 2.5TB，显然与索尼公司的技术不可同日而语。

索尼公司计划于德国德累斯顿举办的 "INTERMAG 欧洲 2014 年国际磁材" 会议上与 IBM 公司共同发表这一研究成果，IBM 公司负责了该技术的衡量与评估工作。但索尼公司可能需要一段时间来完成技术的商品化，由于磁带具备更安全、稳定的存储特性，因此未来会将其应用在磁带备份等专业领域上。

如图 8-4 所示，a 是磁带的横截面结构图，显示了磁带各层的分布情况。b 显示了晶体取向的比较，索尼公司的新型磁介质可获得更好的一致性磁性晶体的取向。c 是磁性颗粒的顶视图，显示了新介质的颗粒直径平均在 7.7nm。d 是索尼公司的磁性介质与当前使用的磁性介质颗粒直径的对比图，更小直径的磁性颗粒可以获得更高的记录密度。

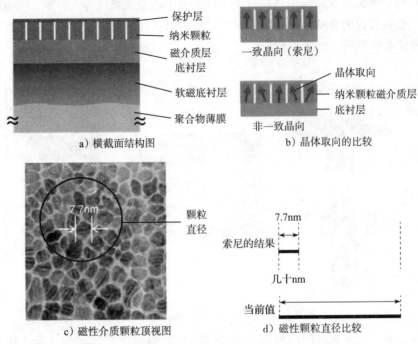

a) 横截面结构图　　　　　　　　b) 晶体取向的比较

c) 磁性介质颗粒顶视图　　　　　d) 磁性颗粒直径比较

图 8-4　新型磁带介质示意图

8.1.2　光存储介质

1. 单张光盘容量可达蓝光光盘的 1000 倍

日本研究人员新近发现一种新型数字存储介质，用这种介质制成的光盘容量可以达到 DVD 容量的数千倍。

日本东京大学的化学教授真一香里团队指出，这种物质是氧化钛的一种新的结晶形式。在室温下，当它受到光线的刺激时，能够从导电的纯黑色的金属态转化为棕色的半导体态，这为数据存储创造出一种有效的开关功能，有潜力成为下一代光存储设备的主要组成物质。

该研究团队已成功制成直径为 5 ~ 20nm 的这种新材料的粒子。假设读写设备的技术水平足够高的话，新光盘的存储容量可能超过蓝光光盘 1000 倍之多，达到惊人的 25TB。

这种钛的氧化物价格低廉，目前市场价只有制作蓝光光碟介质（稀有元素锗 - 锑 - 碲合金）的市价的百分之一。这种钛的氧化物对人体安全，目前被广泛用于粉饼类化妆品和白色涂料。但何时能制造出并实际使用这种材料的光盘，目前仍是未知数。

2. 新一代超大容量五维光盘存储技术问世

传统的 DVD 和 CD 以二维方式将数据存储在其表面，而全息光盘则是以三维方式存储数据。现在，研究人员首次宣称研制出一种五维光学材料，能在多个维度存储数据，并对激光的不同波长和偏振做出响应。该新型光学响应材料可使现今 DVD 大小的光盘的存储容量提高 4 个数量级，一张光盘上将能存储两三百部高清电影。预计将在医疗、金融、军事、安全编码和银行等需要存储大量数据的领域获得广泛应用。

该种材料由澳大利亚斯温伯恩科技大学微光电中心主任顾民等人开发，由悬浮在玻璃基板上透明塑料板内的金纳米棒层组成，在材料的同一区域内多种数据图案可在互不干扰的情况下被读取和刻写。如图 8-5 所示。

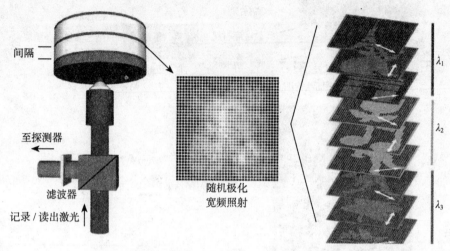

图 8-5　五维光盘记录 / 读出示意图

在图 8-5 中，记录薄膜层由掺杂金纳米棒的聚乙烯醇在玻璃基板上旋涂而成。这些记录层由一个透明的厚度为 10 μm 的压敏粘合剂层间隔。在记录层中，使用不同的波长（$\lambda_{1\sim3}$）和不同极化方向的记录激光记录了多个图像。用随机极化的宽频光照射时，所有模式的卷积将在探测器上观察到（滤波器用于减弱反射的读出激光）。选择了正确的极化方向和波长的光时，所记录的各个图像可以无串扰地分别读出。

新增加的两维指利用光的波长的"色维"和利用光的极化的"极化维"。增加的这两维是导致光盘存储容量大幅增加的关键。利用光的极化特点可使光盘录制多层不同角度的信息，而且各层信息之间不会产生干扰。澳大利亚研究人员已经能够利用 3 种波长和两种极化光在同一区域刻写 6 种不同的图案，通过将数据写入厚度为 10nm 多层堆栈中，研究人员已将数据存储密度提高到 1.1×10^{12}B/cm^3，记录速度高达 10^9B/s。

研究人员称，该技术允许每个字节数据以一个激光脉冲来记录。写入激光可熔化并重塑这些不到 100nm 的金纳米粒子。这些变化会影响到纳米棒与来自激光成像系统的激光之间的相互作用，使得数据被读取。

通过控制金纳米粒子的尺寸，研究人员对这些粒子进行定制以对不同波长的激光做出响应。当发出一个绿光激光束脉冲时，一些纳米棒就会发生变化，同时非常接近的但大小又不同的纳米棒却不会受到影响。在塑料中随机散射的纳米棒做出的响应则取决于入射光的传输角度。当光极化和纳米棒的长轴方向一致时，纳米棒对光的吸收要比光从其他角度入射时更为强烈。图案虽然不能被删除和重写，但能长时间保持在稳定状态。

以往此类多路光存储系统依赖于光响应聚合物。这些材料的吸收光谱非常宽，这使得难以用多种颜色的光来实现高密度的数据记录。而金纳米棒和量子点（正在研究的用于五维可重写存储的另一种纳米材料）的优势在于它们窄得多的光带宽。

不过，专家表示此项技术还将面临巨大的工程挑战，要将所有这些变量一次性结合在一起，并将每项变量推至其自然极限并不容易。

8.1.3 半导体存储器

1. 半导体存储技术的发展

微电子技术作为当代信息技术的核心，对国民经济和国家战略都发挥着至关重要的影响。作为微电子技术的重要组成部分，半导体存储技术也得到了迅速的发展，并一直向着"更高密度、更快速度、更低功耗"的趋势发展。

半导体器件性能的提高主要依靠工艺尺寸的不断缩减。但是，半导体器件特征尺寸的缩小带来了诸多难题，如：制造工艺变得越来越复杂，制造成本越来越高，而成品率却逐渐下降。人们发现以一种器件结构满足大部分的应用要求越来越难以实现，为了保持集成度、功耗、性能之间的平衡，研究人员开始探索适用于特定领域的特定器件结构。

以掉电后数据是否能够继续保持，可以将半导体存储器分为易失性和非易失性存储器两类。易失性存储器主要包括 DRAM 和 SRAM。

DRAM（Dynamic Random Access Memory）追求存储速度和存储密度的平衡，目前仍然占有半导体存储市场的大量份额。其最典型的应用是内存芯片，主要应用于个人计算机、手机、电视、全球定位系统等领域。DRAM 典型的结构为 1T1C 结构，通过是否对电容充电来实现数据的擦除与写入。这种结构导致了 DRAM 的一个固有缺点，即数据写入电容后，由于存在电荷泄漏，数据只能保持较短的时间，需要不停地刷新来保持数据，因此其功耗比较大。

SRAM（Static Random Access Memory）追求最大的存储速度，主要应用于高速低功耗的领域，如计算机缓存、移动通信网络、手机等。SRAM 不需要刷新电路即可保持数据，具有较高的性能，其典型器件结构为 6T 单元，因此存储密度较低。

非易失性存储器在掉电后所存储的数据不会丢失，因此应用在移动存储领域具有更大的优势。浮栅型存储器（Flash Memory）是目前非挥发性存储器的典型器件结构，其概念最早是由贝尔实验室的 D Kahng 和 S M Sze 提出，他们开始采用的器件结构为 UV-EPROM 和 EEPROM。Intel 和 Toshiba 公司在 1988 年又分别推出了 NAND 型和 NOR 型浮栅存储器，将浮栅型存储器带入了一个飞速发展的时期。经历了多年的技术发展，Flash 存储器单位存储容量的价格日益降低，市场规模日益壮大。目前，作为主流的非挥发性存储器技术，浮栅型存储器已经在非挥发性存储器市场占据了超过 90% 的份额。

当传统浮栅存储器的发展面临工艺节点缩小的瓶颈时，工业界和学术界又掀起了一场新型存储器研究的热潮。目前研究较多的新型存储器有纳米晶存储器、磁存储器（Magnetic Random Access Memory、MRAM）、铁电存储器（Ferroelectric Random Access Memory、FRAM）、相变存储器（Phase Change Random Access Memory、PRAM）和阻变存储器（Resistive Random Access Memory、RRAM）等。

2. 纳米晶存储器

纳米晶存储器是传统 Flash 存储器的一个变种，将传统的浮栅结构替换为不连续的纳米晶薄层，避免了由于尺寸缩小、氧化层变薄引起的存储电荷泄漏。

图 8-6 是纳米晶存储器示意图。纳米晶存储器利用纳米晶颗粒作为电荷存储介质，纳米晶颗粒与周围介质绝缘，实现分立式电荷存储。图中对于传统的浮栅结构，隧穿介质层上的一个缺陷即会形成致命的放电通道，而分立电荷存储可以降低此问题的危害，因为隧穿介质层上的缺陷只会造成局部纳米晶上的电荷泄漏，使绝大多数电荷保持稳定，提高了可靠性。纳米晶存储器还具有优良的抗辐照性能，提供了抗辐射应用的潜力。

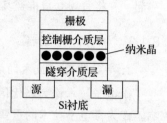

图 8-6　纳米晶存储器示意图

在纳米晶存储器的研究上，已经取得了一系列进展。2003 年，Motolora 公司利用 90nm 常规工艺，首次制作了可实际工作的 6V 工作电压的 4Mb 硅纳米晶非挥发性存储器阵列；2006 年，Freescale 公司报道了一个单元双位存储的实际存储阵列。Cornell 大学的 Liu 等人在金属纳米晶方面也进行了一系列的工作，提出了金属纳米晶功函数工程的概念，并进行了一系列理论和实验研究。2010 年，Wang Li 等人研究了用磁控溅射方法制备的 NiFe 二元合金纳米晶颗粒的存储器，并研究了功函数与合金成分之间的关系。连续可调的纳米晶浮栅功函数将对存储器的设计带来极大的便利。

与传统浮栅存储器相比，利用纳米晶作为电荷存储的介质可以实现分立电荷存储，提高存储器单元的可靠性；编程可采用直接隧穿，编程速度加快，耐受好，电荷的横向流动被限制，工作电压进一步降低。开展纳米晶浮栅存储器技术的研究，对开发 65nm 技术节点及以后的低压、低功耗、高速、高密度非挥发存储器具有十分重要的意义。

纳米晶存储器研究面临的最大挑战是如何生长出高质量（分布均匀、尺寸可控）的纳米晶，因此，在高质量的纳米晶生长工艺技术方面需要进一步深入研究。随着存储器器件尺寸的缩小和对低压、低功耗、高密度集成的要求，纳米晶非易失存储器进一步的研究的方向包括：①高 k 介质的引入以改善器件的总体性能；②自底向上自组装生长纳米晶体以提高纳米晶的质量；③多位存储能力的开发以提高集成的密度等。

8.1.4　DNA 存储

据 NATURE 杂志 2012 年 8 月报道，DNA（脱氧核糖核酸）的数据存储打破纪录。一本配有插图的书已经被编码后存储在 DNA 中。图 8-7 是用于存储数据的双链 DNA 分子。

图 8-7　用于存储数据的双链 DNA 分子

哈佛大学的研究团队将一本遗传学课本的全部内容编码进一小段 DNA 序列。具体而言，该书大小是 5.27Mb，含有 53 400 个单词、11 张图片和一个 Java 程序。所有数据存储在不到 10^{-12}g 的 DNA 中。这是当时最高的存储记录。

DNA 具有存储大量信息的潜力。在理论上，每个核苷酸（DNA 串的单碱基单元）可编码成两个数据位，由此推算，每克的双链分子可存储 455 艾字节（Exabyte，EB）的数据（1EB = 10^{18}B），大约相当于 970 亿张 DVD 光盘的容量。这样高密度的存储大大超过基于无机物的数据存储设备，如闪存、硬盘甚至基于量子计算方法的存储。

该记录是该类研究历史上的标志性成果。但是，有机闪速驱动器的实用化仍需多年的研究。有许多原因使该方法尚不适合日常使用。例如，无论是存储和检索信息，目前仍需要在实验室工作好几天，用于合成 DNA 或通过测序来读取数据。

哈佛医学院遗传学家 George Church 带领的研究团队用喷墨打印机将化学合成的 DNA 短片段嵌入到一个微小的玻璃芯片表面。他们用 DNA 的 4 个碱基中的 A 或 C 来编码 "0"，G 或 T 来编码 "1"，从而将书的内容写入了 DNA 中。这个 DNA 芯片采用了类似于硬盘分区的方式，将书的内容分散为数据块来存储。

从 DNA 中读取数据则需要一台计算机和一个 DNA 测序仪。由于每个 DNA 片段中都包含一个数字 "条形码"，记录了其在原始文件中的位置，因此所有片段可被重新组装。

图 8-8 中，以 "ferential DN" 为例，说明了写入（编码、合成）、读出（测序、解码）的过程。

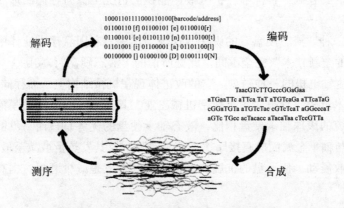

图 8-8　DNA 存储器的写入 / 读出过程

研究人员将书本内容存入 DNA，然后又重新转化为数字形式读出，结果显示这个存储系统的底层读取错误率为每百万比特两个错误，与 DVD 相当，远优于磁盘。但是，由于数据编码与 DNA 合成同步完成，因此这种方式不支持数据的可擦写存储，而适用于归档存储。

虽然将 DNA 作为一种通用的数据存储介质目前还不切实际，但这一领域正在快速发展，预计未来 5 ~ 10 年（2020 ~ 2030 年）内有望开发出比传统数字存储设备更快、更小、更便宜的 DNA 存储产品。

8.1.5 基于纳米颗粒的存储技术

据报道，来自密歇根大学和纽约大学的研究团队开发出了一种利用悬浮在液体中的团状纳米颗粒进行数据存储的全新技术。与传统只有"0"和"1"的二进制数存储原理不同，也与液态轴承马达（Fluid Dynamic Bearing Motor）技术不同，这是一种真正意义上的液态存储。

液态存储利用不同的组合来代表不同的存储状态，该团队称其"工作方式有点像魔方"。由 1 个中心球体和周围 12 个颗粒构成的存储团组成的结构就能有近 800 万个不同状态，每个状态相当于 2.86 字节的数据。当中心球体较小时，外围颗粒能够稳定地排列，存储数据；当中心球体变大时，颗粒就可以重新排列，存储不同的信息。

图 8-9 为包含 4 个纳米颗粒的存储结构，左右为两种不同的组合方式，中间为默认的未激发状态。

实验结果显示，一汤匙（约 14.8 毫升）含有 3% 的 12 颗粒存储团的溶液可以存储 1TB 数据。而用传统硬盘存储等量数据，则需要智能手机大小的产品才可以。研究人员称，可以把这些存储团比作魔方，可以用描述魔方的数学原理来展示存储团的每一种排列方式。

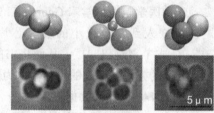

图 8-9　团状纳米颗粒数据存储示意图

这种液态硬盘可以用于检测水中的污染物，或是应用到医学领域。存储团还可以代替芯片用于机器人的感应和控制。为了让液态硬盘成为现实，研究团队需要找到一种能够在扩大液体体积的情况下保持存储团形状的方法，以及方便的读取方式。

目前还流行一种"液态硬盘"的说法，这与上述的"利用悬浮在液体中的团状纳米颗粒进行数据存储的全新技术"完全不同。此处所谓的"液态硬盘"，实际上是采用液态轴承马达作为磁盘片主轴电机的一种磁盘。它的改进体现在机械结构上，而存储介质没有改变。液态轴承马达技术过去一直被应用于精密机械工业，其技术核心是用黏膜液油轴承、油膜代替滚珠。与传统的滚珠轴承硬盘相比，液态轴承硬盘的优势是显而易见的，一是减噪降温，避免了滚珠与轴承金属面的直接摩擦，使硬盘噪音及其发热量被减至最低；二是减震，油膜可有效地吸收震动，使硬盘的抗震能力得到提高；三是减少磨损，提高硬盘的工作可靠性和使用寿命。

8.2 固态硬盘技术

目前，固态硬盘（Solid State Disk，SSD）的存储介质主要是闪存，将来可能会有其他非易失存储芯片，如阻变存储芯片、相变存储芯片、磁性存储芯片等。由于闪存的单位存储成本不断下降，固态硬盘的容量不断增加，而价格呈现下降趋势，因而对传统磁盘的统治地位造成了严重威胁。固态硬盘与传统磁盘相比，在存取速度、可靠性、功耗等方面有明显优势。

固态硬盘由控制单元和存储单元（闪存芯片）组成，是用固态电子存储芯片阵列构成的硬盘。由于固态盘没有传统磁盘的旋转机构，因而抗震性能好，可广泛应用于车载、工控、网络监控、导航设备等对抗震动、高速度、便携性有较高要求的领域。

固态硬盘由于没有寻道等延迟时间，对小数据的写入优势最显著，因此，对于许多应用程序（如数据库查询等）最为关键的 I/O 次数的指标 IOPS（I/O Per Second，每秒进行 I/O 操作次数），固态盘可以达到磁盘的 50 ~ 1000 倍。

固态硬盘形状尺寸与标准生产的笔记本和台式机尺寸兼容。

目前，较高的成本和寿命限制是影响固态硬盘普及的两大因素。因此，就目前进展情况来说，与其说固态硬盘是磁盘的替代品，不如说是补充品更合适。

8.2.1 固态硬盘的结构与性能优化

1. 固态硬盘的结构

一个典型的固态硬盘外观如图 8-10 所示。通常是 2.5 英寸的标准尺寸，但重量比同一尺寸的机械磁盘轻得多。

图 8-11 是固态硬盘内部印制板及其上面的芯片与接口。一般由 8 片闪存芯片作为存储介质，总容量取决于单个芯片的容量。印制板上还有稍大的芯片是固态硬盘控制器，主要功能是控制与外界的接口、控制数据的写入与读出。

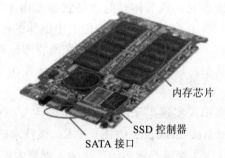

内存芯片

SSD 控制器

SATA 接口

图 8-10　固态硬盘外观图　　　　图 8-11　固态盘内部结构

图 8-12 是固态硬盘功能框图。其中，Host Interconnect 是与主机连接的接口，通常为 SATA 标准。控制器内部的 Host Interface Logic 是主机接口逻辑，实现主机命令传送、固态硬盘状态回收、读 / 写数据传输等功能。图 8-12 中的核心是 SSD Controller，即固态盘控制器。其中，Processor 是处理器，完成信号处理的功能，是固态盘的控制中心；Buffer Manager 是缓存管理器，负责读 / 写数据的临时保存；Flash Demux/Mux 是闪存芯片的多路复用器，用于控制把数据写入到哪一个闪存芯片，以及从哪一个芯片读出数据。RAM 是用于保存系统的临时信息，便于快速访问，如文件块的位置信息等。多个 Flash Pkg 是闪存芯片（Flash Chip 或 Flash 芯片），是存储数据的最终载体，每个芯片的容量和芯片数量决定了固态硬盘的总容量。

2. Flash 芯片

（1）NAND 型和 NOR 型闪存

Flash 芯片，又称为闪存、闪存芯片，主要有 NAND 型和 NOR 型两大类。两种类型的芯片在数据存储方式和操作机理上都相同，主要区别在于寻址方式和存储体组织方式不同。

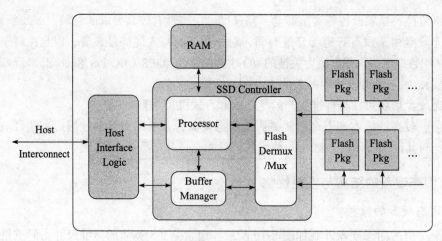

图 8-12 固态硬盘控制器功能示意图

闪存以单个晶体管作为二进制信号的存储单元，其结构与普通的场效应晶体管类似，区别在于闪存的晶体管加入了"浮栅"（floating gate）。浮栅用于存储电子，周围被一层硅氧化物绝缘体所包覆，并通过电容与控制栅相耦合。当电子在控制栅的作用下被注入浮栅中时，该晶体管的存储状态就由 1 变成 0。当电子从浮栅中移走后，存储状态就由 0 变成 1。包覆在浮栅表面的绝缘体的作用就是将内部的电子"锁住"，达到保存数据的目的。如果要写入数据，就必须将浮动栅中的负电子全部移走，令目标存储区域都处于 1 状态，这样只有遇到数据 0 时才发生写入动作，这个过程需要耗费 1 微秒级别的时间。

闪存中，实现电子注入和移走的主要方法有两种。方法之一是采用"通道热电子"（Channel Hot Electron，CHE）技术，该技术通过对控制栅施加正或负的高电压，使电子在电场的作用下突破绝缘体的势垒注入浮栅内部，或从浮栅移出，以此来完成写入或者擦除操作；另一种是采用"FN 隧穿"（Fowler-Nordheim Tuneling，FNT）技术，它是直接在绝缘层两侧施加高电压形成高强度电场，控制栅施加正或负的电压，使电子隧穿绝缘体的势垒，进出浮栅。

NOR 闪存同时使用上述两种方法，CHE 用于数据写入，支持单字节或单字编程；FNT法则用于擦除，但 NOR 不能单字节擦除，必须以块为单位执行擦除操作，由于擦除和编程速度慢、块尺寸也较大，使得 NOR 闪存在擦除和编程操作中所花费的时间很长，无法胜任纯数据存储和文件存储之类的应用，但它的优点是可支持代码本地直接运行；其次，NOR 闪存采用随机存储方式，设备可以直接存取任意区域的数据，因此 NOR 闪存芯片有大量的信号引脚，且每个单晶体管都需要辅助读写的逻辑，晶体管利用效率较低、容量不占优势。

而 NAND 闪存采用 FNT 法写入和擦除，且采用一种"页面–块"寻址的统一存储方式，单晶体管的结构相对简单，存储密度较高，擦除动作较快，但缺陷在于读出性能一般，且不支持代码本地执行。此外，由于 NAND 闪存容量较大，容易出现坏块，制造商通过虚拟映射的方式将其屏蔽。

NOR 型闪存理论擦写次数约为 10 万次，NAND 型闪存理论擦写次数约为 100 万次，寿命上 NAND 型闪存要占优势。

NAND 型闪存的操作方式效率低，这与它的架构设计和接口设计有关，它的操作方式有点像硬盘，它的性能特点也很像硬盘：小数据块操作速度很慢，而大数据块操作速度很快。NAND 型闪存的基本存储单元是页（Page）。每一页的有效容量是 512 字节的倍数。所谓有效容量是指用于数据存储的部分，实际上还要加上 16 字节的校验信息，因此可以在技术资料当中看到"（512 + 16）Byte"的表示方式。目前，2Gb 以下容量的 NAND 型闪存绝大多数是"（512 + 16）字节"的页面容量，2Gb 以上容量的 NAND 型闪存则将页容量扩大到"（2048 + 64）字节"。

NAND 型闪存以块为单位进行擦除操作。闪存的写入操作必须在空白区域进行，如果目标区域已经有数据，必须先擦除后写入，因此擦除操作是闪存的基本操作。一般每个块包含 32 个 512 字节的页，容量为 16KB；而大容量闪存采用 2KB 页时，则每个块包含 64 个页，容量为 128KB。

每颗 NAND 型闪存的 I/O 接口一般是 8 位，每位数据线每次传输"（512 + 16）bit"信息，8 位并行传输就是"（512 + 16）× 8bit"，即 512 字节。较大容量的 NAND 型闪存也采用 16 位 I/O 接口线的设计。

NAND 型闪存在寻址时，通过 8 位 I/O 接口数据线传输地址信息包，每次传送 8 位地址信息。由于闪存芯片容量比较大，一组 8 位地址只够寻址 256 个页，显然是不够的，因此通常一次地址传送需要分若干组，占用若干个时钟周期。NAND 的地址信息包括列地址（页面中的起始操作地址）、块地址和相应的页面地址，传送时分别分组，至少需要三次，占用三个周期。随着容量的增大，地址信息会更多，需要占用更多的时钟周期传输，因此 NAND 型闪存的一个重要特点就是容量越大，寻址时间越长。

NOR 型闪存更像内存，有独立的地址线和数据线，可以很容易地存取其内部的每一个字节。NOR Flash 占据了容量为 16MB 以下闪存市场的大部分，而 NAND Flash 大多用在容量为 32MB 以上的产品当中，这也说明 NOR 主要应用在代码存储介质中，NAND 适合于数据存储。

（2）NAND 型闪存的结构

固态硬盘中使用 NAND Flash 芯片作为存储数据的载体。因此，若不加说明，所述的闪存均为 NAND 型闪存。典型芯片的顶视轮廓图如图 8-13a 所示。这是一种 56 个引脚的 TSOP 封装，即薄型小尺寸封装（Thin Small Outline Package），是 NAND 型闪存芯片的主流封装形式。TSOP 封装技术的一个典型特征就是在封装芯片的周围做出引脚，采用 SMT 技术（表面安装技术）直接附着在 PCB 板的表面。芯片上有圆圈标记的地方是 1 号引脚的位置，引脚顺序按逆时针方向排列。

图 8-13b 为闪存芯片典型的内部组成框图。如图所示，每个芯片有两个 Die，每个 Die 有两个 Plane，而每个 Plane 由多个 Block（块）组成，每个 Block 由多个 Page 组成。每个 Die 有自己的 ready/busy（就绪 / 忙）和 chip-enable（芯片使能）信号。在交叉（interleave）模式下，每个 Die 可执行不同操作。图 8-13c 是安装在印制板的闪存芯片实物图。

固态硬盘的数据全部存储于闪存中。目前，按每个单元存储几位数据划分，有三种类型的闪存：SLC、MLC、TLC。

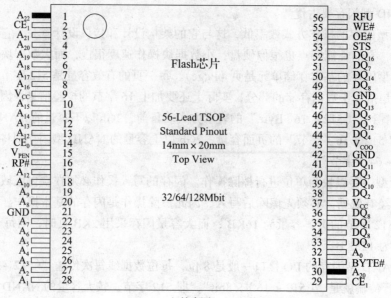

a）轮廓图

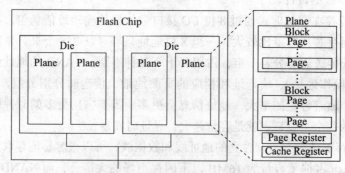

b）内部结构框图

c）安装在印制板上的闪存芯片

图 8-13　闪存芯片示意图

从企业级标准的 SLC 技术到被广泛应用的消费级 MLC 技术，再到目前正在兴起的 TLC 技术，闪存技术发展迅速。单层存储与多层存储的区别在于每个存储单元所能存储的"位元数"不同，如图 8-14 所示。SLC（Single-Level Cell）为单层式存储，每个存储单元能存储 1 位数据；MLC（Multi-Level Cell）为多层式存储，每个存储单元可存储 2 位数据；TLC（Trinary-Level Cell）为三层式存储，

SLC	MLC	TLC
0	00	000
		001
	01	010
		011
1	10	100
		101
	11	110
		111

图 8-14　三种闪存类型

每个存储单元可存储 3 位数据。一个存储单元上，一次存储的位数越多，整个芯片的容量就越大，这样能降低闪存的成本。但与此相关的是，每个单元存储更多的数据位会使读出状态难以辨别，并且可靠性、耐用性和性能都会降低。

3. SSD 的性能优化

如何使 SSD 的性能达到最优？目前，已有一些功能和操作可以提升 SSD 的性能。

原生指令排序（Native Command Queuing，NCQ）。硬盘使用的文件格式一般为 FAT32 或 NTFS，随着使用时间久了之后，硬盘上会出现不同大小的碎片文件，造成文件数据块的不连贯，为了读写所需文件的各个数据块，硬盘的磁头就需要来回寻道，造成读写时间的延长，性能下降。要改善这类性能下降有几种方法，最简单的就是进行磁盘碎片整理，另一种就是 NCQ 技术。使用 NCQ 技术可以对要读取的文件数据块进行排序，然后按最优化的排序进行读写，达到提升读写性能的目的。NCQ 最早是 SCSI 的标准之一，只是当时不叫 NCQ。对这个标准做了修改后，在 SATA 上的应用就称为 NCQ，SAS 接口也支持 NCQ。开启 NCQ 除了硬盘本身支持外，还需要操作系统的支持。Windows XP 需要安装厂商专用的芯片组驱动才能支持，VISTA 之后的系统直接支持 NCQ。NCQ 最大支持到 32 条指令排序。

对于 SSD 来说，目前支持 SATA 的 SSD 都支持 NCQ。SSD 虽然没有机械臂，但是 SSD 有多通道。开启 NCQ 后，SSD 主控制器会根据数据的请求和 Flash 芯片内部数据的分布，充分利用主控制器通道的带宽达到提升性能的目的。目前的 SSD 都建议开启 NCQ 模式。

Trim。Trim 是只有 SSD 才具备的功能。Trim 命令允许操作系统告知 SSD，有哪些数据块不再使用。该指令的目的是要维持 SSD 的速度和延长驱动器的寿命，默认情况下，Windows 7 会自动开启此功能。如果想查询目前的 Trim 指令状态，可以在管理员权限下进入命令提示符界面，输入"fsutil behavior QUERY DisableDeleteNotify"，之后会得到相关查询状态的反馈。在这里，提示为"DisableDeleteNotify = 0"即 Trim 指令已启用；提示为"DisableDeleteNotify = 1"即 Trim 指令未启用。

文件系统优化。Windows 的"磁盘整理"功能是机械硬盘时代的产物，并不适用于 SSD。固态硬盘内部没有机械结构，主要部件是主控和闪存芯片。除此之外，可以考虑禁用 Windows 7 的预读和快速搜索功能，在 SSD 平台这两个功能的实用意义不大，通过禁用这两项功能降低硬盘读写频率。

SSD 的几何分区对齐方式。SSD 的几何分区对齐方式对 SSD 的性能影响很大，它也是需要 Windows 7 操作系统支持的。在 Windows XP 中，分区从 63 号扇区开始。在 SSD 页面的中间，这种不对齐的分区会由于频繁的读—修改—写以及其他不必要的写入操作而导致设备性能降低。为了使 SSD 获得最佳性能，确保分区以 4KB 为基准对齐。在使用 Windows 7 的分区工具—磁盘分区管理器、磁盘管理或者在 Windows 7 的安装过程中，会自动完成对齐的操作。

8.2.2　闪存感知的 RAID 技术

当设计大型闪存系统时，可靠性仍然是一个亟待解决的关键问题。为获得高性能和高可靠性，通常采用 RAID 存储体系结构来构建大规模闪存系统。但是，在基于 SSD 的 RAID（简称 SSD RAID）中使用奇偶校验的处理开销较大。因此，需要研究一种新的 SSD RAID 技术，以降低奇偶校验的更新成本。

通过延迟奇偶校验码的更新时间，可有效减少奇偶校验码更新时写操作的次数，而在原始的 RAID 技术中，奇偶校验必须伴随每一个数据写入磁盘中。

此外，通过开发闪存的特性，新技术使用部分奇偶校验技术来降低计算奇偶校验所需的读操作次数。使用 RAID5 模拟器对新技术的性能改进做了评估，结果表明，采用新技术后的 RAID5 的性能改善平均达到了 40% 左右。

1. SSD RAID 研究背景

在过去十年间，数据存储系统出现了巨大的变化。NAND 闪存的发展使多种便携设备可内置大容量的存储器，这些设备的典型代表如 MP3 播放器、移动电话和数码相机等。闪存具有低功耗、非易失性、高随机存取性能和高可移动性的特征，因此非常适合用于便携式消费电子设备。最近，由于价格大幅降低，闪存已经扩展其应用领域，用作台式计算机和企业服务器的大容量存储系统。其结果是，由多个闪存芯片组成的固态硬盘（SSD），正在侵占着传统的硬盘驱动器的市场份额。SSD 最突出的优势是相对于硬盘驱动器的能量效率比高，由于没有机械运动部件，它们对耗电的数据中心具有强大的吸引力。

然而，NAND 闪存的每位价格还是偏高。近年来，已经开发出多层单元（MLC）闪存，可作为增加存储密度、减少闪存成本的有效解决方案。然而，与单级单元（SLC）闪存相比，MLC 闪存性能较低、可靠性较差。因此，需要解决性能和可靠性方面的问题，确保 SSD 的高可靠和高性能。为了提高 SSD 的性能，可以用并行 I/O 体系结构，如多通道和交叉访问，它通过允许在多个闪存芯片间并发 I/O 操作，以增加 I/O 带宽。但是，可靠性问题仍然是设计大规模的闪存存储系统时必须解决的一个关键问题。

目前的 NAND 闪存产品通过采用纠错码（ECC）以保证可靠性。传统上，SLC 闪存采用单比特纠错码，诸如汉明码。这些 ECC 被存储在闪存块备用区，是每页用于元数据的额外空间。当一个页面从闪存器件读取时，闪存控制器计算该页面的新 ECC 值，并将其与之前存储在备用区中的 ECC 进行比较，在页面数据被转发到主机前，检测和纠正比特错误。

然而，MLC 闪存显示出高得多的比特误码率（BER），以致单个位错误校正码无法管理。对 MLC 闪存的单元进行多个阈值电平的编程，使得每个存储器单元可存储多个位。因此，减少了的操作余量显著降低了闪存的可靠性。此外，作为硅技术的发展，单元-单元之间的干扰正在增加。其结果是，必须使用具有较强纠错能力的纠错码，如 BCH 码或里德-所罗门（RS）码。然而，这些 ECC 要求较高的硬件复杂性，并增加了读取和写入的延迟。

提高可靠性的另一种方法是在存储部件级采用冗余，如采用 RAID 技术。采用多个 SSD 组成阵列，可提高可靠性和性能。

以 SSD 为存储设备的 RAID0，通过将数据分布到多个 SSD 以提高性能。然而，RAID0 没有改善可靠性，而 RAID4 和 RAID5 被广泛地用于提高可靠性。

在闪存中实现 RAID4 或 RAID5 技术应该考虑闪存的读写特性。为管理奇偶校验数据，必须执行频繁的写请求，这显著降低了性能，因为 NAND 闪存的写入性能较低。每当页面被更新，RAID 控制器需要读取其他页面值，以计算新的奇偶校验，并且新的奇偶校验应写入闪存。因此，需要研究闪存感知的 RAID 技术，以实现高可靠、高性能的 SSD RAID 技术。

为减少奇偶校验更新成本，需要一个适用于 SSD 的新 RAID5 结构方案。该方案的核心是降低奇偶校验的更新频度，并具有部分奇偶校验缓存的技术。为减少这些奇偶校验更新的写入操作数量，该方案将原始的 RAID5 技术中必须伴随每个数据写入的奇偶校验延迟更新。延迟的奇偶校验被保持在奇偶校验缓存中，直到它们被写入到闪存。此外，部分奇偶校验缓存技术减少了计算新的奇偶校验所需的读操作次数。通过开发闪存的特征，部分奇偶校验缓存技术可以恢复失效的数据，而无需完全的奇偶校验。

2. 基于部分奇偶校验的延迟校验更新

当有更新请求时，FTL（闪存转换层，它将主机系统的逻辑页面地址映射到闪存器件的物理页地址）一般不会删除或更新旧的数据；取而代之的是，把数据置为无效，这是受闪存有写入前擦除约束的结果。被置为无效的数据能够被用作隐式冗余数据。延迟奇偶校验更新方案旨在利用隐式冗余数据，以便减少奇偶校验处理开销。

由于页级别条带化比块级别条带化表现出更好的性能，因此，一般采用页级别条带化。当有来自主机的写入请求时，RAID 控制器根据逻辑页号，确定条带号和芯片号，并将数据发送到所确定的闪存芯片。正常的 RAID 控制器生成奇偶校验数据的条带，并将其写入该条带的奇偶闪存芯片。然而，新方案延迟奇偶校验数据的更新和保存，并把它保存在称为部分奇偶校验高速缓冲区（PPC）的特殊部件上。所存储的奇偶校验是部分奇偶校验，因为它只由条带中的部分数据产生。这与一般的延迟奇偶校验方案不同，在一般的方案中，高速缓存中存储的是完全的奇偶校验数据，因此，需要很多的读操作来计算完全奇偶校验位。

使用部分的奇偶校验，就可以减少生成奇偶校验的开销。相反，系统保持旧版本的更新数据，该数据是隐式的冗余数据。在芯片或页面失效的情况下，可用部分奇偶校验数据或老版本的其他数据来恢复失效的数据。延迟奇偶校验在 PPC 中没有空闲空间时写入闪存芯片。这一步被称为奇偶校验的确认提交。

（1）部分奇偶校验高速缓冲区（PPC）

PPC 用于临时存储延迟的奇偶校验。为了避免在突然断电时存储在 PPC 中的奇偶校验位丢失，它必须存储在一个 NVRAM（非易失存储器）中。实现时可采用 SCM（存储级内存），如 PRAM（相变存储器）和 MRAM（磁存储器），或电池供电的 RAM（有一个冗余电池，以防止外部电源故障）。该电池的容量应足够大，可以把所有的延迟奇偶校验数据写回到闪存芯片。

图 8-15 显示出 PPC 的结构，包括那些尚未写入到闪存芯片的奇偶校验位的信息。PPC 有 M 个条目，每一条目都有条带（stripe）索引、部分奇偶校验位图以及部分奇偶校验。位图表示与部分奇偶校验相关联的数据索引。例如，对于 4 + 1 式的 RAID5 结构，如果条带 S_j 的位图是 "0110"，它的部分奇偶校验是由更新页面 $\{D_{4j+1}, D_{4j+2}\}$ 组成。最新的奇偶校验未

写入到闪存芯片的条带被称为未提交的条带。把与奇偶校验 P_j 的关联数据集记为 $\pi\{P_j\}$。

PPC 的大小可估算出，为 $M(\log_2 I + N + W)$ 位，其中 I、N 和 W 分别表示 SSD 中条带的总数、数据闪存芯片的数目（不包括额外的奇偶校验芯片）以及一个页面的位宽度。

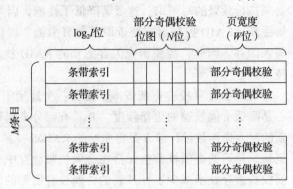

图 8-15　部分奇偶校验高速缓存

（2）部分奇偶校验的创建和更新

当一个更新请求把条带 S_j 中的 D_i 改变成 D_i' 时，在以下三种情况下，创建或更新 PPC 中的部分奇偶校验：

情况 a。如果 PPC 中没有目标逻辑条带对应的部分奇偶校验（即 $S_j \notin$ PPC），则必须插入一个新的部分的奇偶校验 P_j。P_j 的值与 D_i' 相同。没有闪存的 I/O 开销（$C_{\text{overhead}} = 0$）。

情况 b。如果 PPC 中有目标逻辑条带对应的部分奇偶校验，但部分奇偶部分不与即将被写入数据的旧版本相关联（即 $S_j \in$ PPC $\wedge D_i \notin \pi\{P_j\}$），则通过将旧的部分奇偶校验和新的数据进行异或计算，生成一个新的部分奇偶校验（即 $\widetilde{P}_j = P_j \oplus D_i'$）。没有闪存的 I/O 开销（$C_{\text{overhead}} = 0$）。

情况 c。如果在 PPC 中有目标逻辑条带对应的部分奇偶校验，而且部分奇偶校验与即将被写入数据的旧版本相关联（即 $S_j \in$ PPC $\wedge D_i \in \pi\{P_j\}$），则通过异或旧的部分奇偶校验、旧数据和新的数据计算一个新的部分奇偶校验（即 $\widetilde{P}_j = D_2'' \oplus D_i \oplus D_i'$）。需要调用一次闪存体的读取成本（$C_{\text{overhead}} = T_{\text{read}}$）。

例如，图 8-16 显示了当主机发送数据 D_1 和 D_2 的更新请求时 PPC 中的变化。其中，RAID 由四个数据芯片和一个备用芯片组成。假设每个闪存芯片由 10 个块组成（即 B_0，B_1，…，B_9），每个块有四个页面。更新请求之前，D_1 和 D_2 分别被写入芯片 1 的物理页号（PPN）40 和芯片 2 的 PPN 80。其奇偶校验数据 P_0 已被写入到芯片 4 的 PPN 160。初始时，PPC 没有条目（entry）。

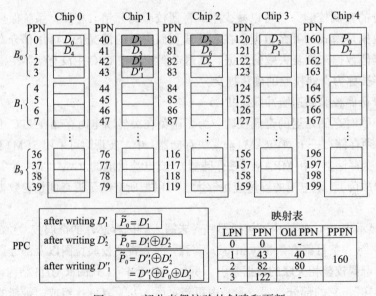

图 8-16　部分奇偶校验的创建和更新

RAID 控制器在置于 PPN 40 中的 D_1 无效时，首先在芯片 1 的 PPN 42 中写入新数据 D_1'。由于相应的奇偶校验数据 P_0 在延迟校验更新方案中是不会立即更新的，在闪存芯片 4 中的奇偶校验保持不变。取而代之的方法是，在 PPC 中为 D_1' 创建一个部分奇偶校验 $\tilde{P}_0$，因为在 PPC 中的逻辑条带 $S_0 = (D_0, D_1, D_2, D_3, P_0)$ 无部分奇偶校验（情况 a）。$\tilde{P}_0$ 等于数据 D_1'。正常的 RAID5 算法必须读旧数据 D_1 和旧奇偶校验值 P_0，而新的方案并不需要读操作来产生奇偶校验数据。

用于 LPN（逻辑页号）和 PPN（物理页号）之间转换的映射表也显示于图 8-16 中。该表为每个 LPN 管理着 PPN、旧 PPN 和物理奇偶校验页号（PPPN）。PPPN 是物理页号，其上写有条带的奇偶校验数据。旧 PPN 指向包含旧版本的逻辑页的物理页面，其中，旧版本与写入到 PPPN 的奇偶数据相关联。因此，更新 D_1 之后，LPN1 的旧 PPN 值是 40。

一般情况下，闪存不保持一个逻辑页的旧 PPN。而由垃圾回收器（GC）保留所有无效的闪存页面的列表，以便在没有足够的可用空间的时候回收它们。然而，新方案把无效页面作为隐式冗余数据，可被用于恢复条带中失效的数据，因为旧的数据与最新的奇偶校验数据有关。这样无效的但有用的数据称为半有效（semivalid）数据，因为在故障恢复的场合它是有效的数据。

由于映射表被保持在 SRAM 中，它的空间开销必须要小。即使在不使用部分奇偶校验方案的情况下，PPPN 字段也是管理 RAID 5 条带结构时所必需的。通过该方案所引起的唯一的额外开销是旧 PPN 字段。为使空间开销最小化，仅当相应的 LPN 是未提交条带中的一个时，动态地分配用于旧 PPN 的存储空间，并使用一个散列函数实现 LPN 和它的旧 PPN 之间的映射。所分配的空间在 LPN 提交后被释放。所需的旧 PPN 数量与部分奇偶校验高速缓存中的部分奇偶校验数目相同。因此，旧 PPN 的最大存储器空间受 PPC 大小的限制。

当主机发送 LPN2 上的更新数据 D_2' 的请求时，SSD 控制器将其写入到芯片 2，并通过异或 $\tilde{P}_0$ 的旧值和 D_2'，更新 $\tilde{P}_0$，因为在 PPC 中存在对应的部分的奇偶校验 $\tilde{P}_0$，但 $D_2 \notin \pi(\tilde{P}_0)$（情况 b）。可以通过检查 PPC 中部分奇偶校验位图信息，判定一个部分奇偶校验是否与一个页面相关联。D_2 更新后，LPN2 的旧 PPN 变成 80。

如果主机发送另一个更新请求，更新 LPN1 上的新数据 D_1''，D_1' 被置为无效，部分奇偶校验 $\tilde{P}_0$ 通过异或 $\tilde{P}_0$、D_1'' 和 D_1'，进行更新（情况 c）。在这种情况下，引入一次读 D_1' 的操作。LPN1 的旧 PPN 保持不变，因为旧奇偶校验 P_0 与 PPN40 中的 D_1 相关联。

（3）部分奇偶校验提交

对于如下两种情况下的奇偶校验提交，延迟奇偶校验必须写入到闪存芯片。

- 替换提交：处理多个写入请求后，在 PPC 中没有自由空间可用于存放一个新的部分奇偶校验时，必须替换部分奇偶校验中的某一项，被替换的项被写入闪存芯片。
- GC（垃圾回收器）提交：在 GC 清除未提交条带的半有效（semivalid）页面之前，必须提交相应的延迟奇偶校验。

由于 PPC 只有部分信息，需要半有效数据用于处理数据失效。因此，在 GC 擦除半有效数据之前，必须提交相应的部分奇偶校验。

为提交部分校验，RAID 控制器首先要建立完全的奇偶校验以及与部分校验不相关联

的页面。为减少奇偶校验提交成本，应该考虑部分奇偶校验$\widetilde{P}_0$的关联页面数，它等于$|\pi(\widetilde{P}_j)|$（即$\pi(\widetilde{P}_j)$中元素的数目）。对于 N + 1 RAID 5 的 SSD，部分奇偶校验提交操作可以分为两种情况：

- 当$|\pi(\widetilde{P}_j)| \geq \lceil N/2 \rceil$时，完全奇偶校验是由部分奇偶校验和条带的未更新页面异或生成。从闪存读取未更新页面的最大次数是$\lceil N/2 \rceil$。
- 当$|\pi(\widetilde{P}_j)| < \lceil N/2 \rceil$时，完全奇偶校验通过部分校验、旧完全奇偶校验以及相关页面的旧数据异或生成。读取旧完全奇偶校验和旧数据的最大闪存操作次数是$\lceil N/2 \rceil$。

例如，在图 8-17a 中，与部分奇偶校验$\widetilde{P}_0$相关联的页面集合是$\{D_1'', D_2', D_3'\}$。为计算完全奇偶校验，必须读取未更新数据D_0。在 PPN 162 写入完全奇偶校验之后，条带的旧 PPN 信息被清除，并且 PPPN 的值被更新。然而，在图 8-17b 中，部分奇偶校验仅有一个相关联的页面$\widetilde{P}_0$。因此，完全校验用D_1、P_0和$\widetilde{P}_0$计算得到。D_1的物理位置可以由映射表的旧 PPN 字段来确定。

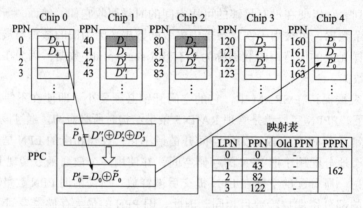

a）关联页数$\geq \lceil N/2 \rceil$

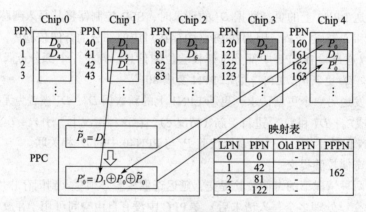

b）关联页数$\leq \lceil N/2 \rceil$

图 8-17　部分奇偶校验确认

因此，部分奇偶校验$\widetilde{P}_j$的提交成本$C_{commit}(\widetilde{P}_j)$如下：

$$(N - |\pi(\widetilde{P}_j)|)T_{read} + T_{write}, \quad 若 |\pi(\widetilde{P}_j)| \geq \lceil N/2 \rceil$$

$$(|\pi(\widetilde{P}_j)| + 1)T_{read} + T_{write}, \quad 其他$$

其中 N 表示并行逻辑闪存芯片的数量；$(N - |\pi(\widetilde{P_j})|)T_{read}$ 或 $(|\pi(\widetilde{P_j})| - 1)T_{read}$ 表示从闪存芯片中读取页面、生成的完全奇偶校验的成本。为部分奇偶校验提交而读取闪存的次数可限制为 $\lceil N/2 \rceil$。T_{write} 是完全奇偶校验的闪存写入成本。如果闪存芯片在 RAID 结构中可以进行并行访问，对多个交错的页面的读出延迟时间与一个页面是相同的。然而，对于多页面的读操作会降低 SSD 的 I/O 带宽，尤其是当有来自主机的许多其他读取请求的情况下。因此，估算提交成本时，应当计算读取页面的数量。

PPC 方案只有在部分奇偶校验提交时才生成读取请求，而以前的方案必须在每个数据写入时读出旧数据，以保持完全的奇偶校验。此外，由于数据存取局部性，部分奇偶校验包括大多数相关联页面的新数据，如图 8-17b 所示。而且，PPC 方案为提交部分奇偶校验，只读少量的页面。在最佳情况下，如果一个奇偶校验正好包含了所有相关的页面，则 PPC 方案无需任何读操作就可以提交一个部分奇偶校验。

（4）提交成本感知的 PPC 替换

当 PPC 中没有自由空间时，必须提交至少一个部分奇偶校验。因此，需要制定部分奇偶校验的替换策略。一般的高速缓存系统使用最近最少使用（LRU）替换策略，这也将给 PPC 提供一个高命中率。但是，对于奇偶校验高速缓存，必须考虑奇偶校验提交成本，根据不同的部分奇偶校验关联的页面数量，该成本也不同。因此，提出了提交成本感知的 PPC 替换策略，该策略同时考虑最新情况和奇偶校验提交成本。采用下面的优先函数来选择被替换的奇偶校验：

$$\alpha \cdot Prob_{update}(\widetilde{P_j}) + (1 - \alpha) \cdot C_{commit}(\widetilde{P_j})$$

其中 $Prob_{update}$ 和 C_{commit} 分别是更新概率和提交奇偶校验成本，而 α 是两个指标之间的权重值。更新概率可以近似地用 LRU 排序。一个奇偶校验的优先级值越小，它被选为替换对象的概率越高。通过实验分析，可以为给定的目标工作负载确定一个合适的 α 值。

（5）芯片故障失效恢复

SSD 控制器可能由于页面级错误、芯片级错误或闪存控制器级错误，无法从闪存读取数据。当出现 ECC 不可纠正的错误时，产生页面级的错误。当存在闪存芯片的读取出错时，可以用它的奇偶校验数据恢复出错的数据。恢复步骤分为以下两种情况：

- 情况一：当延迟部分奇偶校验 $\widetilde{P_j}$ 与失效的页面式 D_i' 有关联时（$D_i' \in \pi \widetilde{P_j}$），$D_i'$ 可以使用部分奇偶校验 $\widetilde{P_j}$ 和 $\pi \widetilde{P_j}$ 中其他相关联页面进行恢复。
- 情况二：当没有延迟的部分奇偶校验与失败的页面 D_i 相关联时，D_i 可以使用旧的完全奇偶校验 P_j 及 $\pi \widetilde{P_j}$ 中的相关联页面进行恢复。

例如，假设由于芯片 1 的故障，在读取数据 D_1' 时失效，如图 8-18a 所示。在 PPC 上有未提交的部分奇偶校验 $\widetilde{P_0}$，它由 D_1' 与 D_2' 生成。由于该部分奇偶校验与故障页 D_1' 相关，因此，可以通过 $\widetilde{P_0}$ 和 D_2' 的异或操作恢复该数据。D_2' 必须从芯片 2 读取。

如果由于芯片 0 的故障，数据 D_0 不能读出，如图 8-18b 所示。它不能通过部分奇偶检验 $\widetilde{P_0}$ 恢复，因为它与 D_0 不相关联（属于情况二）。在这种情况下，需要使用旧的奇偶校验 P_0 及其相关联的旧数据。通过对 P_0、D_1、D_2、D_3 进行异或运算，可恢复数据 D_0。D_1 和 D_2 的读取可以通过映射表中的旧 PPN 信息实现。第二种情况利用了半有效（semivalid）页面恢复失效的数据。

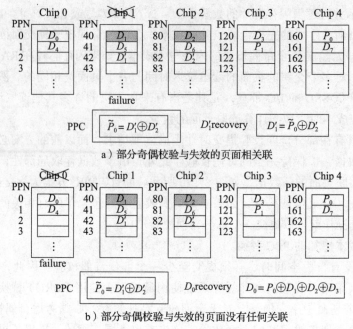

a）部分奇偶校验与失效的页面相关联

b）部分奇偶校验与失效的页面没有任何关联

图 8-18　故障恢复

（6）奇偶校验高速缓存感知的垃圾收集（GC）

当在闪存芯片中有多个无效页面时，启动 GC 工作。它选择一个可能有多个无效页面的欲替换闪存块。如果该块也包含有效的页面，GC 将它们移动到其他可用块，修改页面映射信息，并擦除被替换块（victim block），以备将来使用。即使被替换块具有未提交条带的半有效（semivalid）页面，GC 也会删除它们，因为它们在闪存中是无效页面。为了避免丢失半有效数据，应该在 GC 清除它们（GC 提交）之前，提交相应的部分奇偶校验。GC 应通过检查映射表，检查无效页面是否为半有效页面。如果无效页的物理地址在该映射表的旧 PPN 字段中被发现，该页面就是半有效页面。即使不使用所提出的延迟部分奇偶校验方案，为读取和更新 PPN 值，映射表也应通过 GC 进行访问。因此，半有效数据的识别并没有带来明显的额外开销。此外，由于半有效页的最大数目不是太大，识别半有效页面的时序成本可忽略不计。

因为在 GC 提交时多次调用闪存的读和写操作，如有可能，最好是避免这种情况的发生。为此，提出了用于 GC 的奇偶校验高速缓存感知的替换块选择策略。一般 GC 的替换块选择算法考虑页面的迁移成本。该算法选择具有最小数目的有效页的块，因为它调用 GC 时的页面迁移成本最低。然而，在奇偶校验高速缓存感知策略中，要额外考虑 GC 提交成本。该方案使用下面的公式来估算块 B 的 GC 成本：

$$GC_{cost}(B) = C_{migration}(B) + C_{commit}(B)$$

其中，$C_{migration}(B)$ 表示块 B 的有效页的迁移成本，$C_{commit}(B)$ 是指擦除块 B 前，GC 提交引起的调用成本的总和。因此，奇偶校验高速缓存感知的 GC 选择在所有的替换候选块中，其 GC_{cost} 最小的块作为替换块。

通常，由 GC 选择的替换块不是新近分配的块，因为最近分配的块有大量有效页面，因此需要较大的页迁移开销。所以，如果奇偶校验高速缓存的容量很小，部分奇偶校验保留在奇偶校验高速缓存中的时间间隔很小，相对于垃圾收集的频率而言，对于所选定的替换块包含半有效数据的可能性就很小，因为奇偶校验高速缓存在 GC 之前提交与替换块相关的条带。

（7）延迟校验更新技术小结

为构建高性能、高可靠、大规模的存储系统，通常采用 RAID 技术。RAID 采用交叉技术，把串行的页面分发到多个并行操作的盘中，以提高性能。RAID 利用冗余数据，以处理盘的失效。本小节提出了高效的 RAID 技术，用于可靠的闪存 SSD。为了减少在 RAID 4 或 RAID 5 的 SSD 中用于奇偶校验处理的 I/O 开销，所提方案采用了延迟奇偶校验更新和部分奇偶校验高速缓存技术。延迟奇偶校验更新技术减小了闪存的写操作的次数。部分奇偶校验缓存技术利用闪存的隐式冗余数据来减少计算奇偶校验所需的读操作的次数。这些技术还可以减少闪存中垃圾收集的开销。即使是一个小容量的奇偶校验高速缓存，所提出的方案显著提高了闪存 SSD 的 I/O 性能。

未来正在计划建立一个实际的 RAID 5 SSD，并用来评估所提出技术的性能收益。此外，还计划研究一种用于 RAID 6 结构的闪存感知的奇偶校验处理方案，而在 RAID 6 中，每个条带使用多个奇偶校验。

8.2.3　基于 PCIe 接口的闪存阵列

1. 为什么用 PCIe 作为 SSD 接口

磁盘驱动器的外形尺寸和接口允许 IT 厂商用 SSD 无缝地替换磁盘驱动器。系统硬件或驱动程序软件都不需要改变。IT 经理可以简单地切换到 SSD，使存储访问时间和数据传输速率得到明显改善。

传统的磁盘驱动器无论是外形还是接口，对基于闪存的存储都不太理想。SSD 制造商可以在一个 2.5 英寸外形尺寸内封装足够多的闪存器件，很容易地超过为磁盘驱动器开发的功率上限。而且，Flash 可以支持比最新一代的磁盘接口还要高的数据传输速率。

图 8-19 显示了一些常用的磁盘接口。目前，大多数主流系统已经迁移到第三代 SATA 和 SAS，可支持 600MB/s 的吞吐率，而且基于这些接口的硬盘已经在企业系统中得到应用。虽然这些数据速率支持最快的机电驱动器，但新的 NAND 闪存架构和多芯片闪存封装可提供的总带宽超过了 SATA 和 SAS 互连的吞吐能力。总之，SSD 的性能瓶颈已经从闪存器件向主机接口转移。因此，许多应用需要一个更快的主机互连，以充分利用闪存存储潜力。

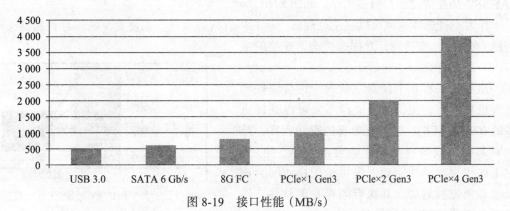

图 8-19　接口性能（MB/s）

注：PCIe 通过减少延迟和提高吞吐率来改善总体系统性能（Gen3 表示第三代产品，单通道数据传输率可达 1GB/s）。

PCIe 主机接口可以克服这个存储性能瓶颈，通过直接连接 SSD 到 PCIe 主机总线，提供了很高的性能。例如一个 4 通道（×4）第三代 PCIe 的链路，2012 年开始批量供货，可以提供 4GB/s 的数据速率。简单地说，PCIe 能提供 SSD 所需的存储带宽。此外，直接的 PCIe 连接可以降低系统功耗，并大幅降低归因于传统存储基础设施的时延。

显然，PCIe 接口能处理多通道闪存子系统的带宽，并且可以提供额外的性能优势。而使用传统磁盘接口的 SSD 因控制器处理硬盘 I/O 存在的固有延时较大，使得 SSD 的高性能难以发挥，引入的延时增加。PCIe 设备直接连接到主机总线，消除了与传统的存储基础设施相关联的体系结构层。PCIe SSD 的优异性能使得系统制造商把 PCIe SSD 放置在服务器以及构建分层存储系统的存储阵列中，以加速应用，同时降低 IOPS（Input/Output Operations Per Second，每秒输入输出操作）成本。

把存储转移到 PCIe 链路给系统设计者带来了额外挑战。正如前面提到的，基于 SATA 和 SAS 的 SSD 产品都保持软件兼容性，有些系统设计师不愿意放弃这种优势。任何的 PCIe 存储实现都将产生开发新驱动程序软件的需求。

尽管有软件兼容性的问题，但由于性能优异的吸引力，企业还是开始将 SSD 接口转移到 PCIe 上。企业对高性能的需求是强制实现这种过渡的主要原因。还没有其他明显的实用方法可改善 IOPS、IOPS/W（每瓦 IOPS），以及 IOPS/$（每美元 IOPS）等特性，改善这些特性是 IT 经理所要求的。

使用 PCIe 作为一个存储互连所带来的好处是显而易见的，相对于 SATA 或 SAS，可以实现超过 6 倍的数据吞吐率；可以消除某些部件，如 SATA 和 SAS 接口中主机总线适配器和 SERDES（串 - 并转换）芯片；可以节约经费，并在系统级上节约功耗。PCIe 把存储移到更接近主机 CPU 的位置，可以减少延迟。

因此，行业面临的问题实际上不是采不采用 PCIe 与闪存存储连接，而是如何使用的问题。市场上已经出现一些早期的产品为我们提供了许多研究参考，可以使我们能更深入地了解基于 PCIe 的 SSD 体系结构。

2. PCIe SSD 实现

最简单的 PCIe SSD 实现方法可以利用传统的闪存控制器芯片，但它虽然能够控制闪存的读取和写入操作，对更高级别的功能不支持。这样的控制器通常基于现有 SATA 或者 SAS SSD 产品的磁盘控制器工作，如图 8-20 所示。

作为一种选择，也可以在主处理器上运行闪存管理软件，能使简单的闪存控制器实现跨越 PCIe 的互连功能，发挥高性能。连接关系如图 8-21 所示。

这种方法有几个缺点。首先，它会消耗主处理机和内存资源，这些资源本来可以处理更多的 IOPS。其次，它需要专有的驱动程序，产生对系统集成商更高的能力要求问题。第三，它不能作为可引导驱动器提供给用户，因为该系统必须先被启动，并执行闪存管理软件，然后才能使用存储系统。

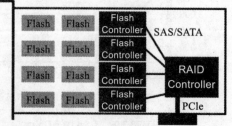

图 8-20 基于 RAID 的 PCIe SSD 未对性能 / 功耗进行优化

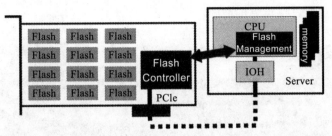

图 8-21　在主机上运行闪存管理算法消耗主机 CPU/ 内存资源

显然，这些设计并未大获成功。这些产品被早期使用者作为磁盘驱动器的高速缓存，而不是高性能磁盘驱动器的主流替代品。

从长远来看，更强大、更有效的 PCIe SSD 设计都依赖于原生支持 PCIe、集成了闪存控制器功能的复杂 SoC（System on Chip，片上系统）。而且，该 SoC 完全实现存储设备的概念，如图 8-22 所示。这样的产品免除了主机 CPU 和内存处理闪存管理的负担，并最终实现标准操作系统的驱动程序，支持即插即用操作，使用起来就像今天使用 SATA 和 SAS 一样方便。

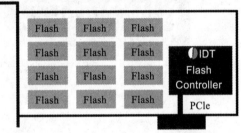

图 8-22　原生的 PCIe 闪存控制器提高了性能，同时降低成本和复杂性

3. 推动 PCIe SSD 更广泛应用的标准

新标准将最终实现 PCIe 连接的 SSD 即插即用功能。表 8-1 总结了业界在这个方向上的工作进展。

表 8-1　PCIe SSD 行业标准

标准	现状	益处
NVMe	Spec 1.0 于 2011 年 3 月发布； 标准 OS Driver 已经实现（Windows 和 Linux）； NVMe 工作小组已有 80 个成员	专为服务器和客户端设计
SCSI over PCIe（SOP）	T10 工作组正在开发	利用 SCSI 软件的基础设施
SSD Form Factor Working Group（2.5 英寸带新连接器）	Spec 1.0 于 2011 年 12 月发布	适用性；可热插拔

其中，NVM Express（NVMe）是为非易失性存储器（NVM）而构建的基础。NVMe 通过减少延迟、使能高级别的并行性、流水化指令集等措施，显著提高了随机和顺序操作性能，同时支持安全、端到端数据保护和其他客户和企业用户需要的特性。NVMe 提供了一个基于标准的方法，促进了 PCIe SSD 的兼容性和互操作性。

NVM Express（NVMe）1.0 规范由跨行业的 80 多家公司合作开发，由 NVMHCI 工作组（现在通称为 NVMe 工作组）于 2011 年 3 月发布。该规范为 PCIe SSD 定义了一个优化的寄存器接口、命令集和特性集。该标准的目的是为了帮助实现基于 PCIe 的 SSD 的广泛采用，并提供一个可扩展的接口，用于实现 SSD 技术现在和未来的性能潜力。通过最大限度地提高并行度，消除传统存储架构的复杂性，NVMe 支持未来存储发展，推动小于 1 微秒的延迟开销、超过百万的 SSD IOPS。该 NVMe 1.0 规范可以从 www.nvmexpress.org 网站下载。图 8-23 是 NVMe 网站的截图。

图 8-23　NVMe 网站截图

该 NVMe 规范专门为多核系统设计做了优化，能够并发运行多个线程，每个线程都可驱动 I/O 操作。事实上，它只是对 IT 经理都希望用以提高 IOPS 的情景进行了优化。NVMe 规范可以支持多达 64k 个 I/O 队列，每个队列最多 64k 个命令。每个处理器核能实现自己的队列。

2011 年 6 月，NVMe 推广小组成立，促进 PCIe SSD 的 NVMe 标准的广泛采用。七家公司持有董事会的永久席位：思科、戴尔、EMC、IDT、英特尔、NetApp 和甲骨文。NVMe 支持者包括 IC 制造商、闪存制造商、操作系统厂商、服务器厂商、存储子系统制造商以及网络设备制造商。

SCSI Express 是另一个行业倡议，计划解决的 PCIe SSD 的主机控制接口问题，并支持传统企业存储的命令集。SCSI Express 使用 SCSI over PCIe（SOP）和 PCIe 架构队列接口（PQI）模型（由 T10 技术委员会内部定义）。

在企业级的存储中，如磁盘驱动器和 SSD 等设备，通常支持外部访问和支持热插拔功能。需要热插拔功能的原因之一是由于磁盘驱动器在本质上是机械的，一般早于 IC 失败。热插拔特性易于更换失效驱动器。

对于 SSD 而言，IT 经理和存储厂商想要保留在外部访问的模块化方法。这种方法支持通过添加 SSD 或用更大容量的 SSD 替换现有的 SSD 等方法，简单地增加存储容量。

NVMe 和 SOP 标准不涉及 SSD 的外形尺寸，这是由另外的工作组研究的问题。SSD 外形尺寸工作组的重点是推动 PCIe 作为 SSD 的一种互连接口。该工作组由五个发起成员公司驱动，包括戴尔、EMC、富士通、IBM 和英特尔。

企业级 SSD 外形版本 1.0 的规范发布于 2011 年 12 月，重点在于三个方面：

● 一个支持 PCIe 以及 SAS/SATA 的连接器规范。

- 一个基于当前 2.5 英寸的标准构建的外形尺寸，该外形尺寸同时支持新的连接器定义和扩展的功率范围，以支持更高的性能。
- 支持热插拔功能。

所有工作的目标是促进基于 PCIe 连接的 SSD 的普及，并提供性能的改进，这项技术将带来企业级的应用。虽然工作的重点更多的是在企业方面，但是，NVMe 标准也将渗透到客户端系统，甚至为笔记本电脑提供性能提升，同时降低成本和系统功耗。随着兼容的集成电路和驱动程序的不断成熟，该标准将极大地推动 PCIe SSD 技术的更广泛应用。

8.3 铁电存储器

除了广泛应用的闪存芯片外，另有一些非易失存储器芯片也正处于研究或小规模的应用中。它们包括铁电存储器（FRAM）、相变存储（PRAM）、阻变存储器（RRAM）、自旋转移矩磁存储器（STT-MRAM）等。

铁电存储器（FRAM）是一种利用铁电材料的铁电效应实现存储的非易失性存储器，在不同极性的外加电压偏置下，铁电晶体材料的中心原子会在两个不同的亚稳态之间转变，材料发生电滞现象，器件的电阻状态也随着发生转变，从而实现存储功能。

铁电材料由于其晶格的非完全对称性，具有两个稳定的自发极化状态。因此，这些材料是基于二进制代码的非易失性 RAM 应用的自然选择。此外，运用适当的外部电场改变铁电极化状态的过程，即铁电开关，在本质上是很快的，因此可用于高速读取和写入存储器操作，典型的读/写时间在纳秒范围。

实验发现，作为铁电存储器（FRAM）的另一个优点是经久耐用，也就是，可以改变极化状态多达 10^{12} 次而无疲劳现象。同时，由于薄膜技术的进展，电源电压已连续下降，以确保低功耗操作。因此，商业化的一个晶体管、一个电容（1T1C）结构的非易失性铁电存储器技术被认为是高速、高耐用性、低功耗应用的理想解决方案。

目前，传统的 FRAM 所面临的最大的挑战是它的破坏性读出，当它与 CMOS 技术集成时会带来问题。因此，与闪存相比，FRAM 只占据了整体半导体市场份额中相对较小的一部分。

针对破坏性读出的问题，Saptarshi Das 等人在实验上实现了一种新颖的非易失性存储单元，这种存储单元将硅纳米线和一种有机铁电聚合物（PVDF-TrFE）结合成一种新的铁电晶体管结构。这种铁电晶体管随机存取存储器（FTRAM）新单元除了可实现传统 FRAM 类似特性之外，还展现了具有非破坏性读出的优点。其原理是信息存储在铁电存储晶体管（Memory Transistor）中，而非通常 FRAM 那样存储在电容中。FTRAM 的三维示意图如图 8-24 所示。Memory Transistor 的

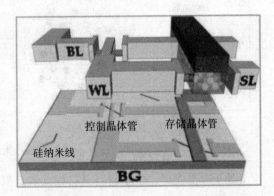

图 8-24　FTRAM 的三维结构示意图

BL—位线　WL—字线　SL—选择线　BG—背栅

顶电极由 10nm 的铝和 90nm 的钛构成，用于存储数据，从而避免了破坏性读出。

PVDF-TrFE 聚合物首先溶解在 methyl-ethyl-ketone (MEK) 溶液中（按体积计算的浓度为 2%），然后磁控搅拌 2 小时。将制备的溶液用 4000 rpm 的速率旋涂在衬底上，得到 180nm 厚的均匀薄膜（误差约为 5nm），SEM（扫描电子显微镜）图如图 8-25 所示。将薄膜加热至 140 度，保持 1 小时后迅速冷却，可增强 β-相，以消除平面方向的极化。

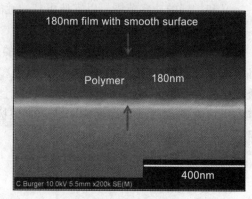

图 8-25　聚合物薄膜的横切面 SEM 图，厚度为 180nm

8.4　相变存储器

相变存储器（PRAM）是通过控制特殊材料的晶相变化实现非易失性存储，这些材料在结晶态和非结晶态时电阻值不同。

PRAM 是相对较新的非易失性存储器件。PRAM 有取代闪存的潜力，原因在于它不仅速度更快，也易于尺寸缩减，而且抗疲劳特性更好，能够实现一亿次以上的擦写次数。

PRAM 存储单元的核心是硫族化合物纳米线，通过不同形式电流脉冲的加热，它能够在有序的晶态（低阻态）和无序的非晶态（高阻态）之间快速切换。在晶态与非晶态之间的反复转换过程是由硫族化合物的熔化和再结晶机制引发的。最有应用前景的相变材料是 GST（锗、锑和碲的合金），其熔点范围为 500 ~ 600℃。

晶态和非晶态电阻率大小的差异能够用于存储二进制数据。高电阻的非晶态用于表示二进制 0；低电阻的晶态表示 1。最新的 PRAM 设计与材料能够实现多种不同的值，例如，具有 8 种晶态时每个单元可存储 3 位二进制数。

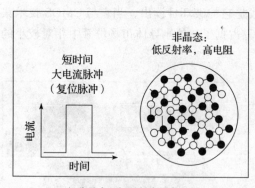
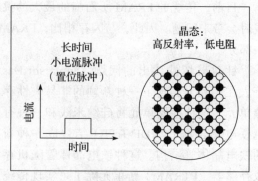

a）非晶态：低反射率，高电阻　　　　b）晶态：高反射率，低电阻

图 8-26　非晶态和晶态

处于非晶态时，GST 材料具有较低的反射率和自由电子密度，从而具有较高的电阻率，如图 8-26a 所示。由于这种状态通常出现在 RESET 操作之后，故称为 RESET 状态（高阻，0 态）。在 RESET 操作中加热电阻的温度上升到略高于 GST 材料的熔点温度，然后快速将

GST 冷却。冷却的速度对于非晶层的形成至关重要。非晶层的电阻通常可超过 1MΩ。

处于晶态时，GST 材料具有较高的反射率和自由电子密度，从而具有较低的电阻率，如图 8-26b 所示。由于这种状态通常出现在 SET 操作之后，称为 SET 状态（低阻，1 态）。在 SET 操作中，材料的温度上升高于再结晶温度但是低于熔点温度，然后缓慢冷却使得晶粒形成整齐结构。晶态的电阻范围通常从 1KΩ 到 10KΩ。晶态是一种低能态，因此，当对非晶态的材料加热到接近结晶温度时，它就会转变为晶态。

必须仔细选择 RESET 和 SET 脉冲的电压和电流大小，以产生所需的熔化和再结晶过程。RESET 脉冲必须将材料加热到熔点以上，然后使其迅速冷却形成非晶态；而 SET 脉冲应该将材料加热到再结晶温度之上、熔点之下，然后通过较长的时间冷却形成晶态。因此，RESET 脉冲高度比 SET 脉冲高，而 SET 脉冲的脉宽和下降时间应该比 RESET 脉冲长。

G. Navarro 等探讨在高工作温度（180℃）时，微沟道型相变存储器器件的可靠性。研究表明，高温对编程曲线有显著影响，可线性降低阈值电压和 RESET 电流。此外，单元的循环稳定性显著增加到超过 10^9 次。在高工作温度时，阈值电压的下降可减少单元中 SET 操作过程中的热应力。采用物理模拟的方法获得的结论解释了在高工作温度下单元寿命增加的原因。

8.5 阻变存储器

阻变存储器（RRAM）的典型结构为"三明治"结构，即将具有阻变特性的薄膜材料夹在两个电极之间，薄膜材料在不同的外加偏压下，阻值会在高阻态和低阻态之间切换，从而实现数据存储。

近年来，阻变存储器件的研究集聚着科学界极大的关注和热情，成为未来信息存储和信息处理的热点课题。

阻变现象的研究开始于 20 世纪 60 年代，大量的金属 – 绝缘体 – 金属（MIM）材料结构表现出 I-V 迟滞。1971 年，Leon Chua 根据三种基本的无源电路元件预言存在第四种基本的电路元件，即忆阻器（Memristor）。忆阻器概念的提出及其可能具有的应用前景使研究人员充满好奇，但是如何从物理上实现它却成为一个难题。与此同时，对阻变现象的研究仍旧兴趣浓厚，I-V 迟滞特性在许多薄膜器件中被观察到。这激发了人们将阻变效应运用到信息存储和信息处理的想法，然而如何解释这种现象却令研究人员一筹莫展。直到 2008 年，HP 实验室宣布基于 TiO2 和 TiOx 的忆阻器制备成功，并用基于掺杂漂移的物理模型解释了忆阻器的电阻迟滞现象，如图 8-27 所示。至此，人们才终于知道所谓的阻变开关便是忆阻器。

忆阻器比阻变存储器有更广泛的含义，但在不严格区分的场合，这两个概念也有时混用。忆阻器泛指具有电阻记忆属性的器件或生物体；而阻变存储器仅指电阻值可改变的一类器件。图 8-28 是阻变存储器的示意图，其中 M 为具有导电特性的电极材料（如 Pt），I 为绝缘层材料（如 TiO2）。

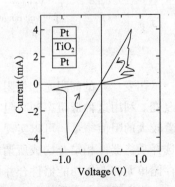

图 8-27　HP 实验室忆阻器示意图及其 I-V 特性曲线

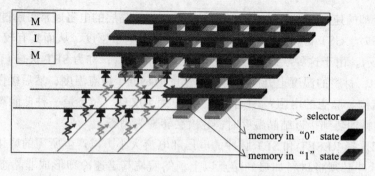

图 8-28　阻变存储器结构示意图

根据阻变效应的电压电流极性，RRAM 通常分为单极型（对称）和双极型（非对称）两种，如图 8-29 所示。单极型阻变效应（如图 8-29a 所示）与电压和电流极性无关，高阻态（HRS/OFF）的阻变单元在一定阈值电压 V_{set} 下被转换成为低阻态（LRS/ON），在相同极性的情况下，低阻态的阻变单元也可以在一定阈值电压 V_{reset} 下转变为高阻态，通常 V_{set} 和 V_{reset} 极性相同，且 $|V_{set}|$ 大于 $|V_{reset}|$。与之相反，双极型的阻变效应（如图 8-29b 所示）与电压电流的极性相关，即 V_{set} 和 V_{reset} 呈相反极性。阻变现象的产生通常与纳米尺度下的导电细丝的形成有关，这些导电细丝的产生机制通常与离子迁移或氧化还原反应相关，尽管其物理机制的细节还不是非常清楚，并仍在研究进行当中，但根据已有的综述文献可以分成三种机制，即电化学金属化机制（Electrochemical Metallization Mechanism，ECM）、价电改变机制（Valence Change Mechanism，VCM）和热化学机制（Thermochemical Mechanism，TCM）。一般认为，单极型阻变效应与 TCM 有关，双极型阻变效应与 ECM 或 VCM 相关。

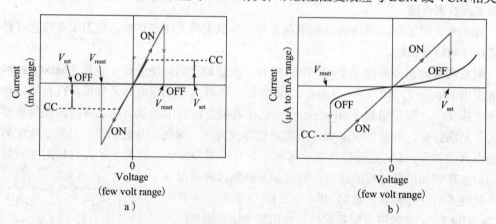

图 8-29　单极型阻变效应和双极型阻变效应

阻变单元的高阻态和低阻态是非易失性的，只能通过一定的阈值电压或电流对其进行改变。利用这种低阻态和高阻态可以实现数据位的存储，并且在低阻态和高阻态之间存在着较大的阻值裕量，可以实现一个单元的多值存储。在传统的存储器件中，存储器单元与选择功能器件相结合构成所谓的有源（Active）阵列。在无源（Passive）纳米交叉阵列中，存储单元和选择功能器件合并成为上下电极导线垂直相交点的一个阻变单元，这种存储器结构能实现 $4F^2$ 的最小单元面积。

针对 Passive 纳米交叉阵列，阻变存储器件可以结合 CMOS 电路技术和纳米技术，实现多层阻变单元的 3D 堆叠从而提高存储密度，实现新型大容量存储设备的研制，如图 8-30 所示。
CMOS 层（CMOS layer）在底部，交叉杆纳米结构层
（Crossbar layer）为阻变存储单元，各存储单元层之间
通过转接层（Via translation layer）互连成一个整体。

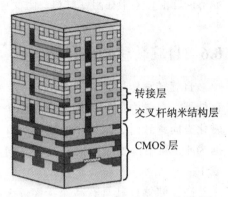

在 CMOS/ 纳米交叉结构中，为使存储功能正确，
必须确保存储单元的读写不受相邻单元的影响。但
是，纳米交叉结构固有的串扰电流可能会影响到存储
单元的读写准确性，这严重制约着阵列的规模大小。
Linn 等人提出一种互补阻变（Complementary Resistive
Switch，CRS）单元，CRS 单元实际上是两个阻变单
元倒序相连，从而避免了纳米交叉结构中的寄生电
流，能够实现大规模存储阵列。

图 8-30　多层阻变单元的 3D 堆叠结构

另外，CMOS/ 纳米交叉电路能够实现可重构逻辑器件。阻变交叉阵列可以作为可重构
数据路由网络将 CMOS 层中的逻辑元件和数据路由网络分离，从而实现现场可编程纳米互
连（Field-programmable Nanowire Interconnect），如图 8-31 所示。这种结构可以提高 FPGA
芯片的逻辑单元密度，并且由于阻变单元的非易失性，所以并不需要消耗功耗对电路进行
刷新仍能长时间保持电路逻辑。此外，CMOS/ 纳米交叉电路还可以运用于神经元网络，阻
变单元作为"突触"（synapses）其阻值大小可通过外部 CMOS 神经元改变。

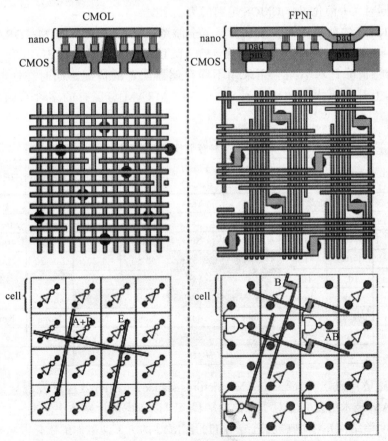

图 8-31　CMOS/ 纳米交叉阵列构成可重构逻辑电路

国际上对阻变存储的研究主要集中在如何实现高密度、高速度、长保持时间和多值存储等问题上，集中在阻变材料、阻变存储阵列和阻变单元阵列的功能拓展方面。

8.6 自旋转移矩磁存储器

自旋转移矩磁存储器（STT-MRAM)是一种利用材料的铁磁性实现存储的非易失性存储器，存储介质结构通常采用两个强磁薄膜中夹持一个非磁性层，当两个强磁薄膜的磁化方向一致时，阻抗小，数据为 0；当两个强磁薄膜的磁化方向相反时，阻抗大，数据为 1。利用薄膜阻抗根据磁化方向是否一致而变化的特性，系统可以判别数据位为 0 或 1。

磁存储器以其具有高速、接近无限次读写等优点，使其成为非易失存储领域中有竞争力的候选者。第一代磁存储器的原理基于场致磁变（Field Induced Magnetic Switching，FIMS）效应。基于该原理的器件已经于 2006 年实现了商品化，并在航空航天、国防、原子能等各个领域发挥了重要作用。然而，基于 FIMS 的 MRAM 在应用上有很大的限制。由于产生磁场需要两路比较大的电流（>10mA)，这导致了编程过程功耗过大，同时低密度、不与 CMOS 工艺兼容也成为限制其进一步应用的重要方面。自旋转移矩（Spin Transfer Torque，STT)的方案有助于克服 FIMS 中遇到的问题并用于第二代磁存储器技术。STT 效应的理论最初由 J.C.Slonczewski 于 1996 年提出。该技术所需电流很小（65nm 节点为 <150μA)，同时大大简化了与 CMOS 电路的集成难度。

STT-MRAM 的前景诱人，被认为是"全能型存储器"，集 SRAM、DRAM 和 Flash 的优势于一身：可以达到 DRAM 的密度、SRAM 的速度，同时具有 Flash 非易失的特点。这类存储器将消除针对不同应用采用不同存储器配置的情况，同时在性能、可靠性、功耗和成本上都有极大的改善。表 8-2 是 STT-MRAM 与现有的多种存储技术的性能对比。

表 8-2 各种存储技术性能对比

	SRAM	DRAM	Flash (NOR)	Flash (NAND)	FRAM	MRAM	PRAM	RRAM	STT-MRAM
非易失性	No	No	Yes	Yes	Yes	Yes	Yes	Yes	Yes
单元尺寸 [F^2]	50-120	6-10	10	5	15-34	16-40	6-12	6-10	6-20
读时间 [ns]	1-100	30	10	50	20-80	3-20	20-50	10-50	2-20
写时间 [ns]	1-100	15	1μs/1ms	1ms/0.1ms	50/50	3-20	50/120	10-50	2-20
改写次数	10^{16}	10^{16}	10^5	10^5	10^{12}	$>10^{15}$	10^8	10^8	$>10^{15}$
写入功率	Low	Low	Very High	Very High	Low	High	Low	Low	Low
其他功耗	Leakage	Refresh	None	None	None	None	None	None	None
高电压要求	No	3V	6-8V	16-20V	2-3V	3V	1.5-3V	1.5-3V	<1.5V
	已有产品						原型芯片		

室温下磁隧穿磁阻（Tunneling Magnetoresistance，TMR）效应的发现导致了 20 世纪 90 年代 MRAM 技术的复兴。对于唯象的解释，可以考虑两片磁体中间夹一片绝缘体的情况（MIM 三明治结构)，称为磁隧道结（MTJ）。MTJ 的上下两磁体的磁化方向有两种可能，

同相或者反相，如图 8-32 所示。同相时会得到较低组态 R_P，反相则呈现较高组态 R_{AP}。

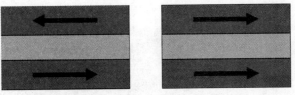

图 8-32　MTJ 的两种状态（左侧为反相，右侧为同相）

STT-MRAM 使用 MTJ 器件作为非易失磁存储
单元。当器件处于同相（P）低阻状态时，如果加入
一个大于临界电流 I_{c+} 的电流，器件将转向反相（AP）
高阻，如图 8-33 所示。与之相反，当器件处于高阻
状态时，如果施加一个大于临界电流 I_{c-} 的电流，器
件将转换为低阻。

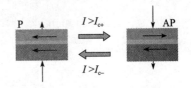

图 8-33　MTJ 阻值变化示意图，P 为同
相低阻态，AP 为反相高阻态

由图 8-34 可见，其 I-V 特性具有双稳态的回滞
曲线，即可以通过电流调节器件的阻值，以达到记录
二进制数据的目的。

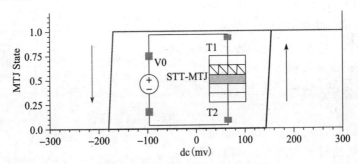

图 8-34　STT-MRAM 电压电流特性

三端自校准双极磁隧道结采用了两项技术：自旋转移矩（STT）、磁畴运动效应。这
两个技术的结合创造了新型的高稳定性的非易失存储单元。写输入端的隧道薄氧化层厚
0.9nm，与此隔离的读出端氧化层则为 1.8nm 厚，并生长在多层堆叠上。这样的设计提高
了单元的稳定性和存储阵列的工艺效益。双比特线存储器结构包含单端电压敏感，其仅使
用一个访问三极管实现快速读出的方法也是首次被提出。所提出的 DP STT-MRAM（双柱
型 STT-MRAM）较一般传统的 1T-1MTJ STT-MRAM 阵列而言，具有更高的磁阻比、更简
单的采用单一电源进行读写的存储阵列结构，以及显著改善的因工艺偏差带来的扰动和访
问失效率。

读写规则：一个访问三极管连接左位线（BLL）与端口 1。端口 2、3 则分别连接源线
（SL）和右位线（BLR）。单元写入"1"时，SL 接高电平，BLL 和 BLR 则接地。单元写入
"0"时，BLL 和 BLR 接高电平，SL 接地。字线（WL）为高，开启访问三极管，MTJ 注入
极化电流。自由层通过端口 1、2 的电压调整极化方向。此时，端口 2、3 之间的电压差由
于五层结构中厚氧化层的存在变得影响不大。由此结构使得读和写的过程之间的相互干扰
变小。如图 8-35 所示。

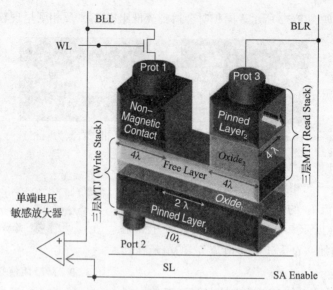

图 8-35　DP STT-MRAM 三端器件使得读出和写入隔离，端口 1（Port 1）为写端口，端口 3（Port 3）为读端口，端口 2（Port 2）为源端

传统的 STT-MRAM 单元包含一个磁隧道结（MTJ）和一个串联的访问控制三极管。MTJ 由一个固定层（Pinned layer）、一个自由层（Free Layer）和夹在两层之间的一个绝缘层（Oxide）构成。其读写控制电路如图 8-36 所示。

固定层的磁化方向是不变的，而自由层的磁化取向可通过编程改变。MTJ 的阻值与这两个磁化层的磁化方向有关。磁化

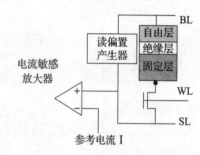

图 8-36　传统 STT-MRAM 存储单元读写控制电路

方向平行表现为低阻（用 R_P 表示），磁化方向反平行为高阻（用 R_{AP} 表示）。不同的阻值变化定义为 MTJ 的一位二进制值。

读操作过程就是读出电阻值为高或低的过程。写操作则是通过施加一个超过临界电流 I_C 的写电流实现，写电流的方向决定了自由层的磁化方向，进而通过改变电阻来改变位单元（bitcell）所记录的二进制信息。

不同的 MTJ 的堆叠方式和 bitcell 结构提供了不同的设计选择，同时可以得到许多不同的 bitcell 特征。传统的 MTJ 需要较大的转化电流，随着转化延时的减小，所需电流也迅速变大。对于设计快速 STT-MRAM 器件而言，降低能耗成为一项重要的任务。在一些新的设计中，提出了非严格平行或者反平行的磁化方向的器件。当倾斜角度大于随机热噪声引起的磁性偏差时，其差值为与热噪声无关的非零初始角度。在这种情况下，转换电流和延时被大幅度降低。如图 8-37 所示。

STT-MRAM 的实现工艺尺寸小于 20nm 时，工艺亟待改进。工艺缩减带来的一个严峻问题是如何保持 STT 良好的电压 – 电阻转换特性。韩国三星电子进行了 20nm 以下工艺的 STT-MRAM 尝试。在实验中，他们采用具有高接触面各向异性（2.5erg/cm^2）的垂直材料，

同时改进集成工艺成功制备出长度为 17nm、临界电流为 44μA 的可再生转换的 MTJ 单元。该器件隧穿磁阻效应比为 70%，热稳定系数（E/k_BT）为 34。该项成果使得作为非易失存储器的有力竞争者 STT-MRAM 在拥有更高的存储密度和更小的临界电流 I_c 方面取得突破性进展。

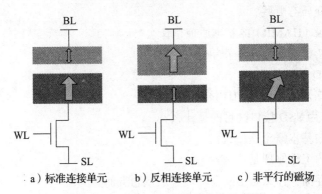

a）标准连接单元　　　b）反相连接单元　　　c）非平行的磁场

图 8-37　STT-MRAM 单元电路示意图

　　工艺偏差对氧化层厚度和交叉单元的影响使得静态及动态响应严重退化，由于互相冲突的设计要求，几乎不可能同时提高传统 1T-1MTJ STT-MRAM 双端结构读和写的性能。有研究者试图修改电路设计，增加额外的写入控制三极管改善这种情况，但是同时也会增加单元面积使得集成度下降。Braganca 等人后来提出通过自对准工艺消除互相冲突的影响。

　　STT-MRAM 的近期研究进展迅速。对于小尺寸、小容量的 STT-MRAM 器件，在面积和性能上有所改善。就容量而言，离实用性还存在一定差距。但在实际上，STT-MRAM 已经开始实现商用化。飞思卡尔的 MRAM 部门独立出来后成立的美国 Everspin Technologies 公司就已经向市场投放了这种产品。但目前容量只有 64Mb，要扩大市场，需要实现大容量化。

　　当然，STT-MRAM 也面临许多问题。当前，STT-MRAM 设计尚缺乏准确、集约的包含温度、偏置电压、尺寸等相关器件参数的宏模型，也没有一个高可靠的 EDA 工具的支持，这些成为阻碍大容量 STT-MRAM 大批量工业生产的重要因素。同时，另一个亟待解决的问题是如何将磁隧道结的制造与 CMOS 工艺完美结合，并不断随着工艺进步而快速调整。

8.7　本章小结与扩展阅读

1. 本章小结

　　本章介绍了数据存储的前沿技术，可作为了解存储新技术的参考，也可作为研究新型存储技术的入门读物。本章内容包括存储介质的新发展、固态硬盘、铁电存储器、相变存储器、忆阻器、磁存储器等内容，期望读者对新型存储技术的基本概念和发展趋势有初步了解。

2. 扩展阅读

[1]　叠瓦式磁记录（SMR）技术原理演示视频，http://v.youku.com/v_show/id_XODQ0ODIzMzQ0.html.

[2]　B D Terris, T Thomson, G Hu, Patterned Media for Future Magnetic Data Storage, Microsyst Technol，2007（13）：189-196。论文对单畴磁岛的开关特性做了说明，

并与连续磁性膜的记录结果做了比较。

思考题

1. 常用的存储介质有哪些？
2. 热辅助磁记录（HAMR）的基本原理是什么？
3. 如何利用 DNA 实现数据的存储？
4. 如何提升 SSD 的性能？
5. 什么是闪存感知的 SSD RAID 技术？
6. 采用 PCIe 作为 SSD 接口的目的是什么？
7. 铁电存储器的基本概念是什么？
8. 相变存储器的工作原理是什么？
9. 什么是阻变存储？什么是忆阻器？两者的概念有何异同？
10. STT-MRAM 的基本原理是什么？

参考文献

［1］ D Kahngand, S M Sze. A Floating Gate and Its Application to Memory Devices[J]. Bell System Technical Joumal, 1967, 46 (4)：1288-1295.

［2］ Ned Madden. Fantastic Plastie, Part3: Polymemories [EB/OL]. http://www.technewsworld.com/story/71829.html，2011.

［3］ Peter Zijlstra, James W M Chon, Min Gu. Five-Dimensional Optical Recording Mediated by Surface Plasmons in Gold Nanorods[J]. NATURE，2009.

［4］ 液态硬盘技术：一汤匙液体能存储 1TB 数据 [EB/OL]. http://network.pconline.com.cn/518/5183436.html，2014.

［5］ Monya Baker. DNA Data Storage Breaks Records[J]. NATURE，2012.

［6］ Harvard Cracks DNA Storage, Crams 700 Terabytes of Data into a Single Gram[EB/OL]. http://www.extremetech.com/extreme/134672-harvard-cracks-dna-storage-crams-700-terabytes-of-data-into-a-single-gram.

［7］ 新材料问世催生新光盘：存储容量超 DVD 数千倍 [EB/OL]. http://tech.sina.com.cn/d/2010-05-28/07214240219.shtml.

［8］ H J Richter, A Y Dobin, O Heinonen，et al. Recording on Bit-Patterned Media at Densities of 1Tb/in^2 and Beyond[J]. IEEE Transactions on Magnetics，2006.

［9］ Wang Li，et al. Preparation of NiFe Binary Alloy Nanocrystals for Nonvolatile Memory Applications[J]. Sci China Tech Sci，2010.

［10］ Linn E, R Rosezin, C Kugeler，et al. Complementary Resistive Switches for Passive Nanocrossbar Memories[J]. Nature Materials, 2010, 9 (5)：403-406.

［11］ Soojun Im, Dongkun Shin. Flash-Aware RAID Techniques for Dependable and High-Performance Flash Memory SSD[J]. IEEE Transactions on Computers，2011.

推 荐 阅 读

物联网工程导论
作者：吴功宜 等 ISBN：978-7-111-38821-0 定价：49.00元

物联网技术与应用
作者：吴功宜 等 ISBN：978-7-111-43157-2 定价：35.00元

物联网信息安全
作者：桂小林 等 ISBN：978-7-111-47089-2 定价：45.00元

传感网原理与技术
作者：李士宁 等 ISBN：978-7-111-45968-2 定价：39.00元

ZigBee技术原理与实战
作者：杜军朝 等 ISBN：978-7-111-48096-9 定价：59.00元

传感器原理与应用
作者：黄传河 ISBN：978-7-111-48026-6 定价：35.00元

推荐阅读

大数据分析：数据驱动的企业绩效优化、过程管理和运营决策

作者: Thomas H. Davenport ISBN: 978-7-111-49184-2 定价: 59.00元

统计学习导论——基于R应用

作者: 加雷斯·詹姆斯 等 ISBN: 978-7-111-49771-4 定价: 79.00元

数据科学：理论、方法与R语言实践

作者: 尼娜·朱梅尔 等 ISBN: 978-7-111-52926-2 定价: 69.00元

商务智能：数据分析的管理视角（原书第3版）

作者: 拉姆什·沙尔达 等 ISBN: 978-7-111-49439-3 定价: 69.00元